教育部职业教育与成人教育司推荐教材
中等职业教育技能型紧缺人才教学用书

墙面装饰构造与施工工艺

(建筑装饰专业)

主编 赵志文

中国建筑工业出版社

图书在版编目（CIP）数据

墙面装饰构造与施工工艺/赵志文主编. —北京：中国建筑工业出版社，2007
教育部职业教育与成人教育司推荐教材. 中等职业教育技能型紧缺人才教学用书. 建筑装饰专业
ISBN 978-7-112-08589-7

Ⅰ.墙… Ⅱ.赵… Ⅲ.①墙面装修-建筑构造-成人教育-教材②墙面装修-工程施工-成人教育-教材 Ⅳ.TU767

中国版本图书馆CIP数据核字（2007）第081136号

教育部职业教育与成人教育司推荐教材
中等职业教育技能型紧缺人才教学用书
墙面装饰构造与施工工艺
（建筑装饰专业）
主编　赵志文
*
中国建筑工业出版社出版、发行（北京西郊百万庄）
各地新华书店、建筑书店经销
霸州市顺浩图文科技发展有限公司制版
北京建筑工业印刷厂印刷
*

开本：787×1092毫米　1/16　印张：18¾　字数：456千字
2007年7月第一版　2007年7月第一次印刷
印数：1—3000册　定价：26.00元
ISBN 978-7-112-08589-7
(15253)

版权所有　翻印必究
如有印装质量问题，可寄本社退换
（邮政编码 100037）

本书紧密结合建筑装饰装修工程实例，全面系统地介绍了墙面装饰构造与施工工艺的基本理论和实际操作工艺。主要内容包括：建筑装饰构造与施工工艺概述、块材墙体、装饰抹灰工程、墙面饰面板（砖）工程。

本书按照国家最新建筑装饰装修相关标准、规范，以课题模式编写，除作为中等职业学校建筑装饰工程技术专业教学用书外，也可供其他层次的相关人员作为教学用书或自学用书。

* * *

责任编辑：朱首明　杨　虹
责任设计：董建平
责任校对：王　侠　关　健

出 版 说 明

为深入贯彻落实《中共中央、国务院关于进一步加强人才工作的决定》精神，2004年10月，教育部、建设部联合印发了《关于实施职业院校建设行业技能型紧缺人才培养培训工程的通知》，确定在建筑（市政）施工、建筑装饰、建筑设备和建筑智能化四个专业领域实施中等职业学校技能型紧缺人才培养培训工程，全国有94所中等职业学校、702个主要合作企业被列为示范性培养培训基地，通过构建校企合作培养培训人才的机制，优化教学与实训过程，探索新的办学模式。这项培养培训工程的实施，充分体现了教育部、建设部大力推进职业教育改革和发展的办学理念，有利于职业学校从建设行业人才市场的实际需要出发，以素质为基础，以能力为本位，以就业为导向，加快培养建设行业一线迫切需要的技能型人才。

为配合技能型紧缺人才培养培训工程的实施，满足教学急需，中国建筑工业出版社在跟踪"中等职业教育建设行业技能型紧缺人才培养培训指导方案"（以下简称"方案"）的编审过程中，广泛征求有关专家对配套教材建设的意见，并与方案起草人以及建设部中等职业学校专业指导委员会共同组织编写了中等职业教育建筑（市政）施工、建筑装饰、建筑设备、建筑智能化四个专业的技能型紧缺人才教学用书。

在组织编写过程中我们始终坚持优质、适用的原则。首先强调编审人员的工程背景，在组织编审力量时不仅要求学校的编写人员要有工程经历，而且为每本教材选定的两位审稿专家中有一位来自企业，从而使得教材内容更为符合职业教育的要求。编写内容是按照"方案"要求，弱化理论阐述，重点介绍工程一线所需要的知识和技能，内容精炼，符合建筑行业标准及职业技能的要求。同时采用项目教学法的编写形式，强化实训内容，以提高学生的技能水平。

我们希望这四个专业的教学用书对有关院校实施技能型紧缺人才的培养具有一定的指导作用。同时，也希望各校在使用本套书的过程中，有何意见及建议及时反馈给我们，联系方式：中国建筑工业出版社教材中心（E-mail：jiaocai@cabp.com.cn）。

中国建筑工业出版社
2006年6月

前　言

本书根据建筑装饰装修领域技能型紧缺人才培养培训指导方案中的教学与训练项目相应课题编写，是建筑装饰装修专业技能型紧缺人才培养培训系列教材之一。

本书以建筑装饰装修工程中的墙面装饰构造与施工工艺为主线，强调实践性、实用性，注重中职技能型人才培养，突出理论知识、基本技能、能力拓展培养的特点，详细阐述了墙面装饰构造与施工工艺的一般规律和技术。本着先进性、全面性、实用性和规范性相结合的原则，强调现代新技术的应用，力求体现每个墙面装饰部位的构造及施工工艺特点，同时配合大量的工程实际构造与施工图，并通过实训课题使学生具有较强的墙面构造知识、制识图能力、施工工艺组织设计与管理、质量与安全技术措施、施工机具技术指标、产品检测、产品保护方法及工艺操作等能力。

本书以课题模式编写，特别适宜采用"项目教学法"进行教学。除作为中等职业学校建筑装饰工程技术专业教学用书外，也可供其他层次的相关人员作为教学用书或自学用书。

本书由湖南交通工程职业技术学院赵志文编写单元1和单元4的课题2至课题5，单元4的课题7；魏秀瑛编写单元2和单元4的课题1；蒋荣编写单元3和单元4的课题6。全书由赵志文任主编。徐州建筑职业技术学院江向东、沈阳建筑职业技术学院邢宏担任主审。

本书在编写过程中得到了深圳远鹏装饰设计工程有限公司、湖南衡阳友之邦装饰设计工程有限公司及作者院校的支持。参考了许多同类专著、教材，引用了一些实际工程中的构造节点和装饰实例，均在参考文献中列出，在此一并致谢！

本书对建筑装饰专业建筑装饰装修构造和施工技术课程内容、体系进行了一些改革的尝试和探索，能否达到预期目的，有待广大师生和读者的检验。同时限于时间仓促和经验不足，书中难免有不妥之处，敬请读者给予批评指正，以期进一步修订完善。

目 录

单元1 建筑装饰构造与施工工艺概述 ... 1
- 课题1 墙面装饰构造与施工工艺基本知识 ... 1
- 课题2 建筑装饰构造与施工的设计原则 ... 5
- 课题3 建筑装饰工程与相关工程的关系 ... 10
- 思考题与习题 ... 12

单元2 块材墙体 ... 13
- 课题1 块材墙体的种类与施工构造 ... 13
- 课题2 块材墙面质量标准及检验方法 ... 35
- 课题3 实训课题——某办公楼会议室空间分格隔墙 ... 39
- 思考题与习题 ... 43

单元3 装饰抹灰工程 ... 45
- 课题1 抹灰工程基本知识 ... 45
- 课题2 室内墙、柱装饰抹灰构造与施工工艺 ... 53
- 课题3 外墙装饰抹灰构造与施工工艺 ... 67
- 课题4 清水砌体施工工艺 ... 84
- 思考题与习题 ... 88

单元4 墙面饰面板（砖）工程 ... 89
- 课题1 墙面饰面砖饰面构造与施工 ... 89
- 课题2 石材类饰面构造与施工 ... 117
- 课题3 木质类饰面板构造与施工 ... 151
- 课题4 裱糊与软包类饰面构造与施工 ... 177
- 课题5 金属装饰板构造与施工 ... 197
- 课题6 玻璃饰面构造与施工 ... 223
- 课题7 玻璃幕墙构造与施工 ... 241
- 思考题与习题 ... 292

参考文献 ... 294

单元 1　建筑装饰构造与施工工艺概述

知 识 点：墙面装饰的作用、施工工艺基本知识、装饰装修等级、用料标准、装饰构造与施工的基本原则、装饰工程与相关工程的关系、装饰工程的技术发展。

教学目标：通过本单元的学习，熟悉墙面装饰构造与施工工艺的基本知识，熟悉装饰装修的等级划分和用料选择，明确装饰工程与相关工程的各种关系，了解建筑装饰技术的发展。

20 世纪 80 年代实行改革开放以后，我国社会经济迅猛发展，随着人民生活水平的不断提高，人们以往所形成的消费观、审美观发生了根本的转变。人们在追求物质文明的同时，更加重视精神文明，更加看重良好的生活和工作环境，努力创造一个和谐、舒适、高雅的生存空间就成为更广泛的追求。自 20 世纪 90 年代以来，建筑装饰已发展为一门新兴行业，建筑装饰终于拥有了自我施展的广阔空间。如今，一般工程建筑结构、设备、装饰的造价比例已达 3∶3∶4，对于高档宾馆和酒店项目，装饰费用的比例更高。我国加入世贸组织后，全球经济一体化以及全面建设小康社会，将为建筑装饰行业的发展提供持久的动力和良好的发展前景。

课题 1　墙面装饰构造与施工工艺基本知识

1.1　建筑装饰与建筑装饰构造的基本概念

建筑装饰是指对建筑物的内外表面及空间进行的"包装"处理，是工艺技术与艺术的结合，其目的是满足房屋建筑的使用功能和美观要求，改善室内居住条件，保持主体结构在室内外各种环境因素作用下的耐久性，弥补和改善结构在功能方面的不足。建筑装饰不仅包括对建筑室内顶棚、墙面、地面的各界面面层处理，同时也包括室内空间的色彩、造型、景观、光和热环境的设计与施工。还包括建筑外立面形象的塑造，以及门脸、灯箱、招牌等的装饰。装饰赋予建筑物更多变化的造型、丰富的色彩和鲜明的文化气息，如果说墙（柱）、梁、楼（屋）盖是构成建筑结构的骨架，那么建筑装饰就是丰满这些骨架的血与肉。

建筑装饰构造是指采用建筑装饰装修材料或饰物对建筑物内外表面及空间进行装饰装修的各种构造处理及构造做法，是实施建筑装饰设计的技术措施，是指导建筑装饰施工的基本手段。

1.2　建筑装饰的作用和装饰施工特点

一个成功的装饰，可使建筑获得理想的艺术价值而富有永恒的魅力。建筑装饰造型的优美，色彩的华丽或典雅，材料或饰面的独特，质感和纹理、装饰线脚与花饰图案的巧妙处理，细部构件的体形、尺度、比例的协调把握，是构成建筑艺术和美化环境的主要内容。这些都要通过装饰构造和施工来实现。

1.2.1 建筑装饰的作用

（1）满足使用功能、美化环境

建筑装饰对于改善建筑内外空间环境具有显著的作用。人们在建筑物中活动，建筑装饰工程又每时每刻都在人的视觉、触觉、意识、情感直接感受到的空间范围之内，并且通过建筑装饰施工所营造的效果而反馈给人们。所以，建筑装饰构造和施工具有综合艺术的特点，其艺术效果和所形成的氛围，强烈而深刻地影响着人们的审美情趣，甚至影响人们的意识和行为。同时，建筑装饰是对建筑具体空间环境的综合把握，是对已给定的建筑空间的进一步塑造。相对建筑的主体结构工程，装饰工程在施工工艺、施工技术和艺术表现等方面的要求更高。就施工工艺和施工技术而言，建筑装饰较建筑施工更具现代化、要求更高、手法更新、难度更大；就艺术表现而言，建筑装饰主题更鲜明、内涵更丰富、色彩表现也更微妙。因此可以说，通过装饰施工对建筑空间的合理规划与艺术分隔，配以各类装饰和家具等，可进一步满足使用功能要求，是技术与艺术、文化与科技高度统一的产物。

（2）保护建筑结构

建筑物的结构构件不仅需要有足够的承载力和刚度，而且还应有足够的耐久性。建筑物的耐久性受多方面因素的影响，它与结构施工质量有关，还受自然条件的影响。如水泥制品会因大气的作用变得疏松碳化，钢材会氧化而锈蚀，竹木受微生物的侵蚀而腐朽。人为因素的影响，如在使用过程中由于碰撞、磨损以及水、火、酸、碱的作用也会使建筑结构受到破坏。建筑装饰采用现代装饰材料及科学合理的施工工艺，对建筑结构进行有效的包覆施工，使其免受风吹雨打、湿气侵袭、有害介质的腐蚀以及机械作用的伤害等，从而起到保护建筑结构，增强耐久性，并延长建筑物使用寿命的作用。

（3）改善空间环境

建筑物除了应有承载力、刚度和耐久性要求外，还必须满足其他特殊要求，如光学要求、声学要求、透气性要求等，这同样地需要通过不同装饰材料的性能来满足。

1.2.2 建筑装饰工程及建筑装饰施工的特点

（1）建筑装饰工程施工的严肃性

装饰施工是实现装饰艺术和技术结合的关键过程，要求施工人员严肃认真地对待，准确理解设计意图，正确选用材料，使用先进的施工工艺等。装饰是完成建筑使用功能的最后一道工序，其质量的好坏直接影响用户的使用，因此必须对各项隐蔽工程和面层精心施工。建筑装饰施工人员应该是经过专业技术培训并接受过职业道德教育的持证上岗人员；技术人员应具备设计能力和施工技术，严格执行国家的法规和各项政策，确保施工质量和安全。

（2）有较强的技术性和艺术性

建筑本身就已经是技术与艺术结合的产物，而深化和再创造的建筑装饰就更加需要知识、技术以及艺术的支撑。任何装饰都是用材料来体现的，而材料的质量和档次又离不开现代的技术，正确应用这些材料又与设计人员和施工技术人员所具有的知识和技术含量有关，如建筑知识、设计理念等关系的内在意识和规律。因此建筑装饰是艺术与技术进一步完美结合的、复杂的过程。

(3) 周期性

建筑是百年大计，而建筑装饰却随时代的变化而具有时尚性，其使用年限远小于建筑结构。我国建筑耐久年限一般是 50~100 年，而装饰是 5~10 年，国外为 5 年。不提倡新三年旧三年，缝缝补补又三年的装饰，要充分体现其先进性和超前性，以满足人们的不断需求。

(4) 项目繁多，各工种、工序的搭接严密

(5) 施工多采用小型机具，手工操作量大

(6) 装饰材料品种丰富、规格多样，施工工艺与处理方法各异

(7) 装饰的标准越来越高，装饰费用所占工程造价的比例越来越大

装饰的造价空间很大，从普通到豪华到超豪华，其造价相差甚远，所以装饰的级别受造价的控制。

(8) 建筑装饰工程施工的规范性

为了提高施工技术水平，降低工程造价，保证工程质量，国家制定了统一的验收规范《建筑装饰装修工程质量验收规范》GB 50210—2001，行业制定了工程质量验收等级评定标准。施工还制定了施工操作规程，在效应上施工规程（规定）比施工验收规范低一个等级，如与施工验收规范相抵触，应以规范为准。

1.3 墙面装饰构造与施工的基本内容及类型

1.3.1 墙面装饰构造和施工的基本内容

墙面装饰构造的内容包括构造原理、构造组成及构造做法。构造原理是构造设计的理论或实践经验，构造组成和构造做法是结合客观实际情况，考虑多种因素，应用原理确定实施构造方案，即确定采取什么方式将饰面的装饰材料或饰物连接固定在建筑物的主体结构上，解决相互之间的衔接、收口、饰边、填缝等构造问题。构造原理是抽象的，体现在构造做法中，构造组成及做法是具体的，是在构造原理指导下进行的。

1.3.2 墙面装饰构造类型及等级与用料标准

(1) 墙面装饰构造类型

墙面装饰构造按装饰部位，有外墙面装饰和内墙面装饰。外墙面装饰包括外墙各立面、店面、檐口、外窗台、雨篷、台阶、建筑小品等；内墙面装饰包括内墙各装饰面、踢脚、墙裙、隔墙、隔断、门窗、楼梯、电梯等。

墙面装饰构造按其形式可分为三大类：装饰结构类、饰面类和配件类。

1) 装饰结构类构造：指采用装饰骨架，表面装饰构造层与建筑主体结构或框架填充墙连接在一起的构造形式（如干挂石材等）。

2) 饰面类构造：饰面类构造又称覆盖式构造，即在建筑构件表面再覆盖一层面层，对建筑构件起保护和美化作用。饰面类构造主要是处理好面层与基层的连接构造（如瓷砖、墙布与墙体的连接等）。

3) 配件类构造：配件类构造是将装饰制品或半成品在施工现场加工组装后，安装于建筑装饰部位的构造（如散热器罩、窗帘盒）。配件的安装方式主要有粘接、榫接、焊接、

卷口、钉接等。

(2) 建筑装饰装修等级与用料标准

建筑装饰装修等级与建筑物的等级密切相关，建筑物等级越高，其装饰装修的等级也越高。在具体运用中，应注意以下两个方面：

1) 结合不同地区的构造做法与用料习惯以及业主的经济条件灵活运用，不可生搬硬套。

2) 根据我国现阶段经济水平、生活质量要求及发展状况，合理选用建筑装饰装修材料。建筑装饰装修等级及用料标准详见表1-1、表1-2。

建筑装饰装修等级　　　　　　　　　　　表1-1

建筑装饰装修等级	建筑物类型
一级	高级宾馆，别墅，纪念性建筑，大型博览、观演、交通、体育建筑，一级行政机关办公楼，市级商场
二级	科研建筑，高等教育建筑，普通博览、观演、交通、体育建筑，广播通信建筑，医疗建筑，商业建筑，旅馆建筑，局级以上行政办公楼
三级	中学、小学、托儿所建筑，生活服务性建筑，普通行政办公楼，普通居住建筑

建筑装饰装修用料标准　　　　　　　　　表1-2

装饰等级	房间名称	部位	内部装饰装修标准及材料	外部装饰装修标准及材料	备注
一级	全部房间	墙面	塑料墙纸(布)、织物墙面，大理石装饰板，木墙裙，各种面砖，内墙涂料	大理石、花岗石、面砖、无机涂料、金属板、玻璃幕墙	
		楼地面	软木橡胶地板、各种塑料地板、大理石、彩色水磨石、地毯、木地板		
		顶棚	金属装饰板、塑料装饰板、金属墙纸、塑料墙纸、装饰吸声板、玻璃顶棚、灯具	室外雨篷下，悬挑部分的楼板下，可参照内装饰顶棚	
		门窗	夹板门、推拉门、带木镶边或大理石镶边、设窗帘盒	各种颜色玻璃铝合金门窗、特制木门窗、玻璃栏板	
		其他设施	各类金属或竹木花格、自动扶梯，有机玻璃栏板，各种花饰、灯具、空调、防火设备，散热器罩、高档卫生间设备	各种金属装饰物，局部屋檐、屋顶，可用各种瓦件	
二级	普通房间门厅楼梯走道	墙面	各种内墙涂料装饰抹灰，有窗帘盒、散热器罩	主要立面可用面砖，局部大理石、无机涂料	功能上有特殊要求除外
		楼地面	彩色水磨石、地毯、各种塑料地板、卷材地毯、碎拼大理石地面		
		顶棚	混合砂浆、石灰膏罩面，钙塑板、胶合板、吸声板等顶棚饰面		
		门窗		普通钢木门窗，主要入口可用铝合金门	
	厕所、盥洗室	墙面	水泥砂浆		
		楼地面	普通水磨石、陶瓷锦砖、1.4~1.7m高度白瓷砖墙裙		
		顶棚	混合砂浆、石灰膏罩面		
		门窗	普通钢木门窗		

续表

装饰等级	房间名称	部位	内部装饰装修标准及材料	外部装饰装修标准及材料	备注
三级	一般房间	墙面	混合砂浆色浆粉刷、可赛银乳胶漆、局部油漆墙裙，柱子不做特殊装饰	局部可用面砖，大部分用水刷石或干粘石、无机涂料、色浆、清水砖	
		楼地面	局部水磨石、水泥砂浆地面		
		顶棚	混合砂浆、石灰青罩面	同室内	
		其他	文体用房、托幼小班可用木地板，窗饰除托幼外不设散热器罩，不准做钢饰件，不用白水泥、大理石、铝合金门窗，不贴墙纸	禁用大理石、金属外墙板	
	门厅、楼梯、走道		除门厅局部吊顶外，其他同一般房间，楼梯用金属栏杆木扶手或抹灰栏板		
	厕所、盥洗室		水泥砂浆地面、水泥砂浆墙裙		

课题2 建筑装饰构造与施工的设计原则

2.1 建筑装饰构造与施工的基本原则

2.1.1 一般性原则

1) 通过建筑装饰的构造设计，美化和保护建筑物，满足不同使用房间不同界面的功能要求，延伸和扩展室内环境功能，完善室内空间的全面品质。

2) 根据国家、行业标准、规范，选择恰当的建筑装饰装修材料，确定合理的构造方案。

3) 严格控制经济指标，根据建筑物的等级、整体风格、业主的具体要求进行构造设计。

4) 注意与相关专业、工种（水、暖、通风、电）的密切配合。

2.1.2 建筑装饰构造与施工的安全性原则

(1) 构造设计的安全性

装饰构造设计与施工的安全性必须要考虑以下两个方面：

1) 严禁破坏主体结构，要充分考虑建筑结构体系与承载能力。

2) 选用材料、确定构造方案要安全可靠，不得造成人员伤亡和财产损失。

(2) 防火的安全性

1) 建筑装饰构造设计要根据建筑的防火等级选择相应的材料。建筑装饰装修材料按其燃烧性能划分为四个等级，见表1-3。

2) 不同类别、规模、性质的建筑内部各部位的材料燃烧性能要求不同，见表1-4和表1-5。

建筑装饰装修材料燃烧性能等级   表1-3

等级	装饰装修材料燃烧性能	等级	装饰装修材料燃烧性能
A	不燃	B2	可燃
B1	难燃	B3	易燃

单层、多层民用建筑内部各部位建筑装饰装修材料的燃烧性能等级   表1-4

| 建筑物及场所 | 建筑规模、性质 | 装饰装修材料燃烧性能等级 ||||| 装饰织物 || 其他装饰材料 |
		顶棚	墙面	地面	隔断	固定家具	窗帘	帷幕	
候机楼的候机大厅、商店、餐厅、贵宾候机室、售票厅等	建筑面积＞10000m² 的候机楼	A	A	B1	B1	B1	B1	—	B1
	建筑面积≤10000m² 的候机楼	A	B1	B1	B1	B1	B2	—	B2
汽车站、火车站、轮船客运站的候车(船)室、餐厅、商场等	建筑面积＞10000m² 的车站、码头	A	A	B1	B1	B1	B1	—	B1
	建筑面积≤10000m² 的车站、码头	B1	B1	B1	B2	B1	B2	—	B2
影院、会堂、礼堂、剧院、音乐厅	＞800座位	A	A	B1	B1	B1	B1	B1	B1
	≤800座位	A	B1	B1	B1	B1	B1	B1	B2
体育馆	＞3000座位	A	A	B1	B1	B1	B1	B1	B2
	≤3000座位	A	B1	B1	B1	B1	B1	B1	B2
商场营业厅	每层建筑面积1000~3000m² 或建筑面积3000~9000m²	A	B1	A	A	B1	B1	—	B2
	每层建筑面积＞3000m² 或建筑面积＞9000m²	A	B1	B1	B1	B1	B1	—	B2
	每层建筑面积＜3000m² 或建筑面积＜9000m²	B1	B1	B1	B2	B2	B2	—	B2
饭店、旅馆的客饭及公共活动用房等	设有中央空调系统的饭店、旅馆	A	B1	B1	B1	B1	B2	—	B2
	其他饭店、旅馆	B1	B1	B2	B2	B1	B2	—	—
歌舞厅、餐馆等娱乐、餐饮建筑	营业面积＞100m²	A	B1	B1	B1	B1	B1	—	B1
	营业面积≤100m²	B1	B1	B1	B2	B2	B1	—	B2
幼儿园、托儿所、医院病房楼、疗养院		A	B1	B1	B1	B2	B1	—	B2
展览馆、博物馆、图书馆、档案馆、资料馆等	国家级、省级	A	B1	B1	B1	B1	B1	—	B2
	省级以下	B1	B1	B2	B2	B2	B1	—	—
办公楼、综合楼	设有中央空调系统的办公楼、综合楼	A	B1	B1	B1	B2	B2	—	B2
	其他办公楼、综合楼	B1	B1	B2	B2	B2	—	—	—
住宅	高级住宅	B1	B1	B1	B1	B2	B1	—	B2
	普通住宅	B1	B2	B2	B2	B2	—	—	—

高层民用建筑内部各部位建筑装饰装修材料的燃烧性能等级　　　　表 1-5

建筑物及场所	建筑规模、性质	装饰装修材料燃烧性能等级								
		顶棚	墙面	地面	隔断	固定家具	装饰织物			其他装饰材料
							窗帘	帷幕	床置家具包布	
高级旅馆	≥800 座位的观众厅、会议厅	A	B1	B1	B1	B1	B1	—	B1	B1
	≤800 座位的观众厅、会议厅	A	B1	B1	B1	B2	B1	B1	—	B2	B1
	其他部位	B1	B1	B1	B2	B2	B1	B1	B2	B1	B1
商业楼、展览楼、综合楼、商住楼、医院病房楼	一类建筑	A	B1	B1	B1	B1	B1	B1	B1	B2	B1
	二类建筑	B1	B1	B2	B2	B2	B1	B2		B2	B2
电信楼、财贸金融楼、邮政楼、广播电视楼、电力调度楼、防灾指挥调度楼	一类建筑	A	A	B1	B1	B1	B1	B1		B1	B1
	二类建筑	A	B1	B1	B2	B2	B1	B1		B2	B2
教学楼、办公楼、科研楼、档案楼、图书馆	一类建筑	A	B1	B1	B1	B1	B1	B1		B2	B1
	二类建筑	B1	B1	B2	B2	B2	B1	B2		B2	B2
住宅、普通旅馆	一类普通旅馆高级住宅	A	B1	B1	B1	B1	B1	—		B1	B2	B1
	二类普通旅馆高级住宅	B1	B1	B2	B2	B2	B2	B2		B2	B2

注：1. 顶层餐厅包括设在高空的餐厅观光厅。
　　2. 建筑物的类别、规模、性质应符合《高层民用建筑设计防火规范》GB 50045—1995 的有关规定。

3) 建筑装饰装修构造设计应严格执行《建筑设计防火规范》GBJ 16—1987 中相应条款和《建筑内部装修设计防火规范》GB 50222—1995 的规定。

4) 吊顶应采用燃烧性能 A 级材料，部分低标准的建筑室内吊顶材料的燃烧性能应不低于 B1 级。暗木龙骨与木质人造板基材，应刷防火涂料。遇高温易分解出有毒烟雾的材料应限制使用。

（3）防震的安全性

1) 地震区的建筑，进行装饰装修设计时要考虑地震时产生的结构变形的影响，减少灾害的损失，防止出口被堵死。

2) 抗震设防烈度为七度以上的地区的住宅，吊柜应避免设在门户的上方，床头上方不宜设置隔板、吊柜、玻璃罩灯具以及悬挂硬质画框、镜框饰物。

2.1.3　建筑装饰构造与施工的健康环保原则

（1）节约能源

1) 改进节点构造，提高外墙的保温隔热性能，改善外门窗的气密性。

2) 选用高效节能的光源及照明新技术。

3) 强制淘汰耗水型室内用水器具，推广节水器具。

4) 充分利用自然光和采用自然通风换气。

（2）节约资源

节约使用不可再生的自然材料资源。提倡使用环保型、可重复使用、可循环使用、可再生使用的材料。

(3) 减少室内空气污染

1) 选用无毒、无害、无污染（环境），有益于人体健康的材料和产品，采用取得国家环境认证的标志产品。执行室内装饰装修材料有害物质限量的十个国家强制性标准。

2) 严格控制室内环境污染的各个环节，设计、施工时严格执行《民用建筑工程室内环境污染控制规范》GB 50325—2001。

3) 为减少施工造成的噪声及大量垃圾，装饰装修构造设计提倡产品化、集成化，配件生产实现工厂化、预制化。

2.1.4 建筑装饰构造与施工的美观原则

1) 正确搭配使用材料，充分发挥和利用其质感、肌理、色彩以及材性的特性。

2) 注意室内空间的完整性、统一性，选择材料不能杂乱。

3) 运用造型规律（比例与尺度、对比与协调、统一与变化、均衡与稳定、节奏与韵律、排列与组合），在满足室内使用功能的前提下，做到美观、大方、典雅。

2.1.5 建筑装饰质量缺陷分析的基本原则

1) 信息的客观性　正确的分析来自大量的客观信息，这些信息包括设计图样、施工记录、现场实况等。收集信息时必须持客观态度，切忌有主观猜测和推断的成分。

2) 方法的科学性　可信的分析来自严密的科学方法，这些方法包括现场实测、材料检测和理论分析等。

3) 原因的综合性　准确的分析来源于多种因素的综合判断。综合分析时必须用辩证思维，对具体事物作具体分析，把握住全部因素，找出占主导地位的因素，抓住事物的主要矛盾。

4) 判断的准确性　有价值的分析来自准确的判断。质量缺陷分析的重要目的，是有一个既准确又有价值的结论，以此明确责任、正确处理。

5) 结论的教育性　分析的结果要起到教育后人的作用，避免类似的质量缺陷再次发生。

2.2　建筑装饰工程施工措施

编制贯彻施工组织设计和分项工程施工工艺标准，选好工程用料和做好现场文明施工，是施工活动中的关键工作。

2.2.1 编制施工组织设计和分项工程施工工艺标准

施工组织设计的主要内容包括：工程概况、施工部署、施工准备、施工进度、各项物资需用量计划、施工平面图、技术经济指标等部分；分项工程施工工艺标准内容则包括：概述、施工图设计文件，材料要求、主要机械和工具、作业条件、施工操作工艺、质量标准、成品保护、安全措施、施工注意事项和工程验收等方面。因此，编制施工组织设计是建筑装饰装修施工必要的准备工作，是合理组织施工和加强企业管理的重要措施。而分项工程施工工艺标准，既可用于施工准备、技术交底，又可用于现场具体指导施工操作和质量控制，还可用作防治质量通病及采取安全措施。因此，施工前应做到：

1) 组织现场施工人员学习施工图设计文件、建筑装饰装修工程质量验收规范和相关防污染、防火、防腐、防蛀、防雷、防震等标准与规范以及施工安全、劳动保护、防火防毒的法律法规。施工人员必须持上岗证操作。

2) 结合现场实际，建立和健全施工质量保证体系和工序自检、互检、交接检制度，分工负责，对施工全过程实行质量控制。

3) 施工组织设计和分项工程施工工艺标准，编制讨论定稿后应报监理工程师审批。

2.2.2 墙面装饰工程用材料

装饰装修工程用材，应严格挑选，选料应做到：

(1) 材料真伪初识

施工和采购人员可用简易方法识别材料真伪。例如：敲击陶瓷制品听其声音，清脆者比哑声者好；在陶瓷面砖背面滴墨，墨水扩散者质量差；复合地板用砂纸打磨地板表面，花纹和颜色不掉者耐磨度合格；锯开地板看芯条有无朽腐断裂虫蛀等疵病，能识别内中有无败絮。实木地板用两块块材互相敲击，发声清脆者为干材，闷声者为湿材。深色的花岗石少用或不用，人造板材气味刺鼻难闻者，有害物质超标。不燃或难燃材料取样试烧，可辨防火性能。涂料包装桶上有"十环"中国环保标志者为绿色涂料，印有 ISO 9001 标志者为优质涂料。随机开桶，将涂料试涂试刷，亦可辨质量真伪。

进口材料查看海关检验单，可知真假。取样送林业试验部门检验取证，更能确定材种材质。同一厂家，同一品种和同一批号的产品，基本上能消除色差。

(2) 进场材料验收

所有进场材料，应会同监理工程师进行检查验收。其验收内容：

1) 核验材料的品种、规格、颜色、图案花纹和性能是否符合设计、合同约定和国家标准的规定。看产品质量合格证、近期材料检测报告和中文产品说明书。进口材料有无海关商品检验证和授权证。幕墙工程硅酮结构胶的认定证书。

2) 核验进场材料与封样（或样板）材料、样品是否一致。

3) 室内饰面使用的天然花岗岩，必须有放射性指标检测报告；当总面积大于 200m² 时，应对不同产品分别进行放射性指标的复验。复验结果应合格。

4) 装饰装修材料的检测项目不全或对检测结果有疑问时必须将材料取样进行检验，检验合格后方可使用。

5) 抹灰和饰面板工程粘贴用的水泥的凝结时间、安定性和抗压强度，外墙陶瓷面砖的吸水率、寒冷地区外墙陶瓷面砖的抗冻性，均须进行见证取样复验，其检测值应合格。

6) 幕墙工程的铝塑复合板的剥离强度，石材的弯曲强度，寒冷地区石材的耐冻融性；玻璃幕墙用硅酮结构胶（必须是中性的）的邵氏硬度，标准条件下拉伸粘结强度、相容性试验，石材用结构胶的粘结强度和密封胶的污染性，均须取样复验，其复验值应合格。

7) 材料验收时，凡材料外观质量和材料性能及环保性不合格的材料严禁使用。并应立即退货，清除出现场，以防鱼目混珠。

(3) 施工中应遵循下列有关规定

1) 对室内装饰装修中所采用的稀释剂和溶剂，严禁使用苯、工业苯、石油苯、重质苯及混苯。清除旧油漆或除油作业时，不应采用苯、甲苯、二甲苯；清洗施工用具时，严禁使用有机溶剂。

2) 进行饰面板拼接施工时，除芯板为 E1 类外，应对其断面及无饰面部位进行密封处理。

  3）铺装石材应备用防碱背涂料专用处理剂。
  4）建筑装饰装修使用的木质材料应按设计要求进行防火、防腐和防蛀处理。
  5）幕墙工程预埋件（或后置件），应做拉拔试验。
  6）重型灯具、电扇及其他重型设备，严禁安装在吊顶工程的龙骨上。
  7）幕墙工程和外墙金属窗、塑料窗的抗风压性能、空气渗透性能和雨水渗漏性能，应做现场测试。
  8）护栏高度，栏杆间距、安装位置必须符合设计要求。护栏安装必须牢固，严防松脱。
  9）外墙和顶棚的抹灰层与基层之间及各抹灰层之间，必须粘结牢固，严防掉落。

2.2.3　落实施工组织设计和分项施工工艺标准

装饰装修工程施工组织设计和分项工程施工工艺标准批准后，贵在落实。落实中应做到：

  1）应向现场工作人员和施工操作人员反复交代，逐项落实，责任到人。现场设专职质量检查监督员，跟班巡视旁站。
  2）做好样板房、样板间或样板件，经有关各方认可后照样板施工。
  3）各工序完工后，通过自检、互检合格后做好记录，经监理工程师检查认可后才允许进行下道工序。
  4）施工中严禁违反设计文件擅自改动建筑主体、承重结构或主要使用功能；严禁未经设计确认和有关部门批准擅自拆改水、暖、电、燃气、通信等配套设施。
  5）对邮箱、消防、供电、电视、报警、网络等公共设施，装饰装修施工时，应有可靠的保护措施。

2.2.4　文明施工

装饰装修施工单位应遵守有关环境保护的法律法规，并应采取有效措施控制施工现场各种粉尘、废弃物、噪声、振动等对周围环境造成的污染和危害。施工现场应做好：用水及污水排放、安全用电、电气防火、施工现场防火及现场防火处理、消防设施的保护、现场施工环境保护。

课题3　建筑装饰工程与相关工程的关系

建筑工程包括了建筑结构、水、暖、电设备等多方面的工程，建筑装饰是建筑工程的深化、再创造，必然与建筑、结构、设备等多方面有着密切的联系。

3.1　建筑装饰工程与建筑的各种关系

3.1.1　建筑装饰与建筑的关系

建筑装饰是对建筑物的装扮和修饰，因此对建筑要有一个准确的理解和认识，如对建筑的属性、艺术风格、建筑空间性质和特性、建筑时空环境的意境和气氛等应有较好的把握。

建筑装饰是再创造过程，只有对所要装饰的建筑有了正确的理解把握，才能更好地发挥，使建筑艺术与人们的审美观协调一致，从而在精神上给人们以艺术享受。

3.1.2 建筑装饰与建筑结构的关系

建筑装饰与建筑结构的关系有两层：一是建筑结构给装饰再创造提供了充分发挥的舞台，装饰在充分发挥结构空间的同时又保护了结构构件。还有一些结构本身就是一种装饰。二是与结构矛盾时的处理。结构是传递荷载的构件，在设计时充分考虑了受力情况，要经计算而定。装饰需要改变结构或在结构构件上开洞或取舍，必将影响结构，所以规范规定不得在结构上任意开洞或取舍，如必须改变，则应进行计算核实。如砖混结构在承重墙上不准开洞，大家能认可。那么窗下墙可以去掉吗？不可。因为窗下墙虽不直接承重，但与整体结构协同工作，特别是对墙体的整体刚度和传力的协调起着极大作用。因此，建筑装饰与结构的关系是密切的，且是互相依赖和补充的。

3.1.3 建筑装饰与设备的关系

建筑装饰不仅要处理好装饰与结构的关系，而且还必须认真解决好装饰与设备的关系，否则影响建筑装饰空间的处理，同时也影响设备的正常运行和使用。特别是装饰工程大部分是界面处理，因此与建筑设备的空调、水暖、监控、消防、强电、弱电、管线以及照明设备等各方面的协调配合必须处理好。

3.1.4 建筑装饰与环境的关系

建筑装饰虽然给人们提供了一个生活、学习、工作的美好环境，但由于用料和施工工艺不当也会造成环境的二次污染，有的甚至还很严重。因此装饰施工必须严格执行国家规范，控制因建筑装饰材料选择不当以及工程的勘察、设计、施工过程中造成的室内环境污染。

自然界任何天然的岩石、砂子、土壤以及各种矿石无不含有天然放射性核素，主要是铀、镭、钍等长寿命放射同位素。长寿命天然放射性同位素镭—226、钍—232、钾—40放射的γ射线和氡是造成室内污染的主要来源，对人体危害最大，其中氡的内照射危害大约占一半。因此必须控制氡在单位体积空气内的含量。表1-6为无机非金属建筑材料放射性指标限量表，表1-7为无机非金属建筑装饰材料放射性指标限量表。

无机非金属建筑材料放射性指标限量   表1-6

测定项目	限量
内照射指数(IRa)	≤1.0
外照射指数(Iγ)	≤1.0

无机非金属建筑装饰材料放射性指标限量   表1-7

测定项目	限	量
内照射指数(IRa)	≤1.0	≤1.3
外照射指数(Iγ)	≤1.0	≤1.9

近年来，国内外对室内环境污染进行了大量研究，已经检测到的有害物质达数百种，常见的有10种以上，其中绝大部分为有机物，主要源于各种人造木板、涂料、胶粘剂等化学建筑装饰材料产品，这些材料会在常温下释放出许多有害、有毒物质，造成空气污染，因此，必须控制这些有害物质在空气中的含量，以达到环保要求。如《民用建筑工程室内环境污染控制规范》GB 50325—2001中，对室内用水性涂料总挥发性有机化合物（TVOC）和游离甲醛的含量提出了控制限量，见表1-8。

室内用水性涂料中总挥发性有机化合物和游离甲醛限量   表1-8

测定项目	限量	测定项目	限量
TVOC/(g/L)	≤200	游离甲醛/(g/L)	≤0.1

3.2 建筑装饰的技术发展

建筑装饰既是一个历史悠久的行业，同时又是一个新崛起的行业。我国传统的建筑装饰技艺，是中华民族极为珍贵的财富。无论是单座建筑，还是组群建筑以及各类建筑的内外装饰，大至宫殿、庙宇，小至商店、民居，尽管规模不同，但是其数千年延续发展的木构架，反映在亭台楼榭之中的装饰技巧和水平无不令人惊叹，雕梁画栋，飞檐挑角，金碧琉璃，以及独具美感的家具、屏风，充分展示着劳动人民的高度智慧和精湛技艺。

随着科学技术的发展和社会的进步，建筑装饰施工技术也发生了质的变化，新材料、新技术、新工艺的不断创新促进了建筑装饰施工技术的发展。各类粘胶剂的使用，改变或简化了装饰材料的施工工艺。装饰施工机具的普遍使用，如电锤、电钻、气动或电动射钉枪等取代了手锤作业，不仅提高了工效，而且保证了建筑装饰施工质量。逐步从过去的湿作业向干作业、多元化、复杂化方向发展，如各类装饰面板的制作安装，配套的装饰产品就位安装以及自动化、智能化技术的应用，体现了现代技术与建筑装饰施工技术广泛的结合和发展。

为了适应建筑装饰施工技术的发展需要，国家有关部门配套制定了《建筑装饰工程质量验收规范》GB 50325—2001、《建筑内部装修设计防火规范》GB 50222—2001、《玻璃幕墙工程技术规范》JGJ 102—2003 等有关标准，使我国建筑装饰施工技术的质量标准有了科学依据，从而规范了建筑装饰行业的市场。因此，建筑装饰施工技术正步入一个多学科、多行业共同发展、共同促进的科学轨道。总之，现代建筑装饰施工行业正步入一个充满生机活力的激烈竞争的时代，具有十分广阔的市场前景。

思考题与习题

1. 什么是建筑装饰？其作用有哪些？
2. 建筑装饰工程与装饰施工的特点有哪些？
3. 墙面装饰构造与施工工艺的基本内容是什么？
4. 墙面装饰构造的类型、装饰装修等级与用料标准包含哪些？
5. 装饰构造与施工的基本原则有哪些？
6. 建筑装饰施工措施包括哪些内容？
7. 如何做好装饰施工的文明施工？
8. 装饰工程与建筑存在哪些关系？
9. 装饰工程与环境的关系有哪些？如何提高装饰环境质量？

单元 2　块 材 墙 体

知 识 点：块材墙体的分类、各类块材墙体的构造、施工工艺和方法、质量验收标准和检验方法、安全措施、半成品及成品的保护方法。

教学目标：通过本单元的学习，能够熟练地识读各类块材隔墙的施工图，能够对节点详图进行施工翻样，能正确地选用施工工具、施工材料以及对相应工程进行质量验收。

课题 1　块材墙体的种类与施工构造

1.1　块材墙体的类型

1.1.1　块材墙体的定义和功能

建筑中墙体的功能有承重墙和分隔墙之分。在装饰工程中，有许多主要用于室内空间垂直分隔的墙体，这种墙我们常称为分隔墙或隔断。由于不承受结构的荷载，要求该墙要自重轻、厚度薄。故我们常以轻质材料来作为分隔墙体的材料。这些轻质材料包括各种轻质砌块、板块和骨架上镶钉板块等材料来构造。因此我们可以将这类轻质墙通称为块材或板块墙体。根据所处的条件和环境不同，块材墙体还应满足隔声、防火、防潮、防水等围护功能的要求。

块材墙体根据构造做法和分隔功能的差异可分为普通隔墙与隔断，如图 2-1 所示。

（1）隔墙

一般情况下，隔墙高度都到达顶棚，使其能在较大程度上限定空间，即起到完全限定空间的作用，同时还应在一定程度上起到隔声、遮挡视线的作用。普通隔墙一旦设置，往往具有不可变动性，至少不能经常变动。

（2）隔断

隔断限定空间的程度较弱，其高度可以到顶也可以不到顶，对隔声和遮挡视线等往往并无要求，隔断具有一定的通透性，使两个空间有视线的交流，相邻空间有似隔非隔的感觉。隔断在分隔空间上比较灵活，可以随意移动或拆除，在必要时可以随时连通或者分隔相邻的空间。

由于隔墙和隔断在构造和功能上具有诸多相同之处，因此常将两概念统一到隔墙中来。

1.1.2　轻质隔墙的定义与特点

自重轻的隔墙称为轻质隔墙。通常将 $1m^2$ 的墙面自重小于 $100kg$ 的墙体，称为轻质隔墙。隔墙为达到轻质的目的，一般可从组成材料和构造方法两个方面考虑。采用轻质材料，可以从根本上减轻隔墙的自重，因此我们常利用一些自重轻的块材，如空心砌块、泡

图 2-1 隔墙与隔断的装饰效果

沫材料、塑料等材料来代替自重大的砖、钢筋混凝土、钢材等。采用合理的结构和构造形式，减轻墙体的厚度、改善墙体内部构造体系，也可以达到减轻墙自重的目的，如采用轻钢结构组建墙体中空心构造做法等。

1.1.3 轻质隔墙的类型

（1）普通隔墙的类型

普通轻质隔墙（隔断）按其组成材料和施工方式可以分为轻质砌体隔墙、立筋隔墙、条板隔墙等。

1）轻质砌体隔墙

砌体隔墙通常是指用普通砖、空心砖、加气混凝土砌块、空心砌块、玻璃空心砖和各种小型轻质砌块等砌筑的非承重墙。具有防潮、防火、隔声、取材方便、造价低廉等特点。轻质砌块隔墙如图 2-2 所示。

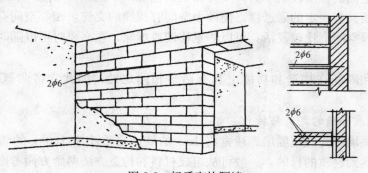

图 2-2 轻质砌块隔墙

2）立筋式隔墙

立筋式隔墙是指用木材、金属型材等做龙骨（亦称骨架），用灰板条、钢板网和各种板材做面层所组成的轻质隔墙。这种隔墙施工比较方便，自重轻，使用范围广，但造价相对较高。立筋式隔墙如图 2-3 所示。

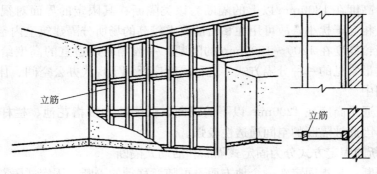

图 2-3　立筋式隔墙

3）板材隔墙

板材隔墙是指不用骨架，而用比较厚的、长度等于房间净高的板材拼装而成的隔墙。如加气混凝土条板隔墙、石膏珍珠岩板隔墙、彩色灰板隔墙、泰柏板以及各种各样的复合板材墙等。具有取材方便、造价低廉等特点。但防潮、隔声的性能较差。目前，各种轻型的条板隔墙在室内隔墙中应用较多，如用条板加设卫生间隔墙等做法。条板隔墙如图 2-4 所示。

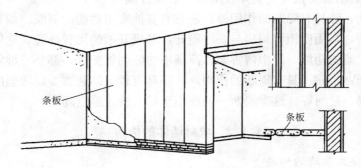

图 2-4　板材式隔墙

(2) 轻质隔断的类型

隔断的类型很多，可从以下方式加以分类：

1）按隔断围合的严密程度分为透明隔断、半透明隔断、镂空隔断、封闭隔断

透明隔断，指大面积采用透明材料的隔断。其特点是它既能分隔空间，又能使被分隔空间具有透光透视的通透感。透明隔断具有较好的现代艺术气息，大多用于现代公共空间，如办公空间，既具有开敞的感觉又便于管理。

半透明隔断：采用较少的透明材料，或直接用半透明材料，如磨砂玻璃，压花玻璃等。这种隔断透视效果差，但具有良好的透光效果，故空间的视觉干扰小。

镂空隔断：一种能让部分视线、光线透过的隔断。其自身一般都具有美观的艺术形态，且构造相对复杂。它常适用于对声音要求不高的空间分隔中。

封闭隔断：一种完全阻挡视线和光线通过的隔断，因而严密性能好，能形成独立安静、互不干扰的环境。因此，封闭隔断多用于私密性要求较高的室内分隔中。如卫生间、卧室等。

2) 按隔断的围合高度分为高隔断、一般隔断、低隔断等

高隔断：高度在1800mm以上的隔断。该类隔断在其限定的界面对视线形成较好的阻挡效果，且相互干扰小，故可用在私密性要求较高的场所分隔建筑室内空间。

一般隔断：高度在1200～1800mm的隔断。一般隔断以适宜的高度给人以分而不隔绝的感受，是最常见的一种分隔方式。这种隔断广泛用于现代办公空间、休闲娱乐空间等各种室内空间中。

低隔断：通常高度在1200mm以下的隔断。低隔断大多指花池、栏杆等，它产生的分隔感较弱，因此被隔断的空间通透性较强。

3) 按隔断的固定方式分为固定式隔断和活动式隔断

固定式隔断：是指固定在一个地方而不可随意移动的隔断。固定式隔断的功能比较单一，构造也比较简单，类似普通隔墙，但它不受隔声、保温、防火等限制，因此它的选材、构造、外形就相对自由活泼一些。多用于空间布局比较固定的场所。

活动式隔断：又称为移动式隔断或者灵活隔断。活动式隔断的特点为自重轻、设置较为方便灵活。但为了适应其可移动的要求，它的构造比较复杂。活动式隔断从其移动的方式上又可分为拼装式隔断、镶板式隔断、推拉式隔断、折叠式隔断、卷帘式隔断与幕帘式隔断（又称软隔断）、移动屏风等。

4) 按隔断的功能类别分为实用性隔断、装饰性隔断

实用性隔断：除具有隔断的作用外，还兼有其他实用功能的隔断。如家具式隔断。在现代住宅空间中，常用橱柜将厨房与餐厅隔开，形成开敞的用餐环境，这里的橱柜既有隔断又有展示与贮藏的功能。厅中博古架、商场中的陈列货架等，都是一种实用性的隔断。

装饰性隔断：指除了具有隔断的作用外，还具有较大的装饰美观功能的隔断，例如花池、栏杆、玻璃、拦河等。这类隔断一般使用于较大的建筑空间中。

1.2 块材墙体的构造

1.2.1 砌块式隔墙的构造

一般较低矮的隔墙可采用普通砖砌筑成1/4砖墙或1/2砖墙。1/2砖墙的高度不宜超过4m，长度不宜超过6m，否则要设置构造柱、拉梁等加固措施。1/4砖墙的稳定性较差，一般仅用于小面积的隔墙。对于各种空心砖隔墙、轻质砌块隔墙，由于其自重轻，隔热性能好，也被普遍的采用。但当墙体的厚度较薄时，也应采取加固措施增加其稳定性。

在装饰工程中，具有良好装饰效果的玻璃砖，由于其强度高、外观美丽而光滑，保温、隔声的性能好，具有一定的透光性，因而更适合装饰工程的需求。

(1) 玻璃砖隔墙的构造

玻璃砖侧面有凹槽，可采用水泥砂浆或结构胶，把单块的玻璃砖拼装到一起。玻璃砖的拼缝一般为10mm。曲面玻璃砖隔墙要根据玻璃砖的规格尺寸来限定最小曲率半径和块数，最小拼缝不宜小于3mm，最大拼缝不宜大于16mm。玻璃砖隔墙面积不宜过大，高度应控制在4.5m以下，长度不宜过长。在玻璃砖的凹槽中可加通长的钢筋或扁钢，并将

钢筋或扁钢同隔墙周围的墙柱或过梁连接起来，以提高隔墙的稳定性。当玻璃砖隔墙的面积超过 12～15m² 时，应适当加竖向和水平支撑予以加固。图 2-5 为一有框玻璃砖隔墙的构造图。

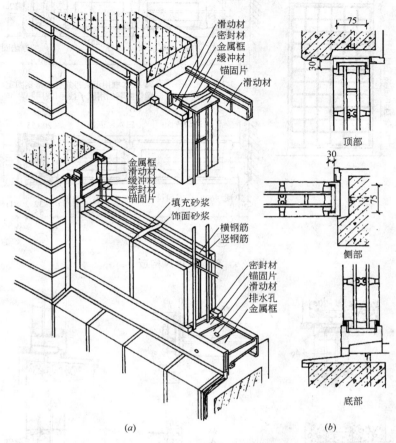

图 2-5 玻璃砖隔墙构造示意图及详图
(a) 金属框玻璃砖隔墙的构造示意图；(b) 金属框玻璃砖隔墙的构造节点详图

(2) 玻璃砖屏风的构造

用于室内的玻璃砖屏风用钢材或钢筋混凝土做框架，中间填砌玻璃砖，如图 2-6 所示。

(3) 玻璃砖砌筑围护墙

在装饰工程中，常将玻璃砖用于封砌阳台，其构造如图 2-7 所示。(a)、(b)、(c) 为使用金属框进行安装封闭；(d)、(e)、(f) 为使用钢筋混凝土结构进行封闭。

1.2.2 立筋式隔墙的构造

立筋式隔墙是由骨架（龙骨）和面板构成的轻质隔墙。作为龙骨的材料常用的有木龙骨、金属龙骨等；面板材料常用各种加筋抹灰和各种饰面板。

(1) 龙骨布置

1) 木龙骨

木龙骨骨架由上槛、下槛、墙筋（立筋、横筋）、斜撑等构成。木料截面视高度而定，

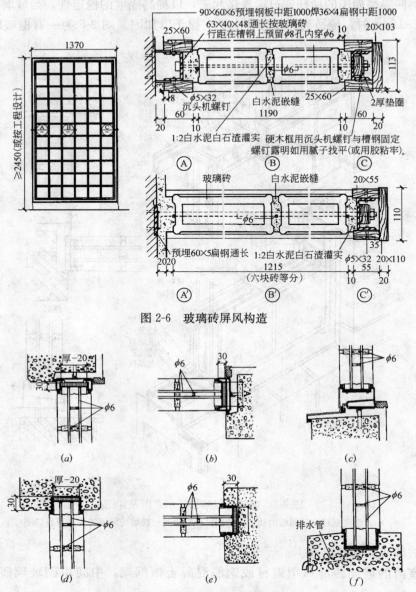

图 2-6 玻璃砖屏风构造

图 2-7 玻璃砖封砌阳台构造详图
(a)、(d) 上部；(b)、(e) 中部；(c)、(f) 底部

一般为 50mm×70mm 或 50mm×100mm，立筋的间距根据面板材料的规格而定，一般为 400~600mm，横筋间距一般为 1.5m 左右。木龙骨骨架如图 2-8 所示。有门樘的隔断墙，其门樘立筋要加大断面尺寸或者双根并用，门樘上方根据需要设置人字斜撑。木骨架与墙体及楼板应牢固连接，为防水防潮，隔墙下部宜砌筑二至三皮普通黏土砖或现浇 100~250mm 高的混凝土埂，如图 2-9 所示。同时对木骨架应做防火、防腐处理。

2) 金属龙骨

采用金属型材为主要杆件组成的隔墙骨架结构层，叫做金属龙骨。金属龙骨包括型钢龙骨、轻钢龙骨和铝合金龙骨等。金属龙骨由沿顶龙骨、沿地龙骨、竖向龙骨、通贯横撑

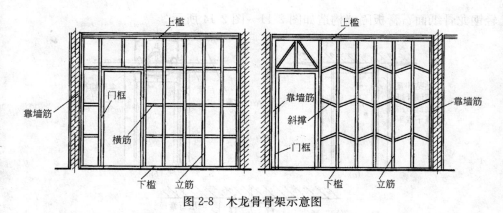

图 2-8 木龙骨骨架示意图

龙骨、加强龙骨和各种配套件等组成。

金属龙骨的安装的一般做法是先固定沿地、沿顶龙骨,固定沿地、沿顶龙骨的构造做法一般是在楼地面施工时,上、下设置预埋件或采用射钉、膨胀螺栓固定;然后沿地、沿顶龙骨上按面板的规格布置固定竖向龙骨,间距一般为 400～600mm。在竖向龙骨上,每隔 300mm 左右应预留一个专用孔,以备安装

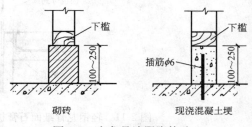

图 2-9 木龙骨墙踢脚构造

管线使用。由于饰面板的厚度一般比较薄,刚度相对较小,竖向龙骨之间可根据需要加设贯通横撑龙骨。隔墙的刚度和稳定性主要依靠龙骨所形成的骨架,故龙骨的安装直接关系着隔墙的质量,如图 2-10 所示。

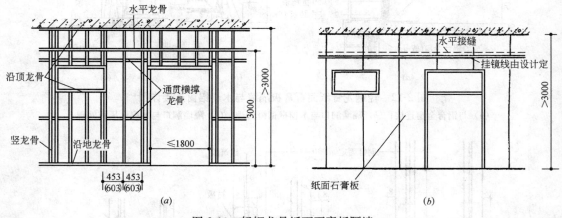

图 2-10 轻钢龙骨纸面石膏板隔墙
(a) 轻钢龙骨骨架; (b) 轻钢龙骨隔墙

(2) 饰面板与骨架的连接

在骨架布置安装完毕后可进行饰面板的镶钉,立筋式隔墙的饰面可采用各种加筋抹灰和各种饰面板。当采用加筋抹灰饰面时,应在骨架上加钉板条、钢板网或钢丝网,然后做各类抹灰,还可以在此基础上再加做其他各种饰面。如采用饰面板(胶合板、纤维板、石膏板、水泥刨花板、石棉水泥板、金属薄钢板等)时,可采用钉、粘或专业的卡具与龙骨连接。

轻钢龙骨纸面石膏板隔墙构造如图 2-11～图 2-14 所示。

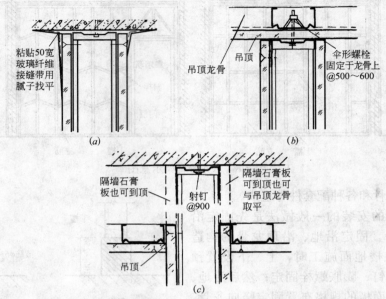

图 2-11 轻钢龙骨纸面石膏板隔墙的顶部与楼板吊顶的连接详图
(a) 与顶板连接；(b) 与吊顶连接；(c) 与楼板、吊顶连接

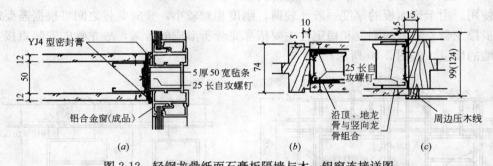

图 2-12 轻钢龙骨纸面石膏板隔墙与木、铝窗连接详图
(a) 与铝合金窗连接；(b) 隔墙洞口与木窗框留缝处理；(c) 隔墙洞口与木窗框压线处理

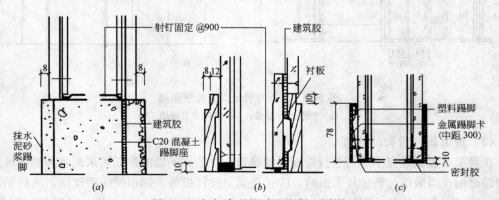

图 2-13 轻钢龙骨隔墙踢脚做法详图
(a) 抹灰类踢脚；(b) 木踢脚；(c) 塑料踢脚

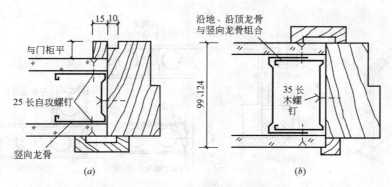

图 2-14 轻钢隔墙与门框的连接详图
(a) 一般的门;(b) 较高的门

1.2.3 板材式隔墙的构造

板材式隔墙是指各种轻质板材的高度相当于房间的净高，不依赖于骨架，直接装配而成的墙体。如加气混凝土条板、石膏珍珠岩板、泰柏板及各种复合板等。

(1) 板材式隔墙的固定方法

板材式隔墙的固定方法一般有三种：将隔墙直接固定于地面上，通过木肋与地面固定及通过钢筋混凝土肋与地面固定。为了保证板材墙能够固定稳固，通常使用木楔在地面和板材底面之间顶紧，以使板材顶部能够与平顶或沿顶龙骨靠紧。如图 2-15、图 2-16 所示。

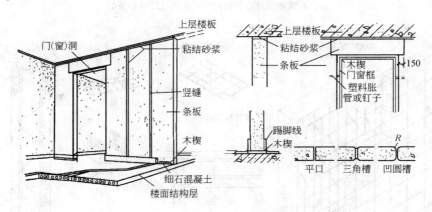

图 2-15 板材墙

(2) 泰柏板墙的构造

泰柏板是由阻燃性泡沫板条和焊接网状钢丝笼组成的轻质板材，具有良好的保温、隔热和隔声性能，空间网格状的钢丝笼具有较高的强度和刚度，是一种较理想的隔墙材料。其构造如图 2-17、图 2-18 所示。

1.3 块材墙体的施工工艺

块材类墙体的类型很多，现以砌筑式、立筋式、条板式隔墙各举一例说明块材墙的施工工艺。

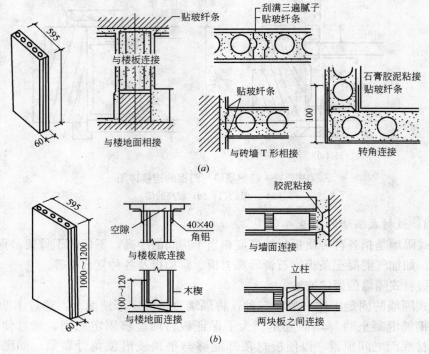

图 2-16 板材式隔墙构造示意图
(a) 石膏增强空心条板；(b) 水泥玻纤空心条板

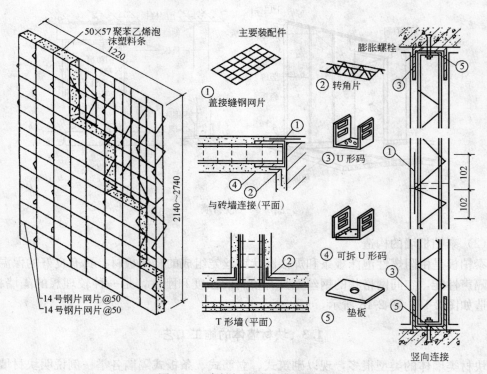

图 2-17 泰柏板隔墙构造示意图

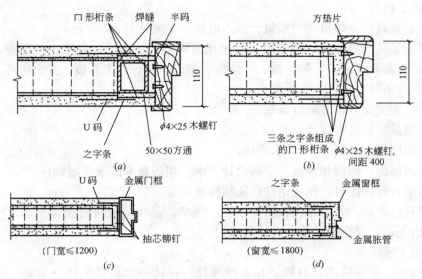

图 2-18 泰柏板与门框的连接构造
(a) 与木门框的连接;(b) 与木窗框的连接;
(c) 与铝合金门框的连接;(d) 与铝合金窗框的连接

1.3.1 玻璃砖墙的施工工艺

空心玻璃砖是用两块玻璃经高温压铸成的四周密闭的空心砌块,以熔接或胶结成整体。空心砖内部装有 0.3 左右气压（≈0.03MPa）的干燥空气,透光率 35%～60%,因此它可以提供自然采光,并兼有隔热、隔声的作用,并具有较高的强度,其外观整洁、美丽而光滑、易清洗。其透明度可选择,光学畸变极小,膨胀系数小,内部质量好,其透光与散光现象造成的视觉效果非常富于装饰性,是一种较新颖的装饰材料。空心玻璃用来砌筑透光的墙壁、隔墙以及楼面。特别适用于高级建筑、体育馆,用于控制透光、眩光和太阳光的场所。

(1) 施工图设计文件

施工图设计文件应规定:

1) 玻璃隔墙工程所用材料的品种、规格、性能、图案和颜色。
2) 玻璃砖隔墙的组砌方法。
3) 如为玻璃板,则应给出框架结构图和安装方法。

(2) 材料要求

1) 玻璃砖:分为空心和实心玻璃砖。从外观上看分为平面和压花;从形状上分有正方形、矩形和各种异性。一般规格为:(长×宽×厚) 220mm×220mm×90mm、250mm×250mm×50mm、200mm×200mm×80mm、200mm×200mm×90mm、150mm×150mm×40mm 等,通常用的规格为 250mm×250mm×50mm 和 200mm×200mm×80mm 两种,接缝一般为 5～10mm。

2) 水泥:32.5 级以上的白水泥。
3) 砂:石英砂。
4) 其他:槽形钢、圆钢、金属槽条、方木密封胶。

(3) 施工机具

1) 主要机具：电焊机、切割机、冲击电钻、手电钻等。

2) 手工工具：墨斗线、钢卷尺、水平尺、线坠、三角尺、靠尺、羊角锤、手锯、活动扳手、螺钉旋具、嵌刀、钢丝钳、注胶枪、刷子、抹布、工具袋、安全带等。

(4) 作业条件

1) 结构施工完成，并通过验收。

2) 吊顶及墙面已粗装饰。

3) 结构墙柱上弹好＋50cm水平线。

4) 结构墙面、地面和楼板，应按设计要求预埋防腐木砖或预埋钢件。

5) 做阳台封闭用时，预埋钢件已随结构施工安放好。

6) 材料已进场，并通过验收；其品种、规格、品质均应符合设计要求。所用的钢材有出厂合格证，且规格型号符合设计要求。

(5) 施工程序

结构核查、基层清理→放线→检查预埋件→排砖→砌筑玻璃砖→勾缝→勾防水密封胶→清洁→封边收口。

(6) 施工要点

1) 定位放线

根据建筑设计图，在室内楼地面上弹出玻璃墙位置的中心线和边线，然后引测到两侧结构墙面和楼板底面。当设计有踢脚台时，应按踢脚台宽度，弹出边线。

2) 检查预埋件

玻璃墙位置线弹好以后，应检查两侧墙面及楼地面上预埋木砖或钢件的数量及位置。如预埋木砖或钢件偏离中心线很多，则应按墙的中心线和预埋件设计间距钻膨胀螺栓孔。

3) 排砖

根据需砌筑玻璃砖墙的面积和形状，来计算玻璃砖的数量和排列次序。弧形墙排砖方法，见玻璃砖典型的曲线安装表2-1。弧线玻璃砖墙安装的曲线半径限度与玻璃砖规格相

玻璃砖典型的曲线墙安装 表2-1

玻璃砖规格(mm)	90°区域内的块数	外围半径(mm)	节点厚度(mm)		玻璃砖规格(mm)	90°区域内的块数	外围半径(mm)	节点厚度(mm)	
			内侧	外侧				内侧	外侧
76×152	13	1337	3	16	152×152	18	1854	8	16
	14	1429	3	14		13	1753	3	16
	14	1441	5	16		14	1879	3	14
	15	1524	3	16		14	1898	5	16
	15	1349	5	16		15	2006	3	16
152×152	16	1619	3	13	203×203	15	2032	6	16
	16	1651	6	16		16	2133	3	13
	17	1715	3	13		16	2165	6	16
	17	1753	6	16	305×305	13	2590	3	16
	18	1810	3	11					

匹配。如 76mm×152mm 玻璃砖最小弧线半径为 667mm，203mm×203mm 玻璃砖圆弧半径最小为 1752mm，305mm×305mm 玻璃砖最小圆弧半径为 2603mm 等。玻璃砖安装的曲线半径限度如图 2-19 所示。根据玻璃砖的排列，在踢脚线上划线，立好皮数杆。

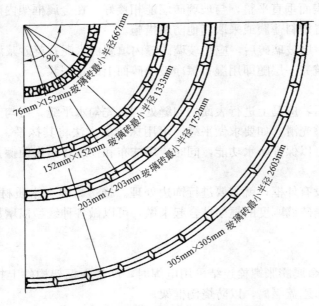

图 2-19 玻璃砖安装的曲线半径限

4）玻璃空心砖的砌筑

（a）玻璃砖室内墙面的最大宽度为 7620mm。为防止移动和下沉，面积超过 $13.72m^2$ 的墙面应适当加支撑，支撑柱可用木或各类金属材料制作。为保证侧向刚度，砌筑玻璃砖时，应在玻璃砖缝内部都要埋设钢筋，钢筋与四周框架要连接牢固。

（b）砌筑时按上、下对缝的方式，自下而上砌筑。砌筑第一层砖后摆放木垫块，每块玻璃砖上放 2~3 块，如图 2-20 所示。垫块时应在木垫块的底面涂少许万能胶，将其粘在玻璃砖的凹槽内。砌筑第二层玻璃砖时用白色水泥砂浆，其配合比可按，白水泥：细砂＝1：1，砂浆应有良好的和易性和稠度。在下一层玻璃砖上摊铺白水泥砂浆，然后将上层玻璃砖压在下层玻璃砖上，同时使玻璃砖中间的槽卡在木垫块上，如图 2-21 所示。

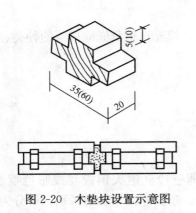

图 2-20 木垫块设置示意图

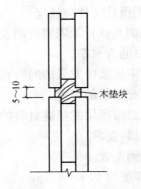

图 2-21 玻璃砖上下层位置

(c) 玻璃砖墙以1.5m高左右为一个施工段，待下部施工段胶结材料达到设计强度后再进行上部施工。

(d) 如采用框架，应先做金属框架，并应按施工图的要求安装好。同时将两侧结构墙面进行清理，使表面垂直平整，与玻璃砖墙能相接好。在金属框架内砌玻璃砖时，要先在金属框架内侧设置塑料薄膜或采取其他防腐措施。

(e) 每砌筑完一层玻璃砖后，应在玻璃砖缝内填塞白水泥石英砂浆灌实，每层玻璃砖顶坐浆要饱满，砌筑完一层随即用湿布擦净玻璃砖面上的水泥浆。

5) 勾缝

玻璃砖砌筑完后，应马上进行表面的勾缝处理。先勾水平缝，再勾竖缝，勾缝的深浅应一致，表面要平整光滑。如要求做平缝，可用抹缝的方法将其抹平。勾缝和抹缝之后，在勾缝内涂防水胶，以保证防水功能，同时应用抹布和棉纱将砖表面擦抹明亮。

6) 封边收口

如果玻璃砖墙没有外框，就需要进行饰边处理。饰边材料有木质材料和不锈钢材料。饰边也可与增强玻璃砖墙刚度的框架结合起来做，可以做各种线型以增加玻璃砖隔墙的装饰效果。

(7) 成品保护

1) 隔墙边框与金属膨胀螺栓连结采用电焊时，严禁在框架构件上打火。靠近焊点的框架，必须用石棉布遮盖隔离，以防烧伤框架。

2) 隔墙安装后，要有保护措施，以防止后续工程损坏或者将其污染。

3) 隔墙作业人员在施工中严禁损坏室内的成品和半成品。

(8) 安全措施

1) 施工机械严禁非持证人员接电源。

2) 施工机具要设专人使用保管，电锯设备必须有防护罩。

3) 射钉枪要装上防护罩，操作人员向上射钉时，必须戴好防护眼镜，弹药要妥善保管，防止丢失。向板底钻孔时，钻工应戴好防护眼镜。

4) 安装较高隔墙使用人字梯时，腿底应钉防滑橡皮；两腿应设拉索。靠近外窗操作时，必须关闭窗户。

1.3.2 轻钢龙骨石膏板隔墙的施工工艺

(1) 施工图设计文件

施工图设计文件应规定：

1) 轻钢龙骨骨架隔墙所用龙骨、配件、墙面板、填充材料及嵌缝材料的种类、规格、性能和木材的含水率。

2) 骨架隔墙中龙骨的间距和构造连接方法。

3) 填充材料的设置。

4) 墙面板所用的接缝材料的接缝方法。

(2) 材料要求

1) 轻钢龙骨

是以厚度为0.5～1.5mm的镀锌钢板（带）、薄壁冷轧退火钢板卷或彩色喷塑钢板（带）为原料，经加工制成的轻质隔墙骨架支撑材料。按其截面形状的区别，可分为两种，即C形和U形;按其功能区分,有竖龙骨、横龙骨、通贯龙骨、加强龙骨等;按其规格尺寸的不同区分,分为Q50(50系列)、Q75(75系列)、Q100(100系列)、Q150(150系列)等。

龙骨主件:根据国家标准《建筑用轻钢龙骨》GB/T 11981的规定,墙体轻钢龙骨的截面形状如图2-22所示。

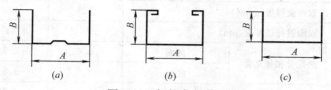

图2-22 轻钢龙骨截面
(a)横龙骨;(b)竖龙骨;(c)通贯龙骨

龙骨配件:隔墙(断)轻钢龙骨骨架组装的配件,主要有支撑卡、卡托、角托及通贯龙骨连接件等,执行建筑行业执行标准《建筑用轻钢龙骨配件》JC/T 558。常用轻钢龙骨主要配件见表2-2。

墙体轻钢龙骨的外观质量及技术性能要求应符合国家相应的标准,墙体轻钢龙骨的外观质量及技术性能要求见表2-2。

墙体轻钢龙骨的主要配件　　　　　表2-2

名称	形状	代号	用途	极限偏差 A(mm)	材料厚度 (mm)
支撑卡		ZC	在覆面板材与龙骨固定时,起辅助支撑竖龙骨的作用并锁紧竖龙骨开口面	0～0.5	0.7
卡托		KT	用于竖龙骨开口面与横撑(通贯)龙骨之间的连接	0～0.5	0.7
角托		JT	用于竖龙骨背面与横撑(通贯)龙骨之间的连接	0～0.5	0.8
通贯龙骨连接件		TL	用于通贯龙骨的接长	0～0.5	1.0

2)纸面石膏板

应满足质量轻(普通板表观密度为850～960kg/m³)、高强、防火、隔声、收缩率小、加工性能好等要求。常见的纸面石膏板有普通纸面石膏板、防火石膏板和防水石膏板。墙体轻钢龙骨的外观质量及技术性能要求见表2-3,石膏板的规格见表2-4、表2-5。

墙体轻钢龙骨的外观质量及技术性能要求　　表 2-3

项　目			指　标		
			优等品	一等品	合格品
外观质量	腐蚀、损伤、黑斑、麻点		不允许		无较严重的腐蚀、损伤、麻点，面积不大于 1cm² 的黑斑每米长度内不多于 3 处
表面防锈	双面镀锌量(g/m²)		120	100	80
	双面镀锌层厚度(μm)		16	14	12
侧面和底面的平直度(1/1000)	横龙骨和竖龙骨	侧面	0.5	0.7	1.0
		底面	1.0	1.5	2.0
	通贯龙骨的侧面和底面		1.0	1.5	2.0
角度允许偏差(不包括 T 形龙骨)	成形角的最短边尺寸(mm)	10～18	±1°15′	±1°30′	±2°00′
		≥18	±1°00′	±1°15′	±1°30′
尺寸允许偏差(mm)	长度 L	C、U、V、H 形	+20，-10		
		T 形孔距	±0.3		
	覆面龙骨断面尺寸	尺寸 A	±0.1		
		尺寸 B	±0.3	±0.4	±0.5
	其他龙骨断面尺寸	尺寸 A	±0.3	±0.4	±0.5
		尺寸 B	±1.0		
	厚度 t		公差应符合相应材料的国家标准要求		
龙骨组件的力学性能	抗冲击试验		残余变形量不大于 10mm，龙骨不得有明显的变形		
	静载试验		残余变形不得大于 2mm		

纸面石膏板规格尺寸允许偏差　　表 2-4

项　目	长度(mm)	宽度(mm)	厚度(mm)	
			9.5	≥12.0
尺寸偏差(mm)	0～6	0～5	±0.5	±0.6

注：板面应切成矩形，两对角线长度差应不大于 5mm。

石　膏　板　规　格　　表 2-5

板类及代号	板厚(mm)	板宽(mm)	板长(mm)
CSP-1 普通板	9、12	900	2400、2500、2750、3000
CSS-2 防水板	12		2400、2500、2750、3000、3500
CSH-3 防火板			
LSP 普通板	9.5	900 1200	2400、2500、2600、2700、3000、3300
	12		
	15		
	18		
	25		
LSS 防水板	9.5		
	12		
LSH 防火板	12		
	12		

3）粘贴嵌缝材料

纸面石膏板 KF80 嵌缝腻子是以石膏粉为基料，掺入一定比例的外加剂配置而成的。具有较高抗剥强度，并有一定的抗压及抗折强度；不燃、和易性好，在潮湿环境下不发霉腐败；初凝、终凝时间适宜操作。

4）紧固材料

拉锚钉、膨胀螺栓、镀锌自攻螺钉、木螺钉。

（3）施工机具

1）主要机具

拉铆枪、电动自动钻、无齿锯或电动剪、手电钻及山花钻头等。

2）手工工具

快装钳、板锯、安全多用刀、滑梳、胶料铲、腻子刀、铁抹子、扳手、专用扳手、卷尺、阴（阳）角工具、砂纸器等。

（4）作业条件

1）主体结构施工完，且通过验收。

2）屋面防水完成，顶棚、墙面抹灰初装完成。罩面板安装时，基底含水率控制在8%～12%。

3）地面施工完成，如果设计有墙垫（踢脚座）时，应将其完成并达到强度后，方可进行轻钢骨架的安装。

4）主体结构为砖砌体时，隔墙位置已预埋间距 1000mm 的防腐木砖；混凝土楼地面与隔墙顶部板底结合部位，已预埋间距 1000mm 的钢板或者 $\phi6$ 钢筋。

5）各种管线系统的准备工作已到位。

6）施工图规定的材料已经全部到场，并已经通过验收并合格。

（5）操作程序

定位放线→墙垫（踢脚台）施工→安装轻钢龙骨骨架→铺钉墙面石膏板→嵌缝处理。

（6）施工要点

1）定位放线

根据建筑设计图，在室内楼地面上弹出隔墙中心线和边线，并引测至两主体结构墙面和楼板底面，同时弹出门窗洞口线。设计有踢脚台时，弹出踢脚台边线，先施工踢脚台，在踢脚台完成以后弹出下槛龙骨基准线。

2）墙垫（踢脚台）的砌筑

如设计要求设置墙垫（踢脚台），则应按详图先进行该项施工。先对墙垫与楼、地面接触的部位进行清理后，涂刷 YJ302 界面处理剂一道，随即浇筑 C20 混凝土墙垫。墙垫上表面平整、两侧应垂直。也可采用砖砌基础。但踢脚台施工时，应预埋防腐木砖，以方便沿地龙骨的固定。

3）轻钢龙骨骨架的安装

沿地横龙骨（下槛）、沿顶横龙骨（上槛）的安装：用射钉或膨胀螺栓固定。射钉的位置要避开已敷设的暗管。横龙骨的两端顶至结构墙（柱）面，最末一颗紧固件与结构立面的距离不大于 100mm；射钉或膨胀螺栓的间距不大于 0.8m，如图 2-23 所示。如沿地龙骨安装在踢脚板，应等踢脚板养护到期，达到设计强度后方可进行。在踢脚板上弹出门

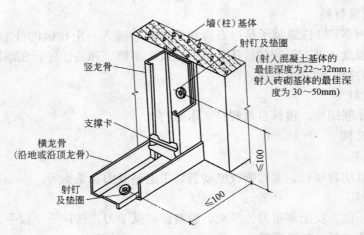

图 2-23 沿地（沿顶）横龙骨与主体结构的固定

窗洞口线和边线，在已预埋木砖上用木螺钉将沿地龙骨固定。

沿墙竖龙骨的安装：竖龙骨的间距根据设计按隔墙限定高度的规定选用。当采用暗接缝时龙骨间距应增加 3mm（如 450mm 或 600mm 龙骨间距则为 453mm 或 603 间距），如采用明接缝，则龙骨间距按明接缝宽度确定。卫生间隔墙常有吊挂各种物件的要求，故龙骨间距一般可取 300mm。此外，竖龙骨的第一档间距，通常要比普通间距尺寸（400～600mm）减少 25mm。竖龙骨的现场截断，要从其上端切割，将截切好长度的竖龙骨推向沿地、沿顶龙骨之间，龙骨侧翼朝向罩面板方向（即为罩面板的钉装面）。竖龙骨到位并保证垂直后，当设计规定为刚性连接时，与沿顶、沿地龙骨的固定可采用自攻螺钉或抽心铆钉进行连接，如图 2-24 所示。

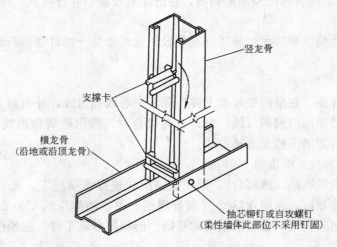

图 2-24 竖龙骨与沿地、沿顶龙骨的连接

安装门口立柱：根据设计确定的门口立柱形式进行组合，在安装立柱的同时，应将门口与立柱一并就位固定。

安装通贯横撑龙骨：横撑龙骨必须与竖向龙骨的冲孔保持在同一水平上，在竖龙骨的开口面用支撑卡做稳定并锁闭此处的敞口。按照施工规范的规定，低于 3m 的隔墙安装一道通贯龙骨，3～5m 的隔墙应安装两道。

安装支撑卡时，卡距为 400～600mm，距龙骨两端的距离为 20～25mm 对非支撑卡系列的竖龙骨，通贯龙骨的稳定可在竖龙骨非开口面采用角托，以抽芯铆钉或自攻螺钉将角托与竖龙骨连接并托住通贯龙骨，如图 2-25 所示。对于非通贯龙骨系列的骨架产品，以及隔断骨架的重要部位或罩面板材横向接缝处，应加设横撑龙骨。横撑龙骨与竖龙骨的连接主要采用角托，在竖龙骨背面以抽芯铆钉或自攻螺钉进行固定，也可在竖龙骨开口面以卡托相连接，如图 2-26 所示。

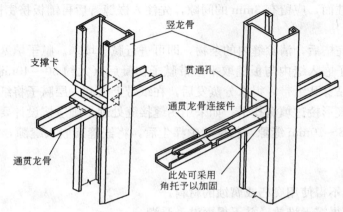

图 2-25 通贯横撑龙骨安装

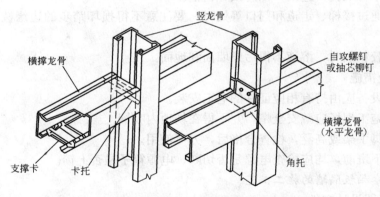

图 2-26 竖龙骨与横撑龙骨的连接

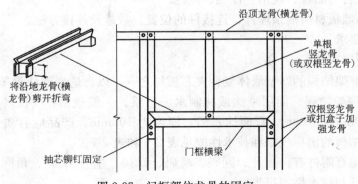

图 2-27 门框部位龙骨的固定

门窗口等节点处骨架安装：对于隔墙骨架的特殊部位，使用附加龙骨、斜撑或加强龙骨等，应按设计图安装固定。装饰性木质门框，一般可用自攻螺钉与洞口处竖龙骨固定，门框横梁与横龙骨以同样方法连接。横、竖龙骨在门框部位的固定如图 2-27 所示。

4) 铺钉纸面石膏板

当轻钢骨架安装完毕经过验收合格后，可安装罩面的石膏板。石膏板一般采用竖向排列的方式，铺钉时应从中央向四周顺序进行。自攻螺钉的间距，在中间部分不应大于 300mm，在板块四周不大于 200mm，螺钉距板边缘的距离应为 10~15mm。隔墙端部石膏板与相邻的墙柱面，应留有 3mm 的间隙，先注入嵌缝膏后再铺板挤密嵌缝膏。

5) 嵌缝

石膏板铺钉完毕后，清除缝内的杂物，即可进行腻子填塞。腻子填塞分 3 次进行。首先用小开刀将腻子嵌入缝内与板缝取平，带腻子初凝后（大约 30~40min），再刮一层较稀的腻子，随即贴穿孔纸带，得水分蒸发后，在纸带上再刮一层腻子将纸带压住。此遍腻子应将石膏板之楔形棱边填满找平。如采用明缝接缝处理，则应按设计要求在安装罩面纸面石膏板时留出 8~10mm 缝隙，扫尽缝中浮尘后，将嵌缝条嵌入缝隙，嵌平实后用自攻螺钉钉固。

(7) 成品保护

1) 隔墙工程不得使用腐朽或腐蚀的材料。

2) 饰面板不得露天堆放，并不得雨淋、受潮。

3) 物料不得从窗口进出，以防损坏窗框。

4) 材料通过楼梯、走道和门口等处时，要注意不得损坏踏步的边缘棱角、走道墙面和门框。

5) 使用胶粘剂时，溶液不得污染墙面和地面。

(8) 安全措施

1) 机电设备应由持有相应证件的电工安装。

2) 进入施工现场应戴安全帽，并不得在场地内吸烟。

3) 搭设脚手架或高凳，检查合格后，方可使用。

4) 每天下班前，均应检查电源是否切断，电源箱子是否上锁。

1.3.3 泰柏板隔墙的施工工艺

(1) 施工图设计文件

1) 隔墙板材的品种、规格、性能、颜色。

2) 安装隔墙板材所需预埋件、连接件的位置、数量及连接方法。

(2) 材料要求

1) 泰柏板

泰柏板为框架结构的新型墙体复合夹芯板材之一，以自熄型泡沫聚苯乙烯（EPS）为芯材，用钢丝网架增强，面层喷涂或抹制水泥砂浆。一般规格：（长×宽×厚）1830~4270mm×1220mm×76mm。双面抹灰后，厚度为 102mm。产品应有质量合格证和性能检测报告。泰柏板的出厂规格和技术性能见表 2-6 和表 2-7。

泰柏板的配套附件有：压片、网码、箍码、U 码、组合 U 码、角网、半码等产品应有相应的合格证和技术性能报告。

泰柏板的出厂规格　　　　　　　　　表 2-6

类别	板材规格(mm)		
	长度	宽度	厚度
短板	2140	1220	76
标准板	2440		
长板	2740		

泰柏板技术性能指标　　　　　　　　　表 2-7

序号	项目	指标	备注
1	质量(kg/m^2)	90	
2	轴向允许荷载 纵向(2.44m 高)(N/m^2) (3.66m 高)(N/m^2) 横向(2.44m 高)(N/m^2) (3.05m 高)(2.44 高)(N/m^2)	72912 61205 1911 1196	深圳华南建材有限公司生产
3	热阻值($m^2 \cdot K/W$)	0.64	
4	隔声指数(dB)	41～44	
5	防火等级(两面 28.6mm 砂浆涂层)(h) (两面 25.4mm 砂浆+12.7mm 轻石膏兔层)(h)	1.3 3	
6	抗冻性	合格	冻融循环 15 次

2) 安装材料

水泥：强度等级为 32.5 或 42.5 的普通硅酸盐水泥，未过期、无受潮结块现象。有产品质量合格证和试验报告。

石膏：建筑石膏或高强石膏。有产品质量合格证。

胶粘剂：品种及质量要求应符合设计规定。

其他：圆钉、膨胀螺栓、镀锌钢丝等。

(3) 施工工具

1) 主要机具

手电钻、小型电焊机、云石切割机等。

2) 手工工具

斧头、老虎钳、螺钉旋具、气动钳、钢锯、手锯、榔头、线坠、墨斗、钢尺、靠尺、腻子刀、窄条钢皮抹子、灰板、灰桶、铁锹、拌合铲、撬棍、木楔等。

(4) 作业条件

1) 主体结构已完工并通过验收。

2) 吊顶及墙面已粗装修完毕。

3) 管线已全部安装完毕。

4) 楼地面已施工。

5) 材料已进场并经过验收合格。

(5) 施工程序

墙位放线→装钢筋码、箍码→立门框→安装泰柏板→两板竖向连接→安装加强角网→安装电气盒→嵌缝→隔墙抹灰。

(6) 施工要点

1) 墙位放线

按施工图的要求,定隔墙的位置。在主体结构的楼地面、顶面和墙面,弹出水平中心线和竖向中心线,并弹出墙边线(双面)。如墙面已抹灰,应切割剔去抹灰层。

2) 墙板预排

量准房间净高、净宽和门口的外包尺寸,将泰柏板材平摆在楼地面上进行拼装预排,定出安装尺寸后进行弹线,然后按线切割板材。

3) 板的安装和连接

在主体结构墙面的中心线和边线上,每隔500mm钻φ6孔,压片,一侧用长度350~400mm φ6钢筋码,钻孔打入墙内,泰柏板靠钢筋码就位后,将另一侧φ6钢筋码,以同样方法固定,夹紧泰柏板,两侧钢筋码与泰柏板横筋绑扎,如图2-28所示。泰柏板在与顶和地面的连接是在顶和地面的中心线上钻孔用膨胀螺栓固定U码,通过U码与泰柏板加以连接,如图2-29所示。在板与墙、顶、地拐角处,应设置加强角网,每边搭接不少于100mm埋入抹灰砂浆内。泰柏板板与板之间的连接用箍码将之字条同横向钢丝连接,在接线盒处尽量减少钢丝网的切割。设有门窗的隔墙,应先安装门窗口上、下和门上的短板,再顺序安装门窗口两侧的隔墙板。最后剩余墙宽不足整板时,按实际墙宽补板。

4) 嵌缝

泰柏板之间的立缝,用重量比为水泥:108胶:水=100:80~100:及适量水的水泥素浆胶粘剂涂抹嵌缝。泰柏板立缝连接处理如图2-30所示。

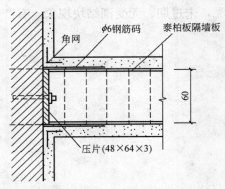

图2-28 泰柏板与主体结构墙体连接

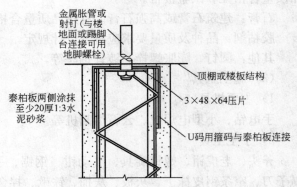

图2-29 泰柏板与顶、楼地面的连接

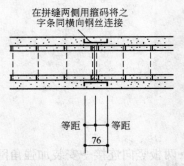

图2-30 泰柏板与板立缝的连接

5) 板面抹灰

在安装好泰柏板后要进行板两侧面的抹灰。先在隔墙上用 1:2.5 水泥砂浆打底，要求全部覆盖钢丝网，表面平整，抹实；48h 后用 1:3 水泥砂浆罩面，压光。抹灰层总厚度 20mm。先抹墙一面，48h 后再抹另一面。抹灰完成后 3d 之内不得受任何撞击。

（7）板材墙成品保护

1) 搬运板材时应轻拉轻放，不得损坏板材边角。

2) 板材产品不得露天堆放；不得雨淋、受潮、人踩、物压。

3) 物料不得从窗口内搬运，防止损坏窗框。板材通过楼梯、走道和门口时，不得损坏踏步棱角，走道墙面和门框。

4) 使用胶粘剂时，不得污染地面和墙面。

5) 板材墙施工时，要教育工人，不得损坏其他成品。

（8）安全措施

1) 机电设备安装人员应经安全、技术培训，经考核合格发证。无证不准安装机电设备。

2) 操作人员进入施工现场要戴安全帽，不准吸烟。

3) 安装搭设的脚手架或高凳，应经专业安全检查员检查合格方可使用。

4) 下班时，应应切断电源，电开关应装箱上锁。

课题 2 块材墙面质量标准及检验方法

2.1 块材墙面质量验收标准

2.1.1 工程质量验收标准

（1）检验批合格质量应符合下列规定

抽查样本主控项目均应合格；一般项目 80% 以上合格，其余样本不得有影响使用功能或明显影响装饰效果的缺陷。其中有允许偏差的检查项目，其最大偏差不得超过规定允许偏差的 1.5 倍。

具有完整的施工操作依据、质量检验记录。

（2）分项工程质量验收合格应符合下列规定

分项工程所含的检验批均应符合合格质量的规定。

分项工程所含的检验批的质量验收记录应完整。

（3）分部（子分部）工程质量验收合格应符合下列规定

分部（子分部）工程对含分项工程的质量均应验收合格。

质量控制资料应完整。

观感质量验收应符合要求。

2.1.2 工程验收的文件和记录

1) 墙体的施工图，设计说明及其他文件。

2) 材料的产品合格证书、性能检测报告、进场验收记录和复检报告。

3) 隐蔽工程验收记录。

4）施工记录。

2.1.3 隐蔽工程验收项目

1）骨架墙中管线的安装及水压试压。
2）木龙骨防火、防腐处理。
3）预埋件或拉结筋。
4）龙骨的安装。
5）填充材料的设置。

2.1.4 施工验收项目

1）轻质隔墙的构造、固定方法，应符合设计规定。
2）民用建筑轻型墙体工程的隔声性能应符合国家标准《民用建筑隔声设计规范》GBJ 118—88 的规定。
3）轻质隔墙与顶棚和其他墙体的交接处应采取防裂措施。
4）当块材墙体下端用木踢脚覆盖时，饰面板与地面留有 20～30mm 的缝隙；当用大理石、瓷砖、水磨石等做踢脚板时，饰面板下端应与踢脚板上口平齐，接缝应严密。
5）接触砖、石混凝土的龙骨和埋置的木楔应做防腐处理。
6）用于板材隔墙的人造木板及饰面人造木板、涂料、胶粘剂应复验甲醛的含量。
7）木龙骨、人造木板安装前，应进行防腐、防火、防潮处理。

2.1.5 各分项工程检验批的划分及检查数量的规定

检验批：同一种的轻质隔墙每 50 间（大面积房间和走廊按轻质隔墙的墙面 30m^2 为一间）应划分为一个检验批，不足 50 间也应划分为一个检验批。

检查数量：

1）板材墙工程：每个检验批至少抽查 10%，并不得少于 3 间；不足 3 间时应全数检查。
2）活动墙工程：每个检验批至少抽查 20%，并不得少于 6 间；不足 6 间时应全数检查。
3）骨架墙工程：每个检验批至少抽查 10%，并不得少于 3 间；不足 3 间时应全数检查。
4）玻璃墙工程：每个检验批至少抽查 20%，并不得少于 6 间；不足 6 间时应全数检查。

2.2 块材墙面质量检验方法

2.2.1 玻璃隔墙质量标准及检验方法

（1）主控项目

1）玻璃隔墙工程所用的材料、品种、规格、性能、图案和颜色应符合设计要求。玻璃板隔墙应使用安全玻璃。

检验方法：观察；检查产品合格证书、进场验收记录、性能检测报告。

2）玻璃砖隔墙的砌筑或玻璃板隔墙的安装方法应符合设计要求。

检验方法：观察。

3）玻璃砖墙砌筑中埋设的拉结钢筋必须与基体结构连接牢固，并位置正确。

检验方法：手扳检查；尺量检查；检查隐蔽工程验收记录。

4）玻璃板墙的安装必须牢固。玻璃板隔墙胶垫的安装应正确。

检验方法：观察；手推检查、检查施工记录。

（2）一般项目

1）玻璃墙表面应色泽一致、平整洁净、清晰美观。

检验方法：观察。

2）玻璃墙接缝应横平竖直，玻璃应无裂痕、缺损和划痕。

检验方法：观察。

3）玻璃板墙嵌缝及玻璃砖墙勾缝应密实平整、均匀顺直、深浅一致。

检验方法：观察。

4）玻璃墙安装的允许偏差和检验方法应符合表2-8的规定。

玻璃墙体安装的允许偏差和检验方法　　　　　表 2-8

项次	项目	允许偏差(mm)		检 验 方 法
		玻璃砖	玻璃板	
1	立面垂直度	3	2	用2m垂直检测尺检查
2	表面平整度	3	—	用2m靠尺和塞尺检查
3	阴阳角方正	—	2	用直角检测尺检查
4	接缝直线度	—	2	拉5m线，不足5m拉通线，用钢直尺检查
5	接缝高低差	3	2	用钢直尺和塞尺检查
6	接缝宽度	—	1	用钢直尺检查

2.2.2 骨架墙质量标准及检验方法

（1）主控项目

1）骨架隔墙所用龙骨、配件、墙面板、填充材料及嵌缝材料的品种、规格、性能和木材的含水率应符合设计要求。有隔声、隔热、阻燃、防潮等特殊要求的工程，材料应有相应性能等级的检测报告。

检验方法：观察；检查产品合格证书、进场验收记录、性能检测报告和复验报告。

2）骨架隔墙工程边框龙骨必须与基体结构连接牢固，并应平整、垂直、位置正确。

检验方法：手扳检查；尺量检查；检查隐蔽工程验收记录。

3）骨架隔墙中龙骨间距和构造连接方法应符合设计要求。骨架内设备管线的安装、门窗洞口等部位加强龙骨应安装牢固，位置正确，填充材料的设置应符合设计要求。

检验方法：检查隐蔽工程验收记录。

4）木龙骨及木墙面板的防火和防腐处理必须符合设计要求。

检验方法：检查隐蔽工程验收记录。

5）骨架隔墙的墙面板应安装牢固，无脱层、翘曲、折裂及缺损。

检验方法：观察；手扳检查。

6）墙面板所用接缝材料的连接方法应符合设计要求。

检验方法：观察。

（2）一般项目

1）骨架隔墙表面应平整光滑、色泽一致、洁净、无裂缝，接缝应均匀、顺直。

检验方法：观察；手摸检查。

2）骨架隔墙上的孔洞、槽、盒应位置正确、套割吻合、边缘整齐。

检验方法：观察。

3）骨架隔墙内的填充材料应干燥，填充应密实、均匀、无下坠。

检验方法：轻敲检查；检查隐蔽工程验收记录。

4）骨架隔墙安装的允许偏差和检验方法应符合表2-9的规定。

骨架隔墙安装的允许偏差和检验方法　　　　　表2-9

项次	项　目	允许偏差(mm)		检　验　方　法
		纸面石膏板	人造木板、水泥纤维板	
1	立面垂直度	3	4	用2m垂直检测尺检查
2	表面平整度	3	3	用2m靠尺和塞尺检查
3	阴阳角方正	3	3	用直角检测尺检查
4	接缝直线度	—	3	拉5m线，不足5m拉通线，用钢直尺检查
5	压条直线度	—	3	拉5m线，不足5m拉通线，用钢直尺检查
6	接缝高低差	1	1	用钢直尺和塞尺检查

2.2.3　板材墙质量标准及检验方法

（1）主控项目

1）隔墙板材的品种、规格、性能、颜色应符合设计要求。有隔声、隔热、阻燃、防潮等特殊要求的工程，板材应有相应性能等级的检测报告。

检验方法：观察；检查产品合格证书、进场验收记录和性能检测报告。

2）安装隔墙板材所需的预埋件、连接件的位置、数量及连接方法应符合设计要求。

检验方法：观察；尺量检查；检查隐蔽工程验收记录。

3）隔墙板材安装必须牢固。现制钢丝网水泥隔墙与周边墙体的连接方法应符合设计要求，并应连接牢固。

检验方法：观察；手扳检查。

4）隔墙板材所用接缝材料的品种及接缝方法应符合设计要求。

检验方法：观察；检查产品合格证书和施工记录。

（2）一般项目

1）隔墙板材安装应垂直、平整、位置正确；板材不应有裂缝或缺损。

检验方法：观察；尺量检查。

2）板材隔墙应表面光滑、色泽一致、洁净；接缝应均匀、顺直。

检验方法：观察；手摸检查。

3）隔墙上的孔洞、槽、盒应位置正确；套割方正、边缘整齐。

检验方法：观察。

4）板材隔墙安装的允许偏差和检验方法应符合表2-10的规定。

板材隔墙安装的允许偏差和检验方法　　　　　　表 2-10

项次	项　目	允许偏差(mm)				检　验　方　法
		复合轻质板材		石膏空心板	钢丝网水泥板	
		金属夹芯板	其他复合板			
1	立面垂直度	2	3	3	3	用2m垂直检测尺检查
2	表面平整度	2	3	3	3	用2m靠尺和塞尺检查
3	阴阳角方正	3	3	3	4	用直角检测尺检查
4	接缝高低差	1	2	2	3	用钢直尺和塞尺检查

课题3　实　训　课　题
——某办公楼会议室空间分格隔墙

3.1　基本条件及目的

(1) 实训目的

通过练习，能够熟练阅读和绘制施工图；掌握轻质隔墙的构造做法；能根据隔墙的类型，选择轻质隔墙的施工方案及施工工艺；能正确地选择材料、工具及机具，会操作使用。

(2) 实训条件

某行政办公楼，主体结构为框架结构，外墙采用砖墙，内墙拟采用轻质隔墙。房屋净高（楼面至梁底）为2800mm，柱子的截面尺寸为600mm×400mm。该会议室的平面及剖面如图2-31所示。根据工程的实际情况可选用骨架式（立筋式）隔墙类型。可根据如下要求和施工图进行实训。

1) 木龙骨基层骨架安装（双面装饰带门框）施工图，如图2-31所示隔墙甲。

2) 木质饰面板面层（在木龙骨基层骨架安装的基础上）施工图，如图2-31所示隔墙乙。

3) 轻钢龙骨骨架安装（双面装饰带窗框）施工图，如图2-32、图2-33所示。

4) 织物软包饰面装饰（在轻钢龙骨骨架安装的基础上）施工图，如图2-34、图2-35所示。

3.2　实训操作内容

(1) 施工图

熟读该工程中相应的平面图、剖面图、立面图、节点详图等，进行综合分析和比较，在此基础上，处理好图面上存在的问题并想出解决的办法。

(2) 材料准备

按施工图的要求，确定出所需要的材料的名称、品种、规格和数量；提出材料性能与

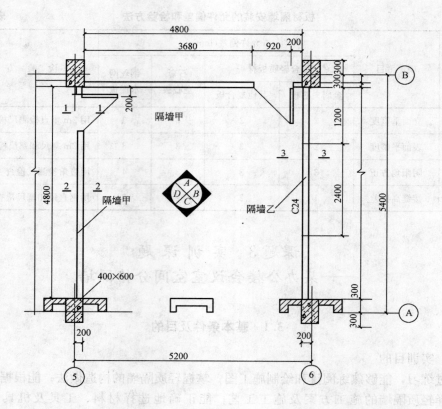

(a) 平面图

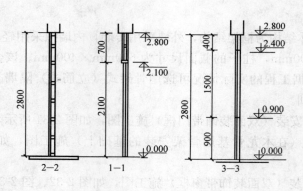

(b) 剖面图

图 2-31 某办公楼会议室平面及隔墙剖面图

技术指标的验收标准和要求，并能交代各种材料的存放与使用的注意事项和要求。

（3）工具和机具

根据实训课题工作内容的要求，确定出相应的机具和工具的名称，并写出它们各自的使用要求和维护知识。

（4）施工工艺流程

根据课题内容的要求，编写出从准备工作到施工质量验收的全部工序的工艺流程图。

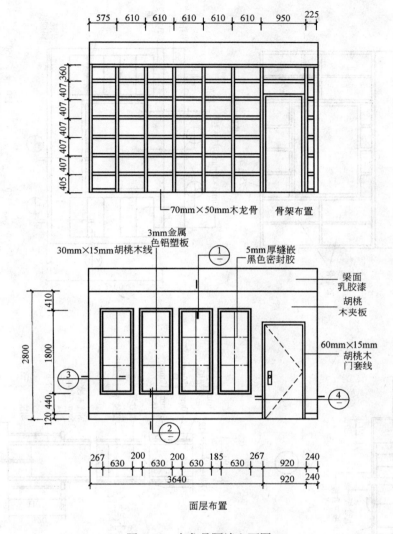

图 2-32 木龙骨隔墙立面图

(5) 施工要点

根据实训课题安排的操作程序,总结出各个工序施工工艺中的施工要点。

(6) 工程质量验收与质量检测

通过对照施工质量验收标准,编制出相应的评分表格,然后对照课题的成品,实施质量检测和评定。

(7) 写出轻质隔墙的成品保护措施

(8) 实作要求

1) 根据具体情况,一组选择其中的一至两个项目完成。

2) 可按 4~6 人一个实训小组来运作。

3) 实训地点:可安排在学校的实训基地进行。

附:设计资料如图 2-31 所示。

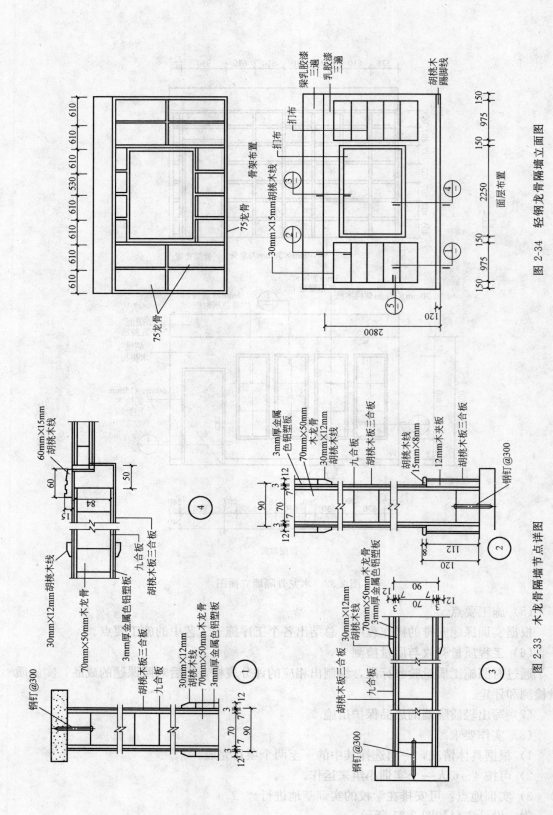

图 2-33 木龙骨隔墙节点详图

图 2-34 轻钢龙骨隔墙立面图

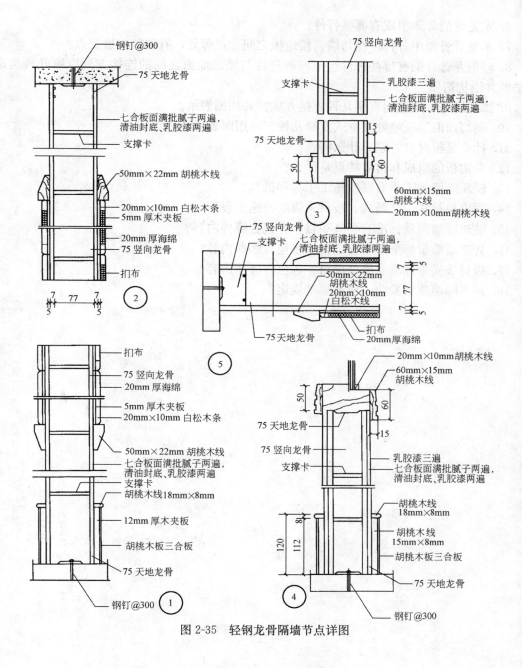

图 2-35 轻钢龙骨隔墙节点详图

思考题与习题

1. 什么是块材墙体？有什么特点？
2. 普通隔墙和隔断有什么区别？
3. 轻质隔墙分哪几类？各有什么特点？
4. 玻璃砖隔墙有哪些构造要求？
5. 什么是立筋式隔墙？立筋式隔墙由哪几部分组成？各有什么作用？

6. 木龙骨的骨架组成有哪些杆件？
7. 木龙骨骨架中各杆件在与墙、楼地板之间连接等处，有哪些构造要点？
8. 轻钢龙骨骨架有哪些杆件组成？各杆件与墙、地面之间的连接方式有哪几种构造做法？并绘构造图。
9. 饰面层与骨架之间有哪几种连接方式？并用图表示。
10. 隔墙饰面层板缝处理方式有哪几种？并用图表示。
11. 什么是板材墙？它有什么特点？
12. 泰柏板的组成和材质特点是什么？
13. 轻质隔墙施工中有哪些施工工具和机具？
14. 写出块材式、立筋式、板材式隔墙的施工程序。
15. 玻璃隔墙质量标准有哪些项目？各包含哪些内容？
16. 骨架墙质量标准有哪些项目？各包含哪些内容？
17. 板材墙质量标准有哪些项目？各包含哪些内容？
18. 轻质隔墙质量验收一般有哪些规定？

单元3 装饰抹灰工程

知 识 点：抹灰工程常用的材料及工具；室内、外抹灰工程的施工工艺；抹灰工程的质量验收。

教学目标：通过本单元的学习，应能根据抹灰工程的具体情况，做到正确地选择抹灰材料和施工机具；熟练选用、配制、拌制各类砂浆；熟悉各种室内外抹灰工艺；能正确地验收、评价抹灰工程的工程质量。

课题1 抹灰工程基本知识

1.1 抹灰工程的基本概念、分类、组成

1.1.1 抹灰的基本概念

抹灰工艺是一种既古老又现代的施工工艺，它是通过将水泥、石灰、砂、石颗粒等抹灰材料按照要求配制成砂浆或石渣浆后，再利用手工或者机械操作的方法形成的一种装饰饰面工艺。

墙面抹灰是一种基本饰面，可以起到保护主体结构的作用，也可以作为各类装饰装修的施工基层，如内外墙面砖的铺贴、墙纸或墙布的裱糊、内外墙涂料的涂饰等装饰工艺的底灰、基面、找平层及粘结构造层等。通过相应的材料配合与操作工艺还可以使之成为装饰抹灰。

抹灰类饰面做法的优点是材料来源广泛，技术要求低，施工方便，取材较易，造价较低，与墙体粘结力强，并具有一定厚度，对保护墙体、改善和弥补墙体材料在功能上的不足有明显的作用。其缺点主要是手工操作工效低，湿作业量大，劳动强度高，砂浆年久易产生龟裂、粉化、剥落等现象。因此，现在此类饰面作为中、低档装饰应用于室内外墙面。

1.1.2 抹灰的分类

（1）按抹灰施工的部位分

1）内抹灰：通常把室内各部位的抹灰叫做内抹灰。如内墙、楼地面和顶棚等。

2）外抹灰：主要指室外各部位的抹灰。如外墙面、雨篷和檐口等。

（2）按国家标准《建筑装饰装修工程质量验收规范》GB 50210—2001分

国家标准《建筑装饰装修工程质量验收规范》GB 50210—2001中，将抹灰工程分为一般抹灰、装饰抹灰和清水砌体等三个分项工程。

1）一般抹灰

一般抹灰是指用石灰砂浆、水泥砂浆、水泥混合砂浆、聚合物水泥砂浆、麻刀灰、纸筋灰和石膏灰等材料进行分层和分等级施工的抹灰工程。一般抹灰按质量标准又分为普通

抹灰、高级抹灰两种。

（a）普通抹灰：普通抹灰适用于一般住宅、公共和工业建筑（如居民住宅、普通商店、教学楼、地下室以及要求不高的厂房等）。

普通抹灰的一般作法要求为：一底层、一中层、一面层（或者一底层、一面层），要求设置标筋，分层抹平，表面洁净，线角顺直，接搓平整。

（b）高级抹灰：高级抹灰适用于具有高级装修要求的大型公共建筑（如宾馆、饭店、商场、影剧院），高级住宅、公寓，纪念性建筑物等。

高级抹灰的一般做法为：一底层、数遍中层、一面层，抹灰时要求找方，设置标筋，分层抹平，表面光滑洁净，颜色均匀一致，线角平直，清晰美观无接缝。

2）装饰抹灰

装饰抹灰是指按设计要求，采用普通或彩色水泥砂浆、水泥石碴浆等材料，以人工或机械加工的办法达到各种装饰效果的抹灰工程。如水刷石、水磨石、干粘石、斩假石、拉毛灰、拉条灰、甩毛灰以及喷砂、喷涂、滚涂和弹涂等。

3）清水砌体

清水砌体指墙面不做覆盖性装饰，仅仅在砖缝中简单处理的抹灰工艺。常用于园林建筑、传统的民居建筑中。

1.1.3 抹灰饰面的构造层次

抹灰类饰面一般应由底层、中间层、面层三部分组成，如图 3-1 所示，底层主要起与基层粘结和初步找平的作用；中层起找平的作用；面层起装饰的作用。

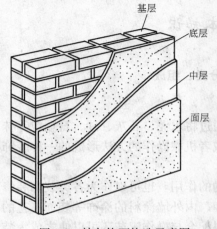

图 3-1 抹灰饰面构造示意图

（1）底层抹灰

底层抹灰是对墙体基层的表面处理，其作用是保证饰面层与墙体连接牢固及饰面层的平整度。墙体基层的材料不同，底层处理的方法亦不相同。

底层砂浆根据基体在建筑物的部位和构造做法的不同而用不同的砂浆品种，如有防水防潮要求的基体表面用水泥砂浆或防水砂浆；混凝土和加气混凝土的基体表面先用聚合物水泥浆做一道封闭底层，然后再用水泥砂浆、水泥混合砂浆或聚合物水泥砂浆打底；室内黏土砖基体抹灰用石灰砂浆，室外、卫生间及厨房间的黏土砖基体抹灰用水泥砂浆打底。底层砂浆的稠度一般为 100~120mm，砂子的最大粒径不应超过 2.8mm。不同基层的处理方法见表 3-1。

（2）中间抹灰

中间层是保证装饰质量的关键层，所起作用主要为找平与粘结，还可弥补底层砂浆的干缩裂缝，根据墙体平整度与饰面质量要求，可以一次抹成，也可以分多次抹成，用料一般与底层相同。在施工时应注意砂浆的配套使用，如水泥砂浆不得涂抹在石灰砂浆上。中层砂浆的稠度为 70~90mm，砂子的最大粒径不应超过 2.8mm。

（3）面层抹灰

面层抹灰主要起装饰作用，要求表面平整、色彩均匀、无裂纹，可以做成光滑、粗糙

不同基层的处理方法表 表 3-1

基体材料	基层特点	处理方法
砖墙面的底层	砖墙采用手工砌筑，墙面灰缝中砂浆的饱和程度很难保证均匀，所以墙面一般比较粗糙，凹凸不平	常用水泥砂浆或混合砂浆进行底层处理，厚度控制在10mm左右，配合比为1∶1∶6的水泥石灰砂浆是最普通的底层砂浆
轻质砌块墙体	由于轻质砌块的表面孔隙大，吸水性强，所以抹灰砂浆中的水分极易被吸收，从而导致墙体与底层抹灰间的粘结力较低，而且易脱落	处理方法是先在整个墙面上涂刷一层107建筑胶封闭基层，再做底层抹灰。对于装饰要求较高的饰面，还应在墙面钉0.7mm细径镀锌钢丝网（网格尺寸为32mm×32mm），再做抹灰
混凝土墙体	混凝土墙体表面比较光滑，平整度也比较高，但是残留的脱模剂将影响墙体与底层抹灰的连接，为保证二者之间有足够的粘结力，在做饰面之前，必须将基层进行特殊处理	处理方法有除油垢、凿毛、甩浆、划纹等

等不同质感的表面。抹灰的面层可采用不同的砂浆种类来取得某种装饰效果。如果面层砂浆仅起抹光作用，它的稠度为70~80mm，砂子的最大粒径不超过1.2mm。

1.1.4 抹灰的厚度

为保证抹灰平整、牢固，避免龟裂、脱落，抹灰应分层进行，每层不宜太厚，否则会因一次抹灰太厚，造成内外收水快慢不一而产生开裂、起鼓。各种抹灰层的厚度应视基层材料的性质、所选用的砂浆种类和抹灰质量的要求而定。抹灰层每遍厚度和墙体抹灰层平均总厚度分别见表3-2和表3-3。

抹灰层每遍厚度 表 3-2

砂浆品种	每遍厚度(mm)	砂浆品种	每遍厚度(mm)
水泥砂浆	5~7	纸筋灰和石膏灰（作面层赶平压实后）	≥2
石灰和水泥混合砂浆	7~9	装饰抹灰用砂浆	符合相应设计要求
麻刀石灰（作面层赶平压实后）	≥3		

墙体抹灰层平均总厚度 表 3-3

施工部位或基体		抹灰层平均总厚度(mm)	施工部位或基体	抹灰层平均总厚度(mm)
内墙	普通抹灰	20	勒脚及凸出外墙面部分	25
	高级抹灰	25	石墙	35
外墙		20		

注：1. 当抹灰总厚度等于或大于35mm时，应采取加强措施；
    2. 混凝土大板和大模板建筑的内墙面及楼板底面，可不用砂浆涂抹，宜用腻子分遍刮平，总厚度为2~3mm；
    3. 如采用聚合物水泥砂浆、水泥混合砂浆喷毛打底，纸筋石灰罩面，或用膨胀珍珠岩水泥砂浆抹面，总厚度为3~5mm。

1.2 抹灰工程常用材料及其要求

砂浆是一种由胶凝材料、细骨料、水、掺和料等材料按照一定比例配合拌制而成的可塑性的材料。砂浆按其使用可分为砌筑砂浆和抹面砂浆。按使用胶凝材料的不同可分为水泥砂浆、石灰砂浆、水泥石灰混和砂浆等。

1.2.1 抹灰材料质量要求

配制抹灰砂浆的材料有胶凝材料、细骨料、加强材料和聚合物材料等。

（1）胶凝材料

一般抹灰工程用的胶凝材料主要为石灰（包括石灰膏和磨细生石灰粉）、水泥和石膏等材料，在砂浆中主要起到胶接作用。

1）石灰

石灰在抹灰工程中可以起到塑化的作用。抹灰工程中常用的石灰材料一般为磨细石灰粉和石灰膏。

磨细石灰粉其细度过0.125mm的方孔筛，累计筛余量不大于13%，使用前用水浸泡使其充分熟化，熟化时间最少不小于3d。浸泡方法是准备好大容器，均匀地往容器中撒一层生石灰粉，浇一层水，然后再撒一层，再浇一层水，依次进行，当达到容器的2/3时，将容器内放满水，使之熟化。

石灰膏与水调和后具有凝固时间快，并且在空气中硬化的特性。用块状生石灰淋制时，用筛网过滤，贮存在沉淀池中，使其充分熟化。熟化时间常温一般不少于15d，用于罩面灰时不少于30d，使用时石灰膏应细腻洁白，不得含有未熟化的颗粒和其他杂质。在沉淀池中的石灰膏要加以保护，防止其干燥、冻结和污染。

2）水泥

水泥是一种水硬性胶凝材料，水泥的品种很多，抹灰工程中宜采用普通水泥或硅酸盐水泥，也可采用矿渣水泥、火山灰水泥、粉煤灰水泥及复合水泥。水泥宜采用强度等级为32.5级以上，颜色一致、同一批号、同一品种、同一强度等级、同一厂家生产的产品。水泥进场需对产品名称、代号、净含量、强度等级、生产许可证编号、生产地址、出厂编号、执行标准、日期等进行外观检查，同时验收合格证。

水泥应存放在有屋盖和垫有木地板的仓库内，不能淋雨、受潮。出厂三个月后的水泥，使用前应经检验。受潮结块的水泥须过筛、检验方可使用。

3）石膏

有建筑石膏、电石膏两种。建筑用石膏应无杂质，凝结时间不应超过规定时间。电石膏根据设计、工程要求适当掺些水泥以增强砂浆强度。

（2）骨料

1）细骨料—砂

抹灰工程用的细骨料主要指砂，砂颗粒要求洁净坚硬，砂子中的有害物质含量符合国家有关标准的规定。宜采用平均粒径为0.35~0.5mm的中砂。在使用前应根据使用要求过筛，筛好后保持洁净。

2）石渣

石渣又称石粒、石米等，有多种色泽，是由方解石、花岗岩、天然大理石、白云石经破碎加工而成。石渣一般在装饰抹灰工程中的面层砂浆中掺入。对石渣的一般要求为：颗粒坚实、整齐、均匀、颜色一致，不含黏土及有机、有害物质。所使用的石渣规格、级配应符合要求。一般大八厘为8mm，中八厘为6mm，小八厘为4mm，使用前应用清水洗净，按不同规格、颜色分堆晾干后，堆放盖好。施工采用彩色石渣时，要求采用同一品种，同一产地的产品，宜一次进货备足。

（3）加强材料

加强材料主要是在抹灰工程中起增强抹灰层的各种性能、强度作用，一般可以提高抹灰层的抗拉强度，增加抹灰层的弹性和耐久性，使抹灰层不易开裂脱落。

抹灰工程常用的加强材料主要有麻刀、纸筋、稻草、玻璃丝等，质量要求及制作要点如下：

1) 麻刀材料质量要求

麻刀材料应干燥、均匀、坚韧、不含杂质。用时应将麻刀剪成2～3cm长，随用随敲打松散，使之能均匀地分布在抹灰膏中。每100kg石灰膏约掺1kg即成麻刀灰。

2) 纸筋灰质量要求

纸筋灰用前先将纸筋撕碎，除去尘土后再用清水浸泡、捣烂、搓绒，最后漂去黄水，做到洁净细腻。按100kg石灰膏掺2.75kg的比例掺入淋灰池。使用时需用小钢磨搅拌、打细，并用3mm孔径筛过滤成纸筋灰。

3) 玻璃纤维材料质量要求

将玻璃丝维切成短段（1cm长左右），每100kg掺入石灰膏200～300kg，搅拌均匀成玻璃丝灰，比例按1：2～3。

(4) 有机聚合物

在各种灰浆中掺入适量的有机聚合物，可以便于涂刷且颜色匀实，又能改善涂层的性能，包括提高面层的强度，不致粉酥掉面；增加涂层的柔韧性，减少开裂倾向；加强涂层与基层之间的粘结性能，不易爆皮剥落。抹灰工程用的有机聚合物主要有108胶和聚醋酸乙烯乳液等，其性质、作用如下：

1) 108胶为绿色无毒害建筑胶粘剂，固体含量10％～20％，比密度1.05，pH值7～8，是一种无色水溶性胶粘，也是一般抹灰工程中较经济实用的有机聚合物。

2) 聚醋酸乙烯乳液是以44％的醋酸乙烯和4％左右的分散剂聚乙烯醇以及增韧剂、消泡剂、乳化剂、引发剂等聚合而成。

1.2.2 抹灰砂浆

(1) 抹灰砂浆的稠度

抹灰砂浆在施工时必须具有良好的黏稠度，抹灰砂浆的骨料的最大粒径和稠度，主要根据抹灰种类和气候条件等实际情况确定。具体地说，稠度可控制范围为：底层10～12mm，中层7～9mm，面层7～8mm。砂的粒径范围为1.4～2.8mm。

(2) 抹灰砂浆的配合比

砂浆的配合比是指砂浆中各组成材料的用量比值，砂浆的配合比大小往往会影响到砂浆和易性、强度、粘结强度等性能，故在拌制砂浆时，应根据工程的实际情况，选择合适的配合比。常用的抹灰砂浆的配合比，见表3-4。

一般抹灰的砂浆配合比　　　　　表3-4

应 用 范 围	抹灰砂浆组成材料	配合比（体积比）
普通砖、石基层	石灰：砂	1：2～1：3
墙面混合砂浆底层	水泥：石灰：砂	1：0.3：3～1：1：6
用于浴室、潮湿车间等墙裙	水泥：砂	1：2.5～1：3
用于墙面面层	水泥：石灰：砂	1：1.5～1：2

(3) 抹灰砂浆的拌制方法

一般砂浆宜用机械搅拌。采用砂浆搅拌机搅拌抹灰砂浆时，每次搅拌时间为1.5～2min。搅拌水泥混合砂浆，应先将水泥与砂干拌均匀后，再加石灰膏和水搅拌至均匀为止。搅拌水泥砂浆（或水泥石子浆），应先将水泥与砂（或石子）干拌均匀后，再加水搅拌至均匀为止。

采用麻刀灰拌合机搅拌纸筋石灰浆和麻刀石灰浆时，将石灰膏加入搅拌筒内，边加水边搅拌，同时将纸筋或麻刀分散均匀地投入搅拌筒，直到拌匀为止。

当砂浆用量很少且缺少机械时，才允许人工搅拌。人工搅拌拌合抹灰砂浆，应在平整的水泥地面上或铺地钢板上进行，使用工具有铁锹、拉耙等。拌合水泥混合砂浆时，应将水泥和砂干拌均匀，堆成中间凹、四周高的砂堆，再在中间凹处放入石灰膏，边加水边拌合至均匀。拌合水泥砂浆（或水泥石子浆）时，应将水泥和砂（或石子）干拌均匀，再边加水边拌合至均匀。

拌成后的抹灰砂浆，颜色应均匀，干湿应一致，砂浆的稠度应达到规定的稠度值。

1.3 抹灰工程用工具

1.3.1 常用机具

抹灰工程常用的机具有砂浆搅拌机、纸筋灰搅拌机和淋灰机等。其中砂浆搅拌机主要是用来搅拌石灰砂浆、水泥砂浆及水泥石灰砂浆等，可以分为周期式砂浆搅拌机和连续式砂浆搅拌机，如图 3-2 所示。纸筋灰搅拌机是主要用来粉碎、搅匀纸筋、麻刀灰等纤维拌合物的机械，由搅拌筒和小钢磨两部分组成，如图 3-3 所示。而淋灰机是粉碎及淋制抹灰、粉刷砂浆用的机具，如图 3-4 所示。

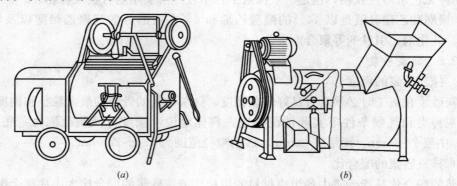

图 3-2 砂浆搅拌机
(a) 周期式砂浆搅拌机；(b) 连续式砂浆搅拌机

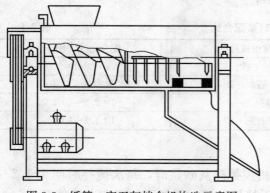

图 3-3 纸筋、麻刀灰拌合机构造示意图

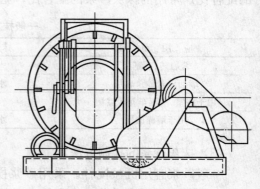

图 3-4 淋灰机构造示意图

1.3.2 常用工具

抹灰工程常用的工具包括各种抹子和一些辅助工具，如图3-5所示。

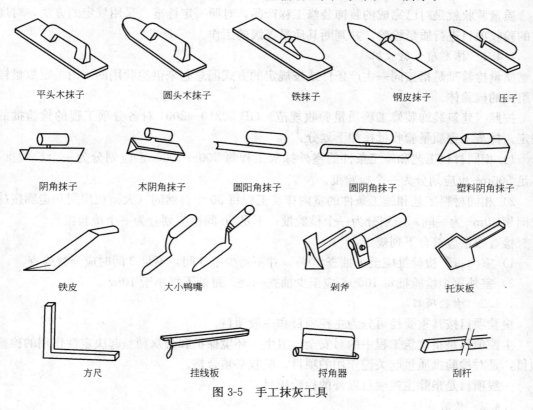

图 3-5 手工抹灰工具

（1）抹子

抹子根据其制作材料不同可分为木抹刀、塑料抹刀、铁抹刀、钢抹刀等。一般来说木抹刀的作用是抹平压实抹灰层，有圆头、方头两种；塑料抹刀是用硬质聚乙烯塑料做成的抹灰器具，其用途是压光纸筋灰等面层，也有圆头、双头两种；铁抹刀用来抹底子灰层，也有圆头、方头两种；钢抹刀因其较薄，弹性好，适用于抹平抹光灰浆面层。

此外还可以有专门用于抹制阴阳角处的抹刀，其中阴角抹刀适用于压光阴角，分小圆角及尖角两种；阳角抹刀适用于压光阳角，分小圆角及尖角两种。

压板适用于压光水泥砂浆面层和纸筋灰罩面等。捋角器用来捋水泥抱角的素水泥浆。

（2）辅助工具

辅助工具是指在抹灰工程中完成定位、检测和其他辅助工作的工具。常见的有托灰板、方尺、木杠、筛子等，其具体作用如下：

托灰板在作业时用来承托砂浆；

挂线板板上附有线锤的标准线，主要用来挂垂直；

方尺用来测量阴阳角方正；

木杠有长杠、中杠、短杠三种。一般长杠长为2500～3500mm，适用于冲筋；中杠长为2000～2500mm，短杠长为1500mm，用来刮平墙面和地面；

剁斧用来剁砖石和清理混凝土基层。

1.4 抹灰工程的质量验收基本知识

质量验收就是对已完成的装饰装修工程产品，对照一定标准、采用规定的方法，对规定的验收项目进行质量检验，并判断其质量等级的工作。

1.4.1 抹灰质量验收批

质量检验批是指按同一生产条件或按规定的方式汇总起来供检验用的，由一定数量样本组成的检验体。

按照《建筑装饰装修工程质量验收规范》GB 50210—2001 对各分项工程的检验批的规定，抹灰工程质量验收批按如下划分：

1) 相同材料工艺和施工条件的室外抹灰工程每 500~1000m^2 应划分为一个检验批；不足 500m^2 也应划分为一个检验批。

2) 相同材料工艺和施工条件的室内抹灰工程每 50 个自然间（大面积房间和走廊按抹灰面积 30m^2 为一间）应划分为一个检验批；不足 50 间也应划分为一个检验批。

检查数量应符合下列规定：

1) 室内每个检验批应至少抽查 10%，并不得少于 3 间，不足 3 间时应全数检查。
2) 室外每个检验批每 100m^2 应至少抽查一处，每处不得小于 10m^2。

1.4.2 检验项目

检验项目按其重要性可分为主控项目和一般项目。

主控项目是指建筑工程中的对安全、卫生、环境保护和公众利益起决定性作用的检验项目，是对检验批质量起关键作用的项目，验收必须合格。

一般项目是指除主控项目以外的检验项目。

1.4.3 检验方法

（1）观察

用肉眼观察、直观检查、判断抹灰工程的质量。

（2）检查施工记录

通过检查施工记录判定抹灰工程的质量。

（3）工具测量法

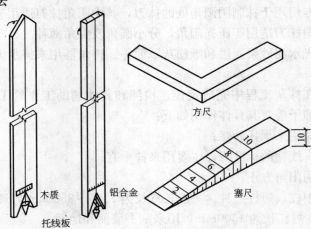

图 3-6 抹灰检测工具

通过靠尺、方尺、塞尺等工具进行测量,再根据规范要求,对抹灰工程进行正确的评定。常见的抹灰检测工具如图3-6所示。

抹灰工程允许偏差检验项目有:表面平整;阴、阳角垂直;立面垂直;阴、阳角方正;墙裙上口平直;分隔条(缝)平直等。

检验表面平整的方法是:将直尺靠在抹灰面上,用塞尺塞进直尺与抹灰面间的缝隙中(最大的缝隙),从塞尺上看出该缝隙有多宽。

检验阴、阳角垂直和立面垂直的方法是:将托线板靠于抹灰面上,看托线板上线垂与托线板垂直线相距距离有多少(从刻度上看,取最大值)。

检验阴阳角方正的方法是:将方尺靠于阴、阳角处,用塞尺塞进方尺与抹灰面间的缝隙中,从塞尺看该缝隙有多宽(取最大值)。

课题2 室内墙、柱装饰抹灰构造与施工工艺

2.1 一般抹灰

2.1.1 一般抹灰构造及要求
(1) 一般抹灰构造要求
1) 普通抹灰:表面光滑、洁净、接搓平整、分格线应清晰。
2) 高级抹灰:表面光滑、颜色均匀,无抹痕、线角及灰线平直方正、分格线清晰美观。
(2) 材料要求

水泥使用前或出厂日期超过三个月必须复验,合格后方可使用。不同品种、不同强度等级的水泥不得混合使用。砂要求颗粒坚硬,不含有机有害物质,含泥量不大于3%。石灰膏要求质地洁白、细腻,使用时不得含有未熟化颗粒及其他杂质。纸筋要求品质洁净、细腻。麻刀要求纤维柔韧干燥,不含杂质。

2.1.2 施工工艺
(1) 墙面抹灰操作工艺

基层清理→浇水湿润→找规矩→踢脚或墙裙→做护角→抹水泥窗台→墙面充筋→抹底灰→修补预留孔→面层抹灰。

1) 基层清理

基层处理,是为了避免抹灰层可能出现的空鼓、脱落,确保抹灰砂浆与基体粘结牢固的重要工序。

砖砌体应清除表面杂物,残留灰浆、舌头灰、尘土等。混凝土基体表面应凿毛或在表面洒水润湿后,涂刷1:1水泥砂浆(加适量胶粘剂或界面剂)。加气混凝土基体应在湿润后,边涂刷界面剂,边抹强度不大于M5的水泥混合砂浆。

2) 浇水湿润

对于较干燥墙面,不但要对抹灰墙面进行表面处理,还应对基体进行浇水湿润。一般在抹灰前一天进行。其方法是用软质水管在砖墙顶部,从墙的一端向另一端缓慢挪动,让水从墙上部往下自然流动到墙脚,单砖墙体浇一遍即可,240mm以上墙体应浇水两遍。

3）找规矩

（a）做标志块：用标杆对抹灰墙体表面的垂直平整度进行检验，并按墙体面层的情况，参照抹灰总的平均厚度规定，见表3-3，决定墙面抹灰厚度。然后在2m左右高度，在距离墙两边阴角10～20cm处，用底层抹灰砂浆，按抹灰厚度各做一个标准标志块（灰饼），其大小在5cm左右，如图3-7（a）所示。以这两个标准标志块为依据，再用线吊垂直确定墙下部对应的两个标志块厚度，其位置在踢脚板上口，使上下两个标志块在一条垂直线上，如图3-7（b）所示。标准标志块做好后，再在标志块附近墙面钉上钉子，拴上小线拉水平通线，然后按间距1.2～1.5m左右加做若干标志块，如图3-7（c）所示。

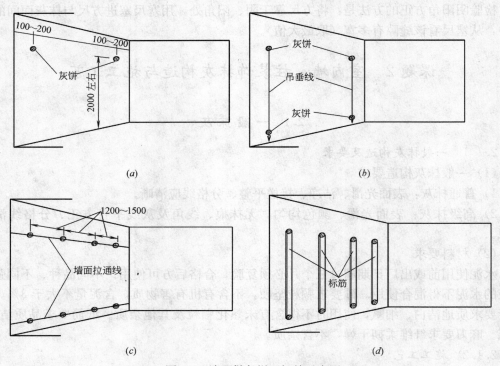

图3-7 墙面做灰饼、标筋示意图

房间面积较大时应先在地上弹出十字中心线，然后按基层面平整度弹出墙角线，随后在距墙阴角100mm处吊垂线并弹出铅垂线，再按地上弹出的墙角线往墙上翻引弹出阴角两面墙上的墙面抹灰层厚度控制线，以此做灰饼，然后根据灰饼充筋。

（b）标筋：标筋又叫冲筋、出柱头，做法是在两个标志块中间先抹一层，再抹第二遍凸出成八字形，要比灰饼凸出1cm左右，然后用标杆紧贴灰饼上下来回搓，把标筋搓得与标志块一样平为止，标筋的两边用刮尺修成斜面，以便使标筋与抹灰层接搓顺平，如图3-7（d）所示。标筋砂浆，应与抹灰底层砂浆相同。充筋根数应根据房间的宽度和高度确定，一般标筋宽度为5cm。两筋间距一般为1.2～1.5m。当墙面高度小于3.5m时宜做立筋，大于3.5m时宜做横筋，做横向冲筋时做灰饼的间距不宜大于2m。

（c）阴阳角找方：一般建筑抹灰的阳角要求找方。高级的民用和公共建筑抹灰，阴阳角均要求找方。除门窗口外，有阳角的房间，先要将房间大致规方。其做法是先在阳角一侧墙做基线，用方尺将阳角先规方，然后在墙角弹出抹灰准线，并在准线上下两端挂通线做标志块。

如果要求阴阳角都找方，阴阳角两边都要弹基线，并在阴阳角两边都做标志块和标筋，以便于做护角和保证阴阳角方正垂直。

4）抹水泥踢脚（或墙裙）

根据已抹好的灰饼充筋，底层抹1：3水泥砂浆，抹好后用大杠刮平，木抹搓毛，常温第二天用1：2.5水泥砂浆抹面层并压光，抹踢脚或墙裙厚度应符合设计要求，无设计要求时凸出墙面5～7mm为宜。凡凸出抹灰墙面的踢脚或墙裙上口必须保证光洁顺直，踢脚或墙面抹好后，将靠尺贴在大面与上口平，然后用小抹子将上口抹平压光，凸出墙面的棱角要做成钝角，不得出现毛茬和飞棱。

5）做护角

墙面、柱面的阳角和门窗洞口的阳角做护角，是为了灰角坚固，并防止碰坏。无论什么等级抹灰，都需要做护角。

抹护角砂浆，应用1：2的水泥砂浆，每个护角面的宽度应大于50mm，护角高度应控制在2m左右。施工时，以墙面抹灰厚度为依据，先将阳角用方尺规方，最好在地面上划好准线，按准线粘好靠尺板，并用托线吊直，方尺找方。靠门框一边，以门框离墙面的空隙为准，另一边以标志块厚度为依据。在靠尺板的另一边墙角面，分层抹水泥砂浆，护角线的外角与靠尺板外口平齐；一边抹好后，再把靠尺板移到已抹好护角的一边，把护角的另一面分层抹好。待护角的棱角稍干时，用阳角抹子和水泥浆捋出小圆角，如图3-8所示。最后，在墙面用靠尺板按要求尺寸沿角留出5cm，将多余砂浆以45°斜面切掉，以便于墙面抹灰时与护角接搓。

6）抹水泥窗台

先将窗台基层清理干净，松动的砖要重新补砌好。砖缝划深，用水润透，然后用1：2：3豆石混凝土铺实，厚度宜大于2.5cm，次日刷胶、涂素水泥一遍，随后抹1：2.5水泥砂浆面层，待表面达到初凝后，浇水养护2～3d，窗台板下口抹灰要平直，没有毛刺。

7）抹底层及中层灰

这种做法也叫装档或刮糙。在标志块、标筋及门窗做好护角后即可进行。将砂浆抹于墙面两标筋之间，待收水后，再进行中层抹灰，其厚度以垫平标筋为准，并使其略高于标筋。

抹底层灰应掌握好时间，一般情况下充筋完成2h左右抹底灰为宜。标筋既不能太软，也不能等其完全硬结，如果筋软，则容易将标筋刮坏，产生凹凸现象；也不宜在标筋有强度时，再装档刮平，因为待墙面砂浆

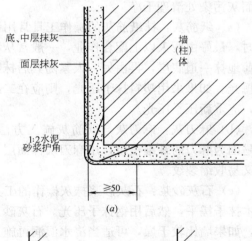

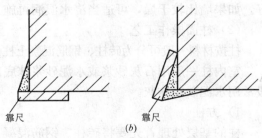

图3-8 水泥护角抹制示意图
(a) 护角要求；(b) 抹制步骤

收缩后，会出现标筋高于墙面的现象。

抹底子灰前应先抹一层薄灰，要求将基体抹严，抹时用力压实使砂浆挤入细小缝隙内，接着分层装档、抹与充筋平，用木杠刮找平整，用木抹子搓毛。然后全面检查底子灰是否平整，阴阳角是否方直、整洁，管道与阴角交接处、墙顶板交接处是否光滑平整、顺直，并用托线板检查墙面垂直与平整情况。

中层砂浆抹后，即用中、短木标杆，按标筋刮平。操作时，应均匀用力，由下往上移动，并使木标杆前进方向的一边，略微翘起，局部凹陷处应补抹砂浆，然后再刮，直至平直为止。紧接着用木抹子搓磨一遍，使表面平整密实。墙的阴角，先用方尺上下核对方正，然后用阴角器上下抽动扯平，使室内四角方正。

8) 修抹预留孔洞、配电箱、槽、盒

当底灰抹平后，要随即把预留孔洞、配电箱、槽、盒周边5cm宽的砂浆刮掉，并清除干净，用大毛刷沾水沿周边刷水湿润，然后用1∶1∶4水泥混合砂浆，把洞口、箱、槽、盒周边压抹平整、光滑。

9) 面层抹灰

面层抹灰又叫抹罩面灰。内墙面层抹灰，一般常用纸筋灰、麻刀灰、石灰砂浆、大白腻子等灰膏。应充分把握好底层灰的干燥时间，一般在底灰六七成干时开始抹罩面灰（抹时如底灰过干应浇水湿润），罩面灰两遍成活，厚度约2mm，操作时最好两人同时配合进行，一人先刮一遍薄灰，另一人随即抹平。抹灰时按先上后下的顺序进行，然后赶实压光，压时要掌握好力度和时间，既不要出现水纹，也不可压活，压好后随即用毛刷蘸水将罩面灰污染处清理干净。

(a) 纸筋灰：抹纸筋灰的操作工具常用钢皮抹子，对底层灰的干湿要求如前所述。施工时，最好由两人以上配合作业，一般常从墙面一端开始或从阴角或阳角开始。先由一人薄薄地抹一道底层，再由另一人紧随其后抹第二层，并要抹平压光。阴角和阳角应用角抹子捋光。如果采用塑料抹子压光，则应在二遍成活后，稍干就顺抹子纹压光。过后如有起泡，应重新压平压光。

(b) 麻刀灰：麻刀灰与纸筋灰施工方法大同小异，而灰浆纤维的粗细却差别很大，这是因为麻刀的纤维很粗，用麻刀灰抹面层，其厚度较难把握，太薄不符合要求，太厚面层又易收缩裂纹。

(c) 石灰砂浆：石灰砂浆抹灰操作的工具，常用钢抹子，并用刮尺自下而上刮平，再用木抹子搓平，然后用钢抹子压光。石灰砂浆抹灰，在底灰达到5~6成干后，施工为最好。如果墙比较干燥，可适当浇水湿润再施工。

(2) 柱面操作工艺

柱按材料一般可分为砖柱、钢筋混凝土柱。按其形状又可分为方柱、圆柱、多角形柱等。

室内柱一般用石灰砂浆或水泥砂浆抹底层、中层，麻刀灰或纸筋灰抹面层。室外柱一般常用水泥砂浆抹灰。

1) 方柱

柱的基层处理首先要将砖柱、钢筋混凝土柱表面清扫干净，浇水湿润，然后找规矩。如果方柱为独立柱，应按设计图样所标示的柱轴线，测定柱子的几何尺寸和位置，在楼地面上弹两道相互垂直的中心线，并弹上抹灰后的柱子边线（注意阳角都要规方），然后在柱顶卡上短靠尺，拴上线坠往下垂吊，并调整线坠对准地面上的四角边线，检查柱子各方面的垂直度和平整度。如果不超差，在柱四角距地坪和顶棚各15cm左右处做灰饼，如图3-9所示。如柱面超差，应进行处理，再找规矩做灰饼。

当有两根或两根以上的柱子，应先根据柱子的间距找出各柱中心线，用墨斗在柱子的四个立面弹上中心线，然后在一排柱子最外的两个柱子的正面外边角（距顶棚15cm左右）做灰饼，再以此灰饼为准，垂直挂线做下角的灰饼。再上下各拉一条水平通线做所有柱子正面上下两边灰饼，每个柱子正面上下左右共做四个，如图3-10所示。

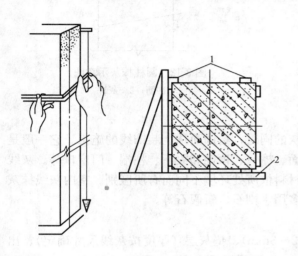
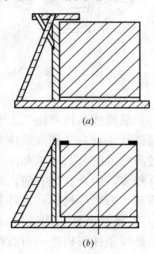

图3-9 独立方柱找规矩
1—灰饼；2—方尺

图3-10 多根柱找规矩
(a) 做柱正反面灰饼；(b) 做柱侧面灰饼

根据下面的灰饼用套板套在两端柱子的反面，再做上边的灰饼。根据这个灰饼，上下拉水平通线，做各柱反面灰饼。正面、反面灰饼做完后，用套板中心对准柱子正面或中心线，做柱两侧的灰饼。

柱子四面灰饼做好后，应先在侧面卡固八字靠尺，抹正反面，再把八字靠尺卡固正反面，抹两侧面。底、中层抹灰要用短木刮平，木抹子搓平。第二天抹面层压光。

2) 圆柱

钢筋混凝土圆柱基层处理同方柱。独立圆柱找规矩，一般也应先找出纵横两个方向设计要求的中心线，并在柱上弹纵横两个方向四根中心线，按四面中心点，在地面分别弹四个点的切线，就形成了圆柱的外切四边线。这个四边线各边长就是圆柱的实际直径。然后用缺口木板方法，由上四面中心线往下吊线坠，检查柱子和垂直度，如不超偏，先在地面弹上圆柱抹灰后外切四边线（每边长就是抹灰后圆柱直径），按这个尺寸制作圆柱的抹灰套板，如图3-11所示。

圆柱做灰饼时，可以根据地面上放好的线，在柱四面中心线处，先在下面做灰饼，然后用缺口板挂垂线做柱上部四个灰饼。在上下灰饼挂线，中间每隔1.2m左右做几个灰饼，根据灰饼冲筋，如图3-12所示。圆柱抹灰分层做法与方柱相同，抹时用长木杠随抹随找圆，随时用抹灰圆形套板核对。当抹面层灰时，应用圆形套板沿柱上下滑动，将抹灰抹成圆形。最后再由上至下滑磨抽平。

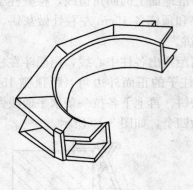
图 3-11 圆形套板

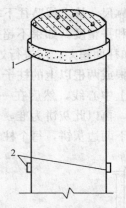
图 3-12 圆柱抹灰示意图
1—冲筋；2—灰饼

(3) 装饰线条抹灰施工工艺

装饰线条抹灰又称灰线抹灰，是在抹灰的同时，给饰面抹上装饰线的施工。它一般是做在较高标准的公共建筑和民用建筑的墙面、檐口、顶棚和梁下、柱端、门窗口等。灰线的式样很多，组合有繁有简，灰线使用的材料依所处环境不同而有所区别。室内灰线抹灰常用石灰、石膏等材料；室外灰线抹灰则多用水刷石、斩假石等。

1) 装饰线条抹灰构造

装饰线条抹灰构造一般有粘结层（厚 2～3mm）、垫灰层（厚度按灰线尺寸确定）、出线灰（厚约 2～3mm）及罩面灰（厚 2～3mm）四层组成。

装饰线条抹灰因各层砂浆不同一般有三种，见表 3-5。

装饰线条抹灰构造做法表　　　　表 3-5

	粘结层	垫灰层	出线灰	罩面灰
做法 1	1:1:1 水泥石灰砂浆	1:1:4 水泥石灰砂浆略掺麻刀	1:2 石灰砂浆，砂过 3mm 筛孔	纸筋灰罩面，分两遍抹纸筋灰过窗纱
做法 2	1:1:1 水泥细纸筋混合砂浆	1:2.5:0.5 水泥细纸筋石灰混合砂浆	1:2.0:0.5 水泥细纸筋石灰混合砂浆，砂过 3mm 筛孔	1:0.5 纸筋灰浆，纸筋灰过窗纱，分两遍抹成，抹上层灰时，底层要湿润
做法 3	1:1:1 水泥细纸筋石灰混合砂浆薄薄涂一层	1:2.5:0.5 水泥细纸筋石灰混合砂浆	1:2.0:0.5 水泥细纸筋石灰混合砂浆，砂子过 3mm 筛孔	石膏灰（石膏：石灰膏＝3:2）作 6～7mm 内推至棱角光滑

2) 抹灰工具

基面打底后，即可以抹灰线线条，一般采用木模施工，木模应根据线条的道数与外形设计，分为活模、死模和圆形线条活模三种。

活模：用于抹梁底及门窗角等灰线，将它靠在一根下靠尺上，用两手拿模捋出灰线条，如图 3-13 (a) 所示。

死模：用于顶棚四周灰线和较大的灰线，将它卡在上下两根固定的靠尺上推拉灰线条，如图 3-13 (b) 所示。

圆形灰线活模：用于外墙面门窗顶部半圆形装饰灰线及室内顶棚上的圆形灯头灰线，

如图3-13（c）所示。其一端做成灰线形状的木模，另一端根据圆形灰线半径长度定位钻一小圆孔。操作时将有小圆孔的一端用钉子固定在圆形灰线的中心点上，另一端木模即可在定位半径范围内移动，捋抹出圆形灰线。

而在顶棚四角阴处，用木模无法捋出灰线时，则需用灰线接角尺，使之在阴角处合拢。

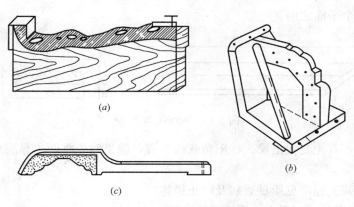

图3-13 灰线木模示意图
(a) 活模；(b) 死模；(c) 圆形灰线活模

3) 施工工艺

(a) 顶棚四周的装饰线条抹灰，是先抹墙底灰，靠近顶棚处留出灰线尺寸不抹，以便在墙面底灰上粘、钉抹灰线的靠板。顶棚抹灰常在四周灰线抹完后进行。

(b) 死模施工方法是先在底层上薄涂一粘结层，然后用垫层灰一层层抹，模子应随时跟上做标准直抹到离抹子边缘约5mm处。第二天用出线灰再抹1遍，便可用普通纸筋灰，一人在前用喂灰板在模子口处喂灰，一人在后推模子向前等推出棱角，并有3～4成干后，再用细纸筋灰推到使棱角整齐光滑为止。抹石灰膏线，形成出线棱角时，用1∶2石灰砂浆推出棱角，待6～7成干，稍洒水，并用石灰掺石膏（石膏∶石灰＝3∶2），6～7min内推抹至棱角整齐光滑，如图3-14所示。

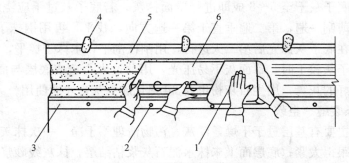

图3-14 死模施工操作图
1—死模；2—钉子；3—下靠尺；4—灰饼；5—上靠尺；6—喂灰板

活模施工方法是采取一边粘尺，一边冲筋，模子一边靠在靠尺板上。一边紧贴筋上捋出线条，其他与死模施工方法相似。

圆形灰线活模施工方法：首先找出圆中心，钉上钉子，将活模尺板顶端孔套在钉子上，围着中心捋圆形灰线，罩面时要一次做成。

(c) 灰线接头的施工方法

接阴角做法：当房屋四周灰线抹完时，切齐甩搓，然后连接每两条灰线的接头，阴角处合拢。操作时应先用抹子抹好垫层，待抹完出线灰及罩面灰后，以原有灰线为基准，分别用灰线接角尺，如图3-15所示，刮出接角灰线，使之形成。阴角接头的交线应与立墙阴角的交接在一个平面之内。

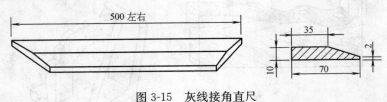

图3-15 灰线接角直尺

接阳角做法：首先要找出垛、柱阳角灰线位置，施工时先将两边靠阴角处与垛柱结合齐，再挤阳角。

(4) 一般抹灰工程常见质量通病及防止措施

1) 抹灰面不平整、不垂直、阴阳角不方正

主要原因是抹灰前挂线、做灰饼和冲筋不认真，阴阳角两边未冲筋；抹灰时未使用专用工具，控制阴阳角的垂直与方正不准。

抹灰前需按规矩将房间找平，挂线找垂直、贴灰饼；做水平冲筋带，应先交圈；抹阴、阳角要使用阴角尺、阳角尺，筋、找垂直，用阴阳角抹子抹阴阳角，随时用方尺检查角的方正。

2) 抹灰面层起泡、开花、有抹纹产生的原因及防治措施

主要原因是抹完罩面灰后，压光工作跟的太紧，灰浆没有收水，压光后产生起泡现象；底子灰太干，未浇水湿润，抹灰后水分很快被底子灰吸收，压光时易出现抹纹；淋灰时对慢性灰、过火灰颗粒及杂质没有滤净，灰膏熟化不够混入抹灰砂浆中，抹灰后，继续熟化，体积膨胀造成抹灰表面爆裂、开花。

石灰砂浆当底子灰干至5~6成即进行罩面抹灰，若底子灰过干应浇水湿润。罩面从阴角开始，先薄薄刮一遍，第二遍垂直于第一遍方向，找平，再用钢抹子顺抹子纹压光；水泥砂浆罩面应在底子灰抹完后第二天进行，用刮杠刮平，木抹子搓平，然后用铁皮抹子揉实压光，当底子灰较干时，罩面灰不易压光，用劲过大会造成底层与面层移位而空鼓；严禁使用未熟化好的灰膏，用生石灰粉也要3d熟化成石灰膏才能使用。

3) 装饰线条裂缝、空鼓

引起的原因主要有基层过于干燥、浮灰、污物清理不干净；一次抹灰太厚，各层抹灰未分遍进行，或跟得太紧；底层面上未抹水泥石灰浆粘结层，抹灰线砂浆配合比不当；砂浆失水过快，抹灰后没有适当洒水养护。

控制方法有抹灰前认真清理基层表面的浮灰、污物及松散颗粒，并提前一天浇水湿润，浇匀浇透，待抹灰时再洒水湿润；线条抹灰要分层分遍进行，多次上浆，反复接模，压实捋平，不能一次性抹成；线条抹灰时底面先抹一层水泥石灰砂浆粘结层，各层抹灰砂浆的标号不宜过高，按同一配合比砂浆分层做法，才能使各层砂浆粘结牢固；抹灰后加强

洒水养护。

4）装饰线条凹凸不直呈竹节形

引起的主要原因有表面不平整，靠尺松动或冲筋损坏，影响抹灰线质量；具体操作时，手持线模受力不均匀，脚站不稳。

控制方法有固定靠尺时，要平直、牢固，与线模紧密吻合，不许松动，否则要重新校正；抹线时，操作要熟练，脚要站稳，两手拿线模榰压灰线，用力要均匀。

5）装饰线条抹灰有蜂窝麻面

引起的主要原因喂灰时多时少，模子推拉砂浆压不严，砂浆不饱满；罩面灰太稠，推抹毛糙。

控制方法用细纸筋灰修补，赶平压光；灰线接槎处，应用小靠尺刮平，并用排笔蘸水轻刷接口，使刷槎平顺，均匀一致，不留痕迹。

2.1.3 质量验收与成品保护

(1) 质量标准

按照《建筑装饰装修工程质量验收规范》GB 50210—2001 要求，对一般抹灰工程验收时按下列项目进行检验，并做好相应的记录。

1）主控项目

（a）抹灰前基层表面的尘土、污垢、油渍等应清除干净，并应洒水润湿。

检验方法：检查施工记录。

（b）一般抹灰所用材料的品种和性能应符合设计要求。水泥的凝结时间和安定性复验应合格。砂浆的配合比应符合设计要求。材料质量是保证抹灰工程质量的基础，因此，抹灰工程所用材料，如水泥、砂、石灰膏、石膏、有机聚合物等应符合设计要求及国家现行产品标准的规定，并应有出厂合格证；材料进场时应进行现场验收，不合格的材料不得用在抹灰工程上，对影响抹灰工程质量与安全的主要材料的某些性能，如水泥的凝结时间和安定性进行现场抽样复验。

检验方法：检查产品合格证书、进场验收记录、复验报告和施工记录。

（c）抹灰工程应分层进行。当抹灰总厚度大于或等于 35mm 时，应采取加强措施。不同材料基体交接处表面的抹灰，应采取防止开裂的加强措施，当采用加强网时，加强网与各基体的搭接宽度不应小于 100mm。抹灰厚度过大时，容易产生起鼓、脱落等质量问题；不同材料基体交接处，由于吸水和收缩性不一致，接缝处表面的抹灰层容易开裂，上述情况均应采取加强措施，以切实保证抹灰工程的质量。

检验方法：检查隐蔽工程验收记录和施工记录。

（d）抹灰层与基层之间及各抹灰层之间必须粘结牢固，抹灰层应无脱层、空鼓，面层应无爆灰和裂缝。抹灰工程的质量关键是粘结牢固，无开裂、空鼓与脱落。如果粘结不牢，出现空鼓、开裂、脱落等缺陷，会降低对墙体的保护作用，且影响装饰效果。经调研分析，抹灰层之所以出现开裂、空鼓和脱落等质量问题，主要原因是基体表面清理不干净，如：基体表面尘埃及疏松物、脱模剂和油渍等影响抹灰，粘结牢固的物质未彻底清除干净；基体表面光滑，抹灰前未做毛化处理；抹灰前基体表面浇水不透，抹灰后砂浆中的水分很快被基体吸收，使砂浆质量不好，使用不当；一次抹灰过厚，干缩率较大等，都会影响抹灰层与基体的粘结牢固。

检验方法：观察；用小锤轻击检查；检查施工记录。

2) 一般项目

（a）普通抹灰表面应光滑、洁净、接槎平整，分格缝应清晰。高级抹灰表面应光滑、洁净、颜色均匀、无抹纹，分格缝和灰线应清晰美观。

检验方法：观察；手摸检查。

（b）护角、孔洞、槽、盒周围的抹灰表面应整齐、光滑；管道后面的抹灰表面应平整。

检验方法：观察。

（c）抹灰层的总厚度应符合设计要求；水泥砂浆不得抹在石灰砂浆层上；罩面石膏灰不得抹在水泥砂浆层上。

检验方法：检查施工记录。

（d）抹灰分格缝的设置应符合设计要求，宽度和深度应均匀，表面应光滑，棱角应整齐。

检验方法：观察；尺量检查。

（e）有排水要求的部位应做滴水线（槽）。滴水线（槽）应整齐顺直，滴水线应内高外低，滴水槽宽度和深度均不应小于10mm。

检验方法：观察；尺量检查。

（2）一般抹灰工程质量的允许偏差和检验方法应符合表3-6规定。

一般抹灰的允许偏差和检验方法　　　　表3-6

项次	项目	允许偏差		检验方法
		普通抹灰	高级抹灰	
1	立面垂直度	4	3	用2m垂直检测尺检查
2	表面平整度	4	3	用2m靠尺和塞尺检查
3	阴阳角方正	4	3	用直角检测尺检查
4	分格条(缝)直线度	4	3	用5m线，不足5m拉通线，用钢直尺检查
5	墙裙、勒脚上口直线度	4	3	拉5m线，不足5m拉通线，用钢直尺检查

注：1. 普通抹灰，本表第3项阴角方正可不检查；
　　2. 顶棚抹灰，本表第2项表面平整度可不检查，但应平顺。

（3）成品保护

抹灰前必须将门、窗口与墙间的缝隙按工艺要求将其嵌塞密实，对木制门、窗口应采用铁皮、木板或木架进行保护，对塑钢或金属门、窗口应采用贴膜保护。抹灰完成后应对墙面及门、窗口加以清洁保护，门、窗口原有保护层如有损坏的应及时修补确保完整直至竣工交验。在施工过程中，搬运材料、机具以及使用小手推车时，要特别小心，防止碰撞、磕划墙面、门、窗口等。后期施工操作人员严禁蹬踩门、窗口、窗台，以防损坏棱角。抹灰时墙上的预埋件、线槽、盒、通风箅子、预留孔洞应采取保护措施，防止施工时灰浆漏入或堵塞。拆除脚手架、跳板、高马凳时要加倍小心，轻拿轻放，集中堆放整齐，以免撞坏门、窗口、墙面或棱角等。当抹灰层未充分凝结硬化前，防止快干、水冲、撞击、振动和挤压，以保证灰层不受损伤和有足够的强度。施工时不得在楼地面上和休息平台上拌合灰浆，对休息平台、地面和楼梯踏步要采取保护措施，以免搬运材料或运输过程中造成损坏。

（4）安全措施

室内抹灰采用高凳上铺脚手板时，宽度不得少于两块（50cm）脚手板，间距不得大于2m，移动高凳时上面不得站人，作业人员最多不得超过2人。脚手板不得搭设在门窗、暖气片、洗脸池等承重的物器上。高度超过2m时，应由架子工搭设脚手架。室内施工使用手推车时，拐弯时不得过猛。

作业过程中遇有脚手架与建筑物之间拉接，严禁随意拆除。必要时由架子工负责采取加固措施后，方可拆除。采用井子架、龙门架、外用电梯垂直运输材料时，卸料平台通道的两侧边安全防护必须齐全、牢固，吊盘（笼）内小推车必须加挡车掩，不得向井内探头张望。夜间或阴暗作业，应用36V以下安全电压照明。

2.2 特种抹灰

2.2.1 内墙抹防水砂浆

防水砂浆，是在普通水泥砂浆中掺入一定量的防水剂来提高砂浆的抗渗能力，起到防水的作用的砂浆。一般适用于工业与民用建筑墙体防潮层和厕浴间内墙防水工程。

（1）材料要求

配制防水砂浆常采用强度等级为32.5或42.5的普通硅酸水泥或矿渣硅酸盐水泥，要求无受潮结块现象。采用中砂或粗砂，洁净，无杂质，含泥量不大于3%，使用前过5mm孔筛。

防水剂一般有金属盐类防水剂、金属皂类防水剂和硅酸钠防水剂等，其产品性能应符合国家、行业现行有关规范的规定，其品种与性能应按设计要求选用。

（2）施工操作工艺

1）基层处理

清理基层，凡基层凸起处应用钢錾子剔平，凹处洒水后用1：3水泥砂浆分层抹压平整。拉通线，用防水砂浆冲水平筋或垂直筋。厕浴间所有管道的预埋钢件，应固定牢固，穿墙管道应采用防水砂浆封堵严密，防止防水层施工后打凿。

2）防水砂浆配制

采用氧化铁防水砂浆时，根据设计配合比，配制防水砂浆。设计无规定时，可参考表3-7比例配制。

氧化铁防水砂浆配合比（重量比）　　　　　表3-7

用途	水泥	中砂	水	氧化铁防水剂
底层	1	0.52	0.45	0.03
面层	1	2.5	0.50～0.55	0.03

3）抹压防水砂浆

（a）首先在基层上刷防水净浆一遍，随即抹两层垫层防水砂浆，每层厚5～6mm，第二层应待第一层阴干后进行，总厚度12mm。第一层应用力压实，凝固前用木抹子搓成麻面。

（b）垫层抹完12h后，再刷防水净浆一遍，随刷随抹第一遍面层防水砂浆，阴干后，再抹第二遍面层防水砂浆,总厚度12~13mm。面层防水砂浆在凝固前应反复抹压密实,收光。

4) 防水砂浆多层抹法

当采用"四层"或"五层"做法时,每抹一层必须涂刷防水净浆1~2mm,然后分层抹压,每层厚度5~6mm,每层凝固后再铺抹。最后一层防水砂浆应在水泥初凝之前反复抹压密实,表面收光。

防水砂浆层抹压终凝后,应挂草帘,专人浇水养护14d。冬期防水砂浆施工,应采取保暖措施,使室内温度在5℃以上,湿度60%~80%。

2.2.2 内墙抹膨胀蛭石保温砂浆

膨胀蛭石保温砂浆是以膨胀蛭石为骨料,水泥、石灰膏和塑化剂等材料按一定比例拌制而成。它能起到耐火、防腐、防阴冷、防潮、冷凝水等作用。具有保温、隔热、吸声,且无毒、无异味、不燃烧、重量轻等特点。适用于有保温要求的房间和地下室及湿度较大的车间等内墙面保温工程。

(1) 材料要求

拌制砂浆的膨胀蛭石粒径应在10mm以下,粒径5mm的约占75%,小于2mm约占15%,体积密度为80~200kg/m³,导热系数为0.047~0.07W/(m·K)。水泥的各项技术性质应符合国家规范规定。一般采用强度等级为42.5级的普通硅酸盐水泥或矿渣硅酸盐水泥。石灰应采用经过充分熟化的熟石灰,一般熟化时间需15~30d。塑化剂掺量按产品说明书使用,必要时经过试验后再采用。用白纸筋或草纸筋,用前浸泡捣烂,并应洁净。罩面纸筋应用机碾磨细。

(2) 施工操作工艺

1) 基层处理

加气混凝土块表面湿润,然后边刷界面处理剂边薄甩一层水泥混合砂浆(强度不大于M5);混凝土表面洒水后涂刷1:1水泥砂浆(加适量胶粘剂)。

2) 膨胀蛭石砂浆配制

膨胀蛭石砂浆的配合比,应按设计要求配制。当设计无规定时,可参考表3-8的比例配制。配制时,搅拌应均匀,色泽一致;控制加水量,使灰浆有良好的稠度。

膨胀蛭石体温砂浆参考配合比(体积比) 表3-8

层次	水泥	石灰膏	膨胀蛭石	纸筋	塑化剂
底层	1		4~8		按产品说明书或经过试验后使用
中层	1	1	5~8		
面层		1	2.5~4	0.1	

3) 抹砂浆

膨胀蛭石砂浆分三层抹压。底层和中层分别抹厚12~15mm,面层宜为2~3mm。底层抹完,应待其凝固(一般须经1昼夜)再抹中层,以避免砂浆过厚产生裂缝。抹灰时用力要适当。用力过大,水泥被挤出,影响砂浆与基体的粘结强度。用力过小,灰浆不密实强度差。膨胀蛭石砂浆配好后,应在2h内用完。边拌边抹,使砂浆保持一定的稠度。

2.2.3 内墙抹膨胀珍珠岩保温砂浆

膨胀珍珠岩保温砂浆是以膨胀珍珠岩为骨料,由水泥、石灰膏、泡沫剂、108胶等按一定的比例拌合而成。膨胀珍珠岩是一种由酸性火山玻璃质熔岩（即珍珠岩矿石）经过破碎、预热、焙烧制成，具有多孔结构的粒状松散材料。由于堆积密度小，导热系数低，保温隔热性能好，又有无毒、无异味、不燃烧等特点，故广泛用于房屋墙面作保温层。

膨胀珍珠岩保温砂浆适用于工业与民用建筑的屋面、烟囱、地下室、影剧院及有隔热、隔声、保温要求的房间和部位的施工。

(1) 材料要求

膨胀珍珠岩应按设计的性能要求采购。一般Ⅰ类产品小于 $80kg/m^3$；Ⅱ类产品 $80\sim150kg/m^3$；Ⅲ类产品 $150\sim250kg/m^3$。含水率应小于 2%。保温隔热温度为 $200\sim800℃$。水泥要求使用强度等级为 42.5 的普通硅酸盐水泥或矿渣硅酸盐水泥，质量应符合国家相关规范规定，不得有受潮湿结块现象。采用白纸筋或草纸筋时，用前用水浸透、捣烂、并洁净。罩石纸筋用机碾磨细。稻草、麦秸应坚韧、干燥、不含杂质，长度一般为 $10\sim30mm$，使用前用石灰浆浸泡。

(2) 施工操作工艺

1) 基层处理

将基层（基体）墙面上的水泥砂浆或残渣清除干净。如混凝土表面有油污用 5%～10%火碱水溶液洗刷，再用清水冲洗干净。

2) 膨胀珍珠岩砂浆配制

膨胀珍珠岩砂浆应按设计规定的材料比例配制。当设计无规定时，可参考表 3-9 配合比配制。砂浆搅拌时，先干拌均匀，然后加水拌合。加水量要控制，避免膨胀珍珠岩上浮，产生离析现象。稠度宜控制在 10cm 左右，不宜太稀。一般以手握成团不散，只能挤出少量浆液为宜。

膨胀珍珠岩保温砂浆参考配合比（体积比）　　　表 3-9

项目名称	石灰膏	膨胀珍珠岩	108 胶	纸筋	泡沫剂
纸筋灰罩面底层灰	1	4～5	—	—	按产品说明书
纸筋灰罩面中层灰	1	4	—	—	
罩面灰	1	0.1	0.03	0.1	

注：加水量按砂浆稠度控制。

3) 分层抹砂浆

抹膨胀珍珠岩前基层应适当洒水湿润，但不宜过湿。底层抹灰厚度 15～20mm，为避免干缩裂缝，抹完隔 24h 后再抹中层，中层厚度 5～8mm，中层抹灰收水稍干时，用木抹子搓平。待砂浆六～七成干时，再罩面层灰。面层用纸筋灰厚度 2mm，用钢抹子随抹随压，直至表面平整光滑为止。抹灰总厚度约 22～30mm。操作中不宜用力过大，否则会增加导热系数。膨胀珍珠岩砂浆应随用随拌，2h 用完。

2.2.4　内墙抹钡砂砂浆

钡砂砂浆又名重晶石砂浆，它是由天然硫酸钡（$BaSO_4$）与水泥、砂子按一定比例拌合而成。它是一种放射性的防护材料，用这种砂浆抹成面层，对 x、y 射线有阻隔作用，具有良好的防辐射功能。钡砂砂浆适用于医院 X 射线探测室和治疗室以及同位素试验室等墙面工程。

(1) 材料要求

钡砂（重晶石）粒径为0.6～1.2mm，应洁净无杂质。钡粉（重晶石粉）的细度应全部通过0.3mm的筛网孔。

(2) 施工操作工艺

1）基层处理

将混凝土表面的灰砂、尘土清理干净。按设计规定的钡砂砂浆抹层厚度用钡砂砂浆冲筋。施工前一天湿水，刷素水泥浆一遍，用1:3的水泥砂浆打底，其厚度约5～7mm，用木杠刮平，木抹子搓平，搓毛。待打底砂浆达到一定强度后抹钡砂砂浆。

2）钡砂砂浆配制

钡砂砂浆的配合比，应按设计规定，当设计无要求时，其施工配合比可参考表3-10配制。

钡砂砂浆参考配合比（重量比） 表3-10

名　　称	水	水泥	中砂	钡砂	钡砂粉
每m³用量(kg)	252.5	526	526	947	210.4
配 合 比	0.48	1	1	1.8	0.4
附　　注	1. 水采用50℃的水 2. 拌合时，首先钡砂与水泥拌合，加砂与钡砂粉在加50℃水拌合 3. 应由专人负责计量 4. 净拌时间不少于120s				

3）抹压、养护

砂浆上墙前，基层刷素水泥浆一遍。按设计规定的抹灰层总厚度，分层抹压。每层厚度不超过3～4mm，抹平后，应每隔1/2h压一遍，抹压7～8遍成活，表面应划毛。抹压时应一层竖抹，一层横抹，每层连续施工，不得中断，不留施工缝，如有缺陷当即铲除重抹。对内墙阴阳角要抹成圆弧形。每天抹灰层，昼夜喷五次水，关闭门窗，使室内保持足够的湿度。间隔24h时抹一层，最后面层压光。第二天用喷雾器喷水养护14d以上。

2.2.5　内墙抹耐酸砂浆

耐酸砂浆品种很多，常用的是水玻璃耐酸砂浆。它是以水玻璃为胶结料，氟硅酸钠为固化剂，加一定级配的耐酸粉料和耐酸细砂配制而成。它耐硫酸（>90%）、亚硫酸、盐酸、硝酸（>30%）、磷酸、铬酸、硼酸、草酸、硫酸钠、硫酸铵，但不耐氢氟酸、氟硅酸、氢氧化钠。其优点是强度高、粘结力强，耐酸性能好，毒性小、材源广、成本低，但不耐碱，抗渗、耐水性能较差。水玻璃耐酸砂浆可涂抹整体面层和铺砌块材。

水玻璃耐酸砂浆适用于工业与民用建筑有耐酸要求的内墙抹耐酸砂浆饰面工程。

(1) 材料要求

水玻璃为青灰或黄灰粘稠溶液，模数为2.6～2.8，密度为1.38～1.45，不得混入杂质。应有产品合格证和性能检测报告。氟硅酸钠为白色、线灰或黄色粉末，纯度不小于95%，细度要求全部通过1600孔/cm²筛。含水率小于1%。注意防潮。氟硅酸钠有毒，应作出标记，安全存放。耐酸粉料采用辉绿岩粉或石英粉，耐酸率不得小于94%，含水率不大于0.5%，过4900孔/cm²筛，筛余10%～30%，洁净，无杂质。细集料采用石英质砂，耐酸率不小于94%，含水率不大于1%，不含杂质。

(2) 施工操作工艺

1）基层处理

混凝土基层表面的凹凸不平，局部麻面，蜂窝等缺陷，应剔凿清理干净，然后凹处洒水用1∶2水泥砂浆分层找平。做隔离层时，待修复水泥砂浆的含水率应小于6％，按设计要求进行处理（或刷冷底子油）。在隔离层上涂刷两遍稀水玻璃胶泥，其质量比为：水玻璃∶氟硅酸钠∶69号耐酸灰＝1.0∶0.13～0.20∶0.9～1.1，每遍间隔6～12h。

2）水玻璃胶泥、砂浆配制

水玻璃砂浆的施工配合比可参考表3-11。按配合比将粉料或细滑料与氟硅酸钠加入搅拌机内干拌均匀，然后加水玻璃湿拌3min，如用人工拌制，先将粉料和氟硅酸钠混合过筛两遍（注意密闭），再加入细集料在钢板上干拌三次，然后加入水玻璃湿拌不少于三次，直至均匀。

水玻璃胶泥、砂浆参考配合比（重量比）　　　　表3-11

名 称	配 合 比				
	水玻璃	氟硅酸钠	辉绿岩粉（或石英粉）	69号耐酸灰	细集料
水玻璃胶泥	1.0	0.15～0.18	2.55～2.7	—	—
	1.0	0.15～0.18	2.2～2.4	—	—
	1.0	0.15～0.18	—	2.4～2.6	—
水玻璃砂浆	1.0	0.15～0.17	2.0～2.2	—	2.5～2.7
	1.0	0.15～0.17	2.0～2.2	—	2.5～2.6
	1.0	0.15～0.17	—	2.0～2.2	2.5～2.6

3）水玻璃砂浆涂抹

水玻璃砂浆抹面应分层进行。每层涂抹厚度平面不大于5mm，立面2～3mm，层间应涂水玻璃稀胶泥作结合层，并间隔24h以上。涂抹总厚度一般为15～30mm。涂抹应在初凝前按同一个方向连续抹平压实，不可反复抹压。如有间歇，接缝前应刷稀水玻璃胶泥一遍。稍干后再涂料。每涂料一层应等终凝后方可涂抹下一层。面层砂浆涂抹表面收水后，用钢抹子将面层抹平、压光。在涂抹过程中如发现缺陷，应及时铲除重新涂抹。每次拌料不宜太多，从加入水玻璃时算起，30min内用完。

课题3　外墙装饰抹灰构造与施工工艺

3.1　水　刷　石

水刷石饰面是石粒类材料饰面的传统做法，一般的制作工艺为：在墙面固定好分格引条线，然后将配制的石碴浆抹在中底层上，待石碴浆半凝固后，用喷枪、水壶喷水或者用硬毛刷蘸水，刷去表面的水泥浆，使石子半露。

水刷石饰面通过采取适当的艺术处理，如分格分色、线条凹凸等，可以达到自然、明快和庄重的艺术效果。该做法主要适用于外墙饰面和外墙腰线、窗套、阳台、雨篷、勒脚及花台等部位。

3.1.1　施工前准备

（1）构造

水刷石的一般构造做法为：采用1∶3水泥砂浆打底刮毛，厚度为15mm，在其底灰

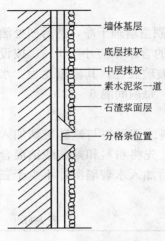

图3-16 水刷石构造图

上先薄刮一层1～2mm厚素水泥浆,然后抹水泥石渣浆,水泥石渣配合比按石子粒径大小而有所不同。采用8mm的大八厘骨料时,水泥:石子为1:1;采用6mm的中八厘骨料时,比例为1:1.5。抹灰层厚度通常取石渣粒径的2.5倍,依次为20、15、10mm。为了强调色彩层次和丰富质感,可以在骨料中掺入10%的黑石子。

构造如图3-16所示。

(2) 材料配置及选用

水刷石装饰抹灰需要用到的材料有水泥、砂、石渣、石灰膏及生石灰粉、胶粘剂等。

在选用水泥时,宜选用普通硅酸盐水泥或硅酸盐水泥、矿渣硅酸盐水泥。水泥强度等级32.5以上,颜色一致,应采用同批产品。彩色抹灰宜采用白水泥,颜料应用耐碱性和耐光性好的矿物质颜料,并应符合设计要求。

砂宜用中砂,粒径为0.35～0.5mm,含泥量不大于3%,使用前应过5mm孔径的筛子。

石渣颗粒应坚实、整齐、均匀、颜色一致,不得含有黏土及其他有机物等有害物质。一般使用中八厘和小八厘。如果采用小豆石做水刷石装饰抹灰材料时,粒径以5～8mm为宜,含泥量不大于1%。使用前石渣或豆石应用水洗净,按规格、颜色不同分堆晾干、堆放。要求同品种石渣颜色一致,宜一次到货。石渣的规格、级配应符合设计和规范的要求。选用天然彩色石渣时,要求颜色耐久性好,否则会很快褪色,装饰效果不佳。

石灰膏应使用过3mm筛子淋成的熟石灰膏,用时石灰膏内不应含有未熟化的颗粒及其他杂质。生石灰粉使用前一周用水将其焖透使其充分熟化,使用时不得含有未熟化的颗粒。

胶粘剂应符合国家现行规范的有关规定,常用的胶粘剂有108胶、丙烯酸酯共聚乳液,掺量应通过试验确定。

(3) 主要机具、工具

1) 小型机具:砂浆搅拌机,水压泵、喷雾器。

2) 手工工具:木抹子、铁抹子、托灰板、灰勺、灰槽、铁板、大杠、小杠、靠尺、方尺、水平尺、钢卷尺、线坠、划线笔、钢板抹子、小压子、铁溜子、托线板、粉线袋、水壶、大(小)水桶、软(硬)毛刷子、筷子笔、铁锹、筛子、分格条等。抹灰工一般常用工具,如小车、灰勺、小灰桶、小线、钉子、胶鞋等。

3.1.2 施工工艺

水刷石施工工艺流程为:基层处理→吊垂直、套方、找规矩、抹灰饼、冲筋→抹底层、中层砂浆→弹线分格、粘分格条、滴水条→抹面层石渣浆→修整、铁抹子压光、压实→用水壶自上而下冲洗→起分格条、滴水条→水泥浆勾缝。

(1) 施工要点

1) 基层处理

(a) 混凝土外墙基层:混凝土外墙基层处理方法有三种,具体操作方法见表3-12。

混凝土外墙基层处理方法 表 3-12

序号	处 理 工 艺
方法一	将混凝土表面凿毛，剔净板面酥皮，用钢丝刷将粉尘刷掉，清水冲洗干净，浇水湿润
方法二	用10%火碱水刷净混凝土表面的油污及污垢，再用清水冲洗并经晾干后，喷或甩1∶1水泥细砂浆（掺入用水量20%的胶粘剂）一道。终凝后浇水养护，直到浆与混凝土板粘牢（用手掰砂浆不脱落）
方法三	采用混凝土界面处理剂处理基层，在清洗干净的混凝土基体上，涂刷"处理剂"一道，紧跟着抹水泥砂浆，要求抹灰时处理剂不能干；在刷处理剂后撒一层粒径为2～3mm的砂子，以增加混凝土表面的糙度，待其干硬后再进行打底层抹灰

(b) 砖墙基层：抹灰前将基层上的尘土、污垢清扫干净，堵脚手眼，浇水湿润。

(c) 混凝土加气砌块基层：加气混凝土墙体抹灰前，对松动、灰浆不饱满的拼缝，用掺用水量10%的108胶灰浆填塞密实。将露出墙面的灰浆刮净，墙面的凸出部位剔凿平整。墙面坑凹不平或砌块缺棱掉角的应用胶灰整修密实、平顺。

抹底层灰前，应对基层进行浇水湿润。

2）吊垂直、套方、找规矩、抹灰饼、冲筋

对于多层建筑物，可用特大线坠从顶层往下吊垂直，绷铁丝后，按铁丝的垂直要求在墙的大角、门窗洞两侧等分层找规矩。

对于高层建筑，竖向垂直线可用经纬仪在大角、门口等垂直方向放出，并按线分层抹灰饼、找规矩；横向水平线通过楼层标高或+500mm线为水平基准线交圈控制。做灰饼时注意横竖交圈，横竖方向达到平整一致。每层抹灰时则以灰饼做基准冲筋，使其保证横平竖直。

3）抹底层砂浆

底层砂浆的材料、配比应根据基层材料合理选用、配制。

对于混凝土墙基层按以上所抹的灰饼标高冲筋，先刷掺用水量10%的胶粘剂水泥浆，随即紧跟着分层分遍抹底浆，常温下打底配合比可选用1∶0.5∶3的水泥石灰混合砂浆，厚约5～7mm，打底灰时及时用大杠横竖刮平，并用木抹子搓毛。终凝后浇水养护。中层抹灰可采用1∶3水泥砂浆，厚约5～7mm。

对于砖墙基层，底层和中层抹灰均可采用1∶3水泥砂浆，厚均约5～7mm。抹灰时以冲筋为准控制抹灰的厚度，应分层分遍抹制，直至与标筋表面平。第一遍砂浆应挤入灰缝中使其粘结牢固，底层灰表面找平搓毛，终凝后浇水养护。

对于加气混凝土墙。先刷掺108胶水溶液一道。底层灰采用约7～9mm厚2∶1∶8水泥石灰混合砂浆；中层抹5～7mm厚1∶3水泥砂浆。

4）弹线分格、粘分格条、滴水条

按图纸尺寸分格弹线，粘条。分格条宜采用优质木条制作，粘前应用水充分浸透，粘时在分格条两侧用素水泥浆抹成45°人字坡形，如果隔日再抹灰，则应抹成60°人字坡形，如图3-17所示。分格条应粘在所弹立线的同一侧，防止左右乱粘，出现分格不均匀，分格条要横平竖直交圈。滴水条应按

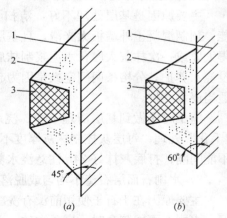

图 3-17 粘分格条
(a) 当日抹灰的分格条；(b) "隔夜条"做60°角
1—基层；2—水泥浆；3—分格条

规范和图纸要求部位粘贴，并应顺直。粘好分格条后，待底灰七八成干时可抹面层灰。

5) 抹水泥石渣浆面层

抹面层石渣前，应用钢抹子满刮水灰比为 0.37～0.40（内掺适量的胶粘剂）的聚合物水泥浆一道。

面层水泥石渣浆的厚度，通常是根据所用石粒的粒径确定，一般为石粒粒径的 2.5 倍，大、中、小八厘石渣浆厚度分别为 20、15、10mm 厚。水泥石粒浆（或水泥石灰膏石粒浆）的稠度应为 5～7cm，要用钢抹子一次抹平，随抹随揉平、压紧，但也不宜把石粒压得过于紧固。每一个分格内均应从下边抹起，每抹完一格即用直尺检查其平整度，凹凸处及时修理并将露出平面的石粒轻轻拍平。

6) 修整、喷刷

罩面水泥石渣（粒）浆层稍干无水光时，先用钢抹子抹理一遍，将小孔洞压实、挤严。然后用软毛刷蘸水刷去表面灰浆，并用抹子轻轻拍平石粒，再刷一遍再次拍压，如此将水刷石面层分遍拍平压实，使石粒较为紧密且均匀分布。

当罩面层凝结（表面略有发黑，手感稍有柔软但不显指痕），用刷子刷扫石粒不掉时，即可开始喷水冲刷。喷刷分两遍进行，第一遍先用软毛刷蘸水刷掉面层水泥浆露出石粒；第二遍随即用喷浆机或喷雾器将四周相邻部位喷湿，然后由上往下顺序喷水。喷射要均匀，喷头距墙面 100～200mm，将面层表面及石粒间的水泥浆冲出，使石粒露出表面 1/3～1/2 粒径，达到清晰可见。冲刷时要做好排水工作，使水不会直接顺墙面流下。冲水是确保水刷石饰面质量的重要环节之一，如冲洗不净会使水刷石表面色泽晦暗或明暗不一。

喷刷完成后即可取出分格条，刷光理净分格缝，并用水泥浆勾缝。待面层达到一定强度后，即喷水养护，防止脱水收缩造成开裂空鼓弊病。

若设计要求使用白水泥石渣浆做水刷石装饰抹灰时，最后的喷水冲刷可先用草酸稀释液冲洗一遍，再用清水冲净，使墙面效果更为洁净美观。

(2) 常见的质量通病、原因及防治措施

1) 面层粘结不牢、空鼓

主要原因是基层处理不好，清扫不干净，浇水不匀，影响底层砂浆与基层的粘结性能；预制混凝土外墙板太光滑，且基层没"毛化"处理，板面酥皮未剔凿干净；每层灰跟得太紧或一次抹灰太厚；水泥浆刮抹后，没有紧跟抹水泥石子浆，影响粘结效果；打底后没浇水养护；分格条两侧空鼓是因为起条时将灰层拉裂；夏季施工，砂浆失水太快，没有适当浇水养护。

施工时应做到基层清理干净、浇水；对预制混凝土外墙板一定要清除酥皮，并进行"毛化"处理；每层灰控制抹灰厚度不能过厚；水泥浆结合层刮抹后应及时抹水泥石子浆，不能间隔；打底灰抹好 24h 注意浇水养护。

2) 水刷石面层石渣不均匀或脱落，面层浑浊不清

主要原因在于石子使用前没有洗净过筛；分格条粘贴操作不当；底子灰干湿度掌握不好，水刷石面层胶合时，底子太软；水泥石子浆干得快，抹子没压均匀或没压好；冲洗太早；冲洗过迟，面层已干，遇水后石粒易崩落，而且洗不干净，面层浑浊不清晰。

采取的预防措施为所有原材料必须符合质量要求。分格条必须使用优质木材，粘贴前

应在水中浸透，粘贴时两边应以45°抹素水泥浆，保证抹灰和起条方便。抹水泥石子浆时应掌握好底子灰的干湿程度，防止有假凝现象，造成不易压实抹平，在水泥石子浆稍收水后，要多次刷压拍平，使石子在灰浆中转动，达到大面朝下，排列紧密均匀。

3）墙面颜色不一致

主要原因为所用石子种类不一，石子质量较差；颜料质量差，未拌合均匀；水泥或石渣颜色不一致或配合比不准，级配不一致；底子灰干湿不均匀；大风天气施工；冬期施工时，因掺入盐类而出现盐析，影响墙面颜色均匀；原材料一次备料不够。

施工时要求同一墙面所用石子颗粒应坚硬均匀，色泽一致，不含杂质；应选用耐碱、耐光矿物颜料，并与水泥拌合均匀；要求刷石配合比有专人掌握，所用水泥、石渣应一次备齐。抹水泥石子浆前，干燥底子灰上要浇水湿润，并刷水泥浆一道。忌大风天气施工，以免造成大面积污染和出现花斑。冬期施工尽量避免掺氯化钠和氯化钙。

4）坠裂、裂缝

原因是面层厚度不一，冲刷时厚薄交接处由于自重不同坠裂，干后裂缝加大；压活遍数不够，灰层不密实也易形成抹纹或龟裂；石渣内有未熟化的颗粒，遇水后体积膨胀将面层爆裂。

要求打底灰一定要平整，面层施工一定要按工艺标准边刷水边压，直至表面压实、压光为止。

5）阴角刷石、墙面刷石污染、混浊，不清晰，烂根

阴角刷石分两次做两个面，后刷的一面就污染前面已刷好的一面。整个墙面多块分格，后做的一块，刷洗时污染已经做好的一块；刷石与散水及与腰线等接触的平面部分没有清理干净，表面有杂物，待将杂物清净后形成烂根；由于在下边施工困难，压活遍数不够，灰层不密实，冲洗后形成掉渣或局部石渣不密实。

将阴角的两个面找好规矩，一次做成，同时喷刷。对大面积墙面刷石，为防止污染，在冲刷后做的刷石前，先将已做好的刷石用净水冲洗干净并湿润后，再冲刷新做的刷石，新活完成后，再用净水冲洗已做好的刷石，防止因冲洗不净造成污染，混浊。刷石与散水和腰线接触部位的清理；刷石根部的施工要仔细和认真。

6）刷石留槎混乱，整体效果差

刷石槎子应留在分格条中，或水落管后边，或独立装饰部分的边缘处，不得留在块中。

3.1.3 质量验收与成品保护

(1) 质量验收

按照《建筑装饰装修工程质量验收规范》GB 50210—2001要求，对水刷石抹灰验收时按下列项目进行检验，并做好相应的记录。

1）主控项目

(a) 抹灰前基层表面的尘土、污垢、油渍等应清除干净，并应洒水润湿。

检验方法：检查施工记录。

(b) 装饰抹灰工程所用材料的品种和性能应符合设计要求。水泥的凝结时间和安定性复验应合格。砂浆的配合比应符合设计要求。

检验方法：检查产品合格证书、进场验收记录、复验报告和施工记录。

(c) 抹灰工程应分层进行。当抹灰总厚度大于或等于 35mm 时，应采取加强措施。不同材料基体交接处表面的抹灰，应采取防止开裂的加强措施，当采用加强网时，加强网与各基体的搭接宽度不应小于 100mm。

检验方法：检查隐蔽工程验收记录和施工记录。

(d) 各抹灰层之间及抹灰层与基体之间必须粘接牢固，抹灰层应无脱层、空鼓和裂缝。

检验方法：观察；用小锤轻击检查；检查施工记录。

2) 一般项目

(a) 水刷石表面应石粒清晰、分布均匀、紧密平整、色泽一致，应无掉粒和接槎痕迹。

(b) 装饰抹灰分格条（缝）的设置应符合设计要求，宽度和深度应均匀，表面应平整光滑，棱角应整齐。

检验方法：观察。

(c) 有排水要求的部位应做滴水线（槽）。滴水线（槽）应顺直，滴水线应内高外低，滴水槽的宽度和深度均不应小于 10mm 应采取加强措施。不同材料基体交接处表面的抹灰，应采取防止开裂的加强措施，当采用加强网时，加强网与各基体的搭接宽度不应小于 100mm。

检验方法：观察；尺量检查。

3) 水刷石装饰抹灰允许偏差和检验方法见表 3-13

水刷石装饰抹灰允许偏差和检验方法 表 3-13

项次	项 目	允许偏差(mm)	检 验 方 法
1	立面垂直度	5	用 2m 垂直检测尺检查
2	表面平整度	3	用 2m 靠尺和塞尺检查
3	阳角方正	3	用直角检测尺检查
4	分格条（缝）直线度	3	拉 5m 线，不足 5m 拉通线，用钢直尺检查
5	墙裙勒脚上口直线度	3	拉 5m 线，不足 5m 拉通线，用钢直尺检查

(2) 成品保护

应及时清理干净粘在门窗框及砖墙上的砂浆。为防污染，铝合金门窗应及时粘好保护膜。喷刷时，已完的墙面应用塑料薄膜覆盖好，以防污染。尤其是大风天更要细心保护和覆盖。对已做好的刷石窗台及凸线等，应加以保护，严禁蹬踩损坏。建筑物进出口的水刷石抹好交活后，应及时钉木条保护口角，防止砸坏棱角。拆架子及进行室内外清理时，不要损坏和污染门窗玻璃及水刷石墙面。抹灰层凝结前，应防止快干、水冲、撞击、振动和挤压，以保证灰层有足够的强度，不出现空鼓开裂现象。

(3) 安全措施

操作前，按有关操作规程检查脚手架是否架设牢固，经检查合格后方能进入岗位操作。室内抹灰采用高凳上铺脚手板时，宽度不得少于两块脚手板（宽 500mm），间距不得大于 2m，移动高凳时上面不得站人，作业人员最多不得超过两人。高度超过 2m 时，应由架子工搭设脚手架。在多层脚手架上，尽量避免在同一垂直线上工作，如需立体交叉同时作业时，应有防护措施。

进入现场必须戴安全帽,高空作业必须系安全带,二层以上外脚手处必须设置安全网,禁止穿硬底鞋、拖鞋上脚手架。不得从高处往下乱扔东西,脚手架上不得集中堆放材料,操作用工具应搁置稳当,以防坠下伤人。

操作人员必须遵守操作规程,听从安全员指挥,消除隐患,防止事故发生。

3.2 干 粘 石

干粘石是将彩色石粒直接粘在砂浆层上的一种装饰抹灰做法。干粘石通过采用彩色和黑白石粒掺合作骨料,使抹灰饰面具有天然石料质地朴实、凝重或色彩优雅的特点。干粘石的石粒,也可用彩色瓷粒及石屑所取代,使装饰抹灰饰面更趋丰富。

3.2.1 施工前准备

(1) 识图与构造

干粘石饰面的构造做法是1:3水泥砂浆打底,厚度为12mm,并扫毛或划出纹道;中层用1:3水泥砂浆,厚度为6mm;面层为粘结砂浆。其常用配合比为:水泥:砂:108胶=1:1.5:0.15 或水泥:石灰膏:砂子:108胶=1:1:2:0.15。冬期施工时,应采用前一配合比,为了提高其抗冻性和防止析白,还应加入占水泥量2%的氯化钙和0.3%的木质素磺酸钙,如图3-18所示。

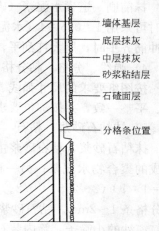

图3-18 干粘石饰面构造示意图

(2) 材料配置及选用

水泥宜用普通硅酸盐水泥、矿渣硅酸盐水泥或白水泥,强度等级32.5以上,宜采用同一批产品、同炉号的水泥。有产品出厂合格证并经过复检合格。

砂子应使用洁净的、质地坚硬的中砂,含泥量不大于3%,使用前应过5mm孔径的筛子或根据需要过纱绷筛,筛好备用。

石渣颗粒应坚硬,不含黏土、软片、碱质及其他有机物等有害物质。其规格的选配和颜色应符合设计要求,中八厘粒径为6mm,小八厘粒径为4mm,过筛后用清水洗净晾干,按颜色分类堆放。

石灰膏使用前一个月将生石灰焖透,过3mm孔径的筛子,冲淋成石灰膏,用时石灰膏内不得含有未熟化的颗粒和杂质。如果使用磨细生石灰粉,则应提前一周用水将其焖透,不应含有未熟化颗粒。

胶粘剂、混凝土界面剂应符合国家规范《民用建筑工程室内环境污染控制规范》GB 50325—2001 规定,掺量应通过试验确定。颜料应用耐碱性和耐光性好的矿物质颜料,并应符合设计要求。

(3) 主要施工机具、工具

1) 小型机具:砂浆搅拌机或小型鼓筒式混凝土搅拌机。

2) 手工抹灰工具:木抹子、钢抹子、托灰板、灰勺、灰槽、钢板、大杠、小杠、靠尺、方尺、水平尺、钢卷尺、线坠、划线笔、钢板抹子、小压子、钢溜子、托线板、粉线袋、水壶、大(小)水桶、软(硬)毛刷子、筷子笔、钢锹、筛子、分格条、小车、小灰桶、小线、钉子、接石渣的筛、拍板等。

3.2.2 施工工艺

一般施工工艺流程为：基层处理→吊垂直、套方、找规矩→抹灰饼、冲筋→打底→弹线分格、粘分格条→抹粘结层砂浆→粘石→拍平、修整→起条、勾缝→养护。

（1）施工过程

1）基层处理

基层处理方法同水刷石。

2）吊垂直、套方、找规矩

多层建筑，用大线坠从顶层开始吊垂直，绷钢丝找规矩，然后分层抹灰饼。高层建筑物，用经纬仪在大角及门窗口两边打直线找垂直。横线以楼层标高为水平基准交圈控制，每层打底时则以此灰饼做基准冲筋，使其打底灰做到横平竖直。

3）抹底层、中层砂浆

抹前刷一道素水泥浆（内掺用水量10％的胶粘剂），紧跟着分层分遍抹底层砂浆，常温时可采用1：0.5：4（水泥：石灰膏：砂），冬期施工时应用1：3水泥砂浆打底，抹至与冲筋齐平时，用大杠刮平，木抹子搓毛，终凝后浇水养护。

4）弹线、分格、粘分格条、滴水线

按图纸要求的尺寸弹线、分格，并按要求宽度设置分格条，分格条表面应做到横平竖直、平整一致，并按部位要求粘设滴水槽，其宽、深应符合设计要求。

5）抹粘石砂浆、粘石

抹粘石砂浆，粘石砂浆主要有两种，一种是素水泥浆内掺水泥重20％的胶粘剂配制而成的聚合物水泥浆；另一种是聚合物水泥砂浆，其配合比为水泥：石灰膏：砂：胶粘剂＝1：1：(2～2.5)：0.2。其抹灰层厚度，根据石渣的粒径选择，一般抹粘石砂浆应低于分格条1～2mm。粘石砂浆表面应抹平，然后粘石，采用甩石子粘石，其方法是一手拿底钉窗纱的小筛子，筛内装石渣，另一手拿小木拍，铲上石渣后在小木拍上晃一下，使石渣均匀地撒布在小木拍上，再往粘石砂浆上甩，要求一拍接一拍地甩，要将石渣甩严、甩匀，甩时应用小筛子接着掉下来的石渣，粘石后及时用干净的抹子轻轻地将石渣压入灰层之中，要求将石渣粒径的2/3压入灰中，外露1/3，并以不露浆且粘结牢固为原则。待其水分稍蒸发后，用抹子垂直方向从下往上溜一遍，以消除拍石时的抹痕。

对大面积粘石墙面，可采用机械喷石法施工，喷石后应及时用橡胶滚子滚压，将石渣压入灰层2/3，使其粘结牢固。

粘石时应先粘小面后粘大面，大面、小面交角处抹粘石子浆时应采用八字靠尺，起尺后及时用筛底小米粒石修补黑边，使其石粒粘结密实。

6）修整、处理黑边

粘完石粒后应及时检查有无没粘上或石粒粘的不密实的地方，如发现后用水刷蘸水甩在其上，并及时补粘石粒，使其石渣粘结密实、均匀，发现灰层有坠裂现象，也应在灰层终凝以前甩水将裂缝压实。如阳角出现黑边，应待起尺后及时补粘米粒石并拍实。

7）起条、勾缝

粘完石后应及时用抹子将石渣压入灰层2/3，并用钢抹子轻轻地往上溜一遍以减少抹痕。随后即可起出分格条、滴水槽，起条后应用抹子将起条后的灰层轻轻地按一下，防止在起条时将粘石灰的底灰拉开，干后形成空鼓。起条后可以用素水泥浆将缝内勾平、匀严。也可待灰层全部干燥后再勾缝。

8) 浇水养护

常温施工粘石 24h 后，应用喷壶浇水养护。

(2) 质量通病与防治措施

1) 粘石面层不平，颜色不均

粘石灰抹的不平，粘石时用力不均，拍按粘石时抹灰厚的地方按后易出浆，抹灰薄灰层处出现坑，粘石后按不到，石渣浮在表面颜色较重，而出浆处反白，造成粘石面层有花感，颜色不一致。

2) 阳角及分格条两侧出现黑边

分格条两侧灰干得快，粘不上石渣；抹阳角时没采用八字靠尺，起尺后又不及时修补。分格条处应先粘而后再粘大面，阳角粘石应采用八字靠尺，起尺后及时用米粒石修补和处理黑边。

3) 石渣浮动，手触即掉

灰层干得太快，粘石后已拍不动，或拍的劲不够；粘石前底灰上应浇水湿润，粘石后要轻拍，将石渣拍入灰层 2/3。

4) 坠裂

底灰浇水饱和，粘石灰太稀，灰层抹的过厚，粘石时由于石渣的甩打将灰层砸裂下滑产生坠裂。故浇水要适度，且要保证粘石灰的稠度。

5) 空鼓开裂

有两种，一种是底灰与基层之间的空裂；另一种是面层粘石层与底灰之间的空裂。底灰与基体的空裂原因是基体清理不净；浇水不透；灰层过厚，抹灰时没分层施抹。底灰与粘石层空裂主要是由于坠裂引起为多。为防止空裂发生，一是注意清理，二是注意浇水适度，三要注意灰层厚度及砂浆的稠度。加强施工过程的检查把关。

6) 分格条、滴水槽内不光滑、不清晰

主要是起条后没进行勾缝，应按施工要求认真勾缝。

3.2.3 施工验收与成品保护

(1) 质量验收

按照《建筑装饰装修工程质量验收规范》GB 50210—2001 要求，对水刷石抹灰验收时按下列项目进行检验，并做好相应的记录。

1) 主控项目

(a) 抹灰前基层表面的尘土、污垢、油渍等应清除干净，并应洒水润湿。

检验方法：检查施工记录。

(b) 装饰抹灰工程所用材料的品种和性能应符合设计要求。水泥的凝结时间和安定性复验应合格。砂浆的配合比应符合设计要求。

检验方法：检查产品合格证书、进场验收记录、复验报告和施工记录。

(c) 抹灰工程应分层进行。当抹灰总厚度大于或等于 35mm 时，应采取加强措施。不同材料基体交接处表面的抹灰，应采取防止开裂的加强措施，当采用加强网时，加强网与各基体的搭接宽度不应小于 100mm。

检验方法：检查隐蔽工程验收记录和施工记录。
(d) 各抹灰层之间及抹灰层与基体之间必须粘接牢固，抹灰层应无脱层、空鼓和裂缝。
检验方法：观察；用小锤轻击检查；检查施工记录。

2) 一般项目

(a) 干粘石表面应色泽一致、不露浆、不漏粘，石粒应粘结牢固、分布均匀，阳角处应无明显黑边。

(b) 装饰抹灰分格条（缝）的设置应符合设计要求，宽度和深度应均匀，表面应平整光滑，棱角应整齐。
检验方法：观察。

(c) 有排水要求的部位应做滴水线（槽）。滴水线（槽）应顺直，滴水线应内高外低，滴水槽的宽度和深度均不应小于10mm应采取加强措施。不同材料基体交接处表面的抹灰，应采取防止开裂的加强措施，当采用加强网时，加强网与各基体的搭接宽度不应小于100mm。
检验方法：观察；尺量检查。

3) 干粘石装饰抹灰允许偏差和检验方法，见表3-14。

干粘石装饰抹灰允许偏差和检验方法　　　　表 3-14

项次	项　目	允许偏差(mm)	检 验 方 法
1	立面垂直度	5	用2m垂直检测尺检查
2	表面平整度	5	用2m靠尺和塞尺检查
3	阳角方正	4	用直角检测尺检查
4	分格条（缝）直线度	3	拉5m线，不足5m拉通线，用钢直尺检查
5	墙裙勒脚上口直线度	—	拉5m线，不足5m拉通线，用钢直尺检查

(2) 成品保护
成品保护同水刷石，详见本章3.1.3。

(3) 安全措施
安全措施同水刷石，详见本章3.1.3。

3.3 斩 假 石

斩假石饰面，又称剁斧石，在我国有着悠久的历史，它是在凝结硬化并具有一定强度的水泥石渣浆面层上，用斧子及各种凿子等工具，在面层上剁斩出类似石材经雕琢的纹理效果的一种人造石料装饰方法。这种饰面一般其质感分主纹剁斧、棱点剁斧和花锤剁斧三种，如图3-19所示，可根据设计选用。

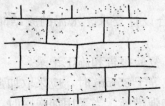 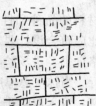 

图 3-19　斩假石的几种不同效果

斩假石饰表面石纹逼真、规整，形态丰富，给人一种类似天然岩石的美感效果。但因手工操作工效低、劳动强度大、造价高，故一般用于公共建筑重点装饰部位。

3.3.1 施工前准备

（1）构造

斩假石饰面的构造做法为：先用15mm厚1∶3水泥砂浆打底，然后刷一遍素水泥浆（内掺水重3%~5%的108胶），随即抹10mm厚配合比为1∶1.25的水泥石渣浆。石渣用粒径2mm的白色米粒石，内掺30%粒径在0.3mm左右的白云石屑。为了达到不同的装饰效果，可以在配合比中加入各种配色骨料及颜料。为便于操作和达到模仿不同天然石材的装饰效果，一般在阴阳角及分格缝周边留15~20mm边框线不剁。边框线处也可以和天然石材处理方式一样，改为横方向剁纹。构造示意如图3-20所示。

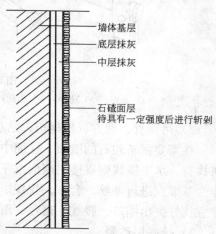

图3-20 斩假石饰面构造示意

（2）材料配置及选用

水泥强度等级32.5以上，宜选用普通硅酸盐水泥或矿渣硅酸盐水泥。颜色应一致，采用同批产品。

选用洁净的砂子，使用前应过5mm孔径的筛子，除去杂质和泥块。砂子粒径为0.35~0.5mm，含泥量不大于3%。

石渣宜采用粒径小八厘4mm，颗粒坚实、整齐、均匀、颜色一致，不得含有黏土及其他有机物等有害物质，使用前应用水冲净晾干。

石灰膏使用前一个月将生石灰过3mm筛子淋成石灰膏，石灰膏内不应含有未熟化的颗粒及其他杂质。使用磨细的石灰粉时，提前一周用水将其焖透使其充分熟化，使用时不得含有未熟化的颗粒。

胶粘剂、混凝土界面剂应符合国家规范GB 50325—2001规定，掺量应通过试验确定。应用耐碱性和耐光性好的矿物质颜料，并应符合设计要求。

（3）主要机具、工具

1）小型机具：砂浆搅拌机或小型鼓筒式搅拌机。

2）手工抹灰工具：木抹子、钢抹子、托灰板、灰勺、灰槽、钢板、大杠、小杠、靠尺、方尺、水平尺、钢卷尺、线坠、划线笔、钢板抹子、小压子、钢溜子、托线板、粉线袋、水壶、大（小）水桶、软（硬）毛刷子、筷子笔、钢锹、筛子、分格条等。抹灰工一般常用工具如小车、灰勺、小灰桶、小线、钉子、胶鞋等。

3）斩假石专用工具：单刃斧、多刃斧、棱占锤、线条模板、扁凿等如图3-21所示。

3.3.2 施工工艺

一般施工工艺流程为：基层处理→吊垂直、套方、找规矩、做灰饼、冲筋→抹底层砂浆→弹线、粘分格条→抹面层石渣→浇水养护→弹线分条块→剁石。

（1）施工过程

1）基层处理

基层处理方法同水刷石。

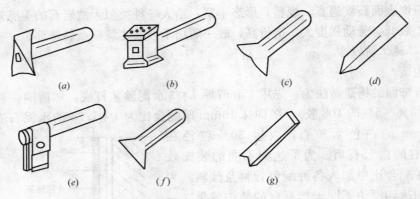

图 3-21 斩假石专用工具
(a) 剁斧；(b) 花锤；(c) 齿凿；(d) 尖锥；(e) 单刃或多刃；(f) 扁凿；(g) 弧口凿

2) 吊垂直、套方、找规矩、贴灰饼

在需要做斩假石的墙面、柱面中心线和四周大角及门窗口角，用线坠吊垂直线，贴灰饼找直。水平横线则以楼层墙面水平+500mm基准线交圈控制。每层打底时则以此灰饼作为基准点进行冲筋、套方、找规矩、贴灰饼，以便控制底层灰，做到横平竖直。同时要注意找好突出檐口、腰线、窗台、雨篷及台阶等饰面的流水坡度。

3) 抹底层砂浆

结构面提前浇水湿润，先刷一道掺用水量10%的胶粘剂的水泥素浆，紧跟着按事先冲好的筋分层分遍抹1:3水泥砂浆，第一遍厚度宜为5mm，抹后用笤帚扫毛；待第一遍六至七成干时，即可抹第二遍，厚度约6~8mm，并与筋抹平，用抹子压实，刮杠找平、搓毛，墙面阴阳角要垂直方正。终凝后浇水养护。

4) 弹线分格、粘分格条

按图纸尺寸分格弹线、粘条，分格条宜采用红松制作，粘前应用水充分浸透，粘时在分格条两侧用素水泥浆抹成45°人字坡形，分格条应粘在所弹立线的同一侧，防止左右乱粘，出现分格不均匀，分格条要横平竖直交圈。粘好分格条后，待底灰七八成干时可抹面层灰。

5) 抹面层石渣

根据设计图纸的要求在底子灰上弹好分格线，当设计无要求时，也要适当分格。先抹一层水溶性胶粘性素水泥浆随即抹面层，面层用1:1.25（体积比）水泥石渣浆，厚度为10mm左右。然后用铁抹子横竖反复压几遍直至赶平压实，边角无空隙。随即用软毛刷蘸水把表面水泥浆刷掉，使露出的石渣均匀一致。

6) 浇水养护

面层抹完后约隔24h浇水养护，养护不好，会直接影响工程质量。斩假石面层养护，要防止夏日暴晒、冬日冰冻，最好冬期不施工。

7) 剁石

常温下经3d左右或面层达到设计强度60%~70%时即可进行斩剁，大面积施工应先试剁，以石子不脱落为宜。斩剁深度一般以石渣剁掉1/3比较适宜，这样可使剁出的假石成品美观大方。

斩剁前应先弹顺线,并离开剁线适当距离按线操作,以避免剁纹跑斜。斩剁应自上而下进行,首先将四周边缘和棱角部位仔细剁好,再剁中间大面。斩剁时宜先轻剁一遍,再盖着前一遍的剁纹剁出深痕,操作时用力应均匀,移动速度应一致,不得出现漏剁。若有分格,每剁一行应随时将上面和竖向分格条取出,并及时将分块内的缝隙、小孔用水泥浆修补平整。用细斧剁一般墙面时,各格块体中间部分应剁成垂直纹,纹路相应平行,上下各行之间均匀一致。

柱子、墙角边棱斩剁时,应先横剁出边缘横斩纹或留出窄小边条(边宽3～4cm)不剁。剁边缘时应使用锐利的小剁斧轻剁,以防止掉边掉角,影响质量。用细斧斩剁墙面饰花时,斧纹应随剁花走势而变化,严禁出现横平竖直的剁斧纹,花饰周围的平面上应剁成垂直纹,边缘应剁成横平竖直的围边。

斩剁完成后面层要用硬毛刷顺剁纹刷净灰尘,分格缝按设计要求做规整。

(2) 施工质量通病及防治措施

1) 空鼓裂缝

引起空鼓裂缝的主要原因有基层表面未清理干净,底灰与基层粘结不牢;底层表面未划毛,造成底层与面层粘结不牢,甚至斩剁时饰面脱落;施工时浇水过多,或不足或不匀,产生干缩不均或脱水快,干缩而空鼓。

施工前应注意清理干净基层,对较光滑的基层表面应采用聚合水泥稀浆(水泥︰砂︰108胶=1︰1︰0.05～0.15)刷涂1遍,厚约1mm,用扫帚划毛,使表面麻糙,晾干后抹底灰,并将表面划毛;浇水湿润时,应根据基层墙面干湿度,掌握好浇水量和均匀度,加强基层粘结力。

2) 剁纹不匀

斩假石剁纹不匀主要是斩剁前,饰面未弹顺线,斩剁无顺序,剁纹不规矩;操作时技术不熟练,用力不一致和斧刃不快等造成。

面层抹完经过养护后,先在墙面相距10cm左右弹顺线,然后沿线斩剁,才能避免剁纹跑斜,斩剁顺序应符合操作要求。

3) 剁石面有坑

大面积剁前未试剁,面层强度低所致。

冬期施工,室内砖墙抹石灰砂浆应采取保温措施,拌合砂浆所用的材料不得受冻。涂抹时,砂浆的温度不宜低于5℃。

3.3.3 质量验收与成品保护

(1) 质量验收

按照《建筑装饰装修工程质量验收规范》GB 50210—2001要求,对斩假石抹灰验收时按下列项目进行检验,并做好相应的记录。

1) 主控项目

(a) 抹灰前基层表面的尘土、污垢、油渍等应清除干净,并应洒水润湿。

检验方法:检查施工记录。

(b) 装饰抹灰工程所用材料的品种和性能应符合设计要求。水泥的凝结时间和安定性复验应合格。砂浆的配合比应符合设计要求。

检验方法:检查产品合格证书、进场验收记录、复验报告和施工记录。

(c) 抹灰工程应分层进行。当抹灰总厚度大于或等于35mm时，应采取加强措施。不同材料基体交接处表面的抹灰，应采取防止开裂的加强措施，当采用加强网时，加强网与各基体的搭接宽度不应小于100mm。

检验方法：检查隐蔽工程验收记录和施工记录。

(d) 各抹灰层之间及抹灰层与基体之间必须粘结牢固，抹灰层应无脱层、空鼓和裂缝。

检验方法：观察；用小锤轻击检查；检查施工记录。

2) 一般项目

(a) 斩假石表面剁纹应均匀顺直、深浅一致，应无漏剁处；阳角处应横剁并留出宽窄一致的不剁边条，棱角应无损坏。

(b) 装饰抹灰分格条（缝）的设置应符合设计要求，宽度和深度应均匀，表面应平整光滑，棱角应整齐。

检验方法：观察。

(c) 有排水要求的部位应做滴水线（槽）。滴水线（槽）应顺直，滴水线应内高外低，滴水槽的宽度和深度均不应小于10mm应采取加强措施。不同材料基体交接处表面的抹灰，应采取防止开裂的加强措施，当采用加强网时，加强网与各基体的搭接宽度不应小于100mm。

检验方法：观察；尺量检查。

3) 斩假石装饰抹灰允许偏差和检验方法，见表3-15。

外墙面斩假石抹灰的允许偏差和检验方法　　　　　　表3-15

项次	项目	允许偏差(mm)	检验方法
1	立面垂直度	4	用2m垂直检测尺检查
2	表面平整度	3	用2m靠尺和塞尺检查
3	阳角方正	3	用直角检测尺检查
4	分格条(缝)直线度	3	拉5m线，不足5m拉通线，用钢直尺检查
5	墙裙勒脚上口直线度	3	拉5m线，不足5m拉通线，用钢直尺检查

(2) 成品保护、安全措施

成品保护及安全措施同水刷石。

3.4 实训课题——某二层办公楼外墙面干粘石

3.4.1 识图

本工程为某二层办公楼，立面施工图如图3-22所示，根据所学的建筑识图知识，我们可以知道，该办公楼外装修采用的是两种不同颜色的石渣浆饰面。图上已经标明了分格的位置，施工时，应按图进行。

3.4.2 确定施工方案

根据图纸，我们采用干粘石施工工艺，工艺流程如下所示：

基层处理→吊垂直、套方、找规矩→抹灰饼、冲筋→打底→弹线分格、粘分格条→抹

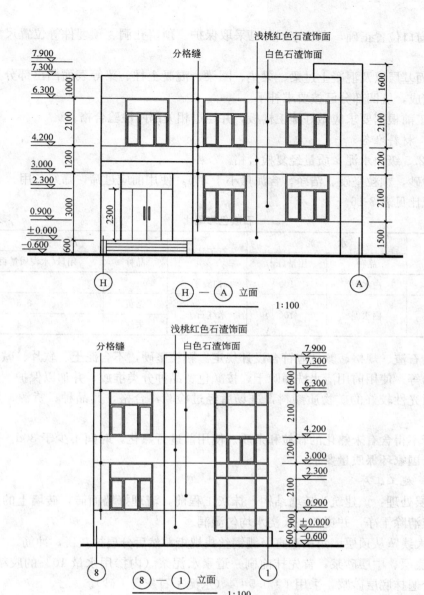

图 3-22 某二层办公楼立面图

粘结层砂浆→粘石→拍平、修整→起条、勾缝→养护。

施工顺序由上往下进行。

3.4.3 作业条件

1）主体结构必须经过相关单位（建设单位、施工单位、监理单位、设计单位）检验合格，并已验收。

2）抹灰工程的施工图、设计说明及其他设计文件已完成。施工作业指导书（技术交底）已完成。

3）施工所使用的架子已搭好，并已经过安全部门验收合格。架子距墙面应保持20~25cm，操作面脚手板宜满铺，距墙空档处应放接落石子的小筛子。

4) 门窗口位置正确，安装牢固并已采取保护。预留孔洞、预埋件等位置尺寸符合设计要求。

5) 墙面基层以及混凝土过梁、梁垫、圈梁、混凝土柱、梁等表面凸出部分剔平，表面已处理完成，坑凹部分已按要求补平。

6) 施工前根据要求应做好施工样板，并经过相关部门检验合格。

3.4.4 材料准备

选用 32.5 级白水泥，质量经复检合格。

选用中砂，颗粒坚硬、洁净。含泥量小于 3%，使用前应过筛，筛好备用。

石渣配比见表 3-16。

石渣色彩配比   表 3-16

色彩区	水泥		石子品种	颜料	
	品种	用量(kg)		品种	用量(水泥质量百分比)
白色区	白水泥	100	白石子	—	
浅桃红色区	白水泥	100	米红石子	铬黄	0.5
				朱红	0.4

选用的石渣、规格、颜色应符合设计规定。颗粒坚硬，不含泥土、软片、碱质及其他有害有机物等。使用前用清水洗净晾干，按颜色、品种分类堆放，并加以保护。颜料采用耐碱性和耐光性较好的矿物质颜料，进场后经过检验，合格，其品种、货源、数量一次进够。

石灰膏不得含有未熟化的颗粒和杂质。使用前进行熟化，时间不少于 30d。使用胶粘剂必须符合国家环保质量要求。

3.4.5 施工工序

1) 基层处理：该建筑为砖墙结构，抹灰工程前，清理好墙面砖，砖墙上的尘土、污垢、灰尘应清除干净，并提前一天浇水均匀湿润。

2) 用大线坠从顶层墙角吊垂直、绷钢丝找规矩，然后分层抹灰饼，冲筋。

3) 抹底层、中层砂浆，首先抹前刷一道素水泥浆（内掺用水量 10% 的胶粘剂），紧跟着分层分遍抹底层砂浆，采用 1:0.5:4（水泥:石灰膏:砂）。

4) 按图纸要求的尺寸（图示标高 0.9、3.0、4.2、6.3m 处）弹线、分格，并按要求宽度设置分格条，分格条表面应做到横平竖直、平整一致，并按部位要求粘设滴水槽，其宽、深应符合设计要求。

5) 采用聚合物水泥砂浆作为粘结层。配合比为水泥:石灰膏:砂:胶粘剂=1:1:(2~2.5):0.2。其抹灰层厚度，根据石渣的粒径选择，一般抹粘石砂浆应低于分格条 1~2mm。将石渣粒径的 2/3 压入灰中，外露 1/3，并以不露浆且粘结牢固为原则。待其水分稍蒸发后，用抹子沿垂直方向从下往上溜一遍，以消除拍石时的抹痕。

6) 粘完石后应及时检查有无没粘上或石粒粘的不密实的地方，如发现后用水刷蘸水甩在其上，并及时补粘石粒，使其石渣粘结密实、均匀，发现灰层有坠裂现象，也应在灰层终凝以前甩水将裂缝压实。如阳角出现黑边，应待起尺后及时补粘米粒石并拍实。

装饰抹灰工程检验批质量验收记录
GB 50210－2001

表 3-17

编号：030202□□□

工程名称					分项工程名称			项目经理		
施工单位					验收部位					
施工执行标准名称及编号								专业工长（施工员）		
分包单位					分包项目经理			施工班组长		

		质量验收规范的规定			施工单位自检记录	监理（建设）单位验收记录
主控项目	1	基层处理		4.3.2		
	2	材料要求		4.3.3		
	3	加强措施		4.3.4		
	4	面层粘结要求		4.3.5		
一般项目	1	表面质量	水刷石	4.3.6(1)		
			斩假石	4.3.6(2)		
			干粘石	4.3.6(3)		
			假面砖	4.3.6(4)		
	2	分格条(缝)设置		4.3.7		
	3	滴水线(槽)设置		4.3.8		
	4	允许偏差(mm)	立面垂直度	水刷石	5	
				斩假石	4	
				干粘石	5	
				假面砖	5	
			表面平整度	水刷石	3	
				斩假石	3	
				干粘石	5	
				假面砖	4	
			阳角方正	水刷石	3	
				斩假石	3	
				干粘石	4	
				假面砖	4	
			分格条(缝)直线度	水刷石	3	
				斩假石	3	
				干粘石	3	
				假面砖	3	
			墙裙、勒脚上口直线度	水刷石	3	
				斩假石	3	
				干粘石	—	
				假面砖	—	

施工操作依据	
质量检查记录	

施工单位检查结果评定	项目专业质量检查员：	项目专业技术负责人： 年　月　日
监理（建设）单位验收结论	专业监理工程师：	（建设单位项目专业技术负责人） 年　月　日

7）粘完石后应及时用抹子将石渣压入灰层 2/3，并用钢抹子轻轻地往上溜一遍以减少抹痕。随后即可起出分格条、滴水槽，起条后应用抹子将起条后的灰层轻轻地按一下，防止在起条时将粘石灰的底灰拉开，干后形成空鼓。起条后可以用素水泥浆将缝内勾平、勾严。也可待灰层全部干燥后再勾缝。

8）浇水养护

3.4.6 质量检验

按《建筑装饰装修工程质量验收规范》GB 50210—2001 要求检验质量，并填写质量验收记录表，见表 3-17。

3.4.7 成品保护

（1）门窗框及架子上的砂浆应及时清理干净，散落在架子上的石渣应及时回收。铝合金门窗应保护好，其上的保护膜完好无损。

（2）翻板子，拆架子不要碰撞干粘石墙面，粘石后棱角处应加以保护，防止碰撞。

（3）做刷石前应保护好粘石墙面，防止刷石的水泥浆污染粘石面。

课题 4　清水砌体施工工艺

清水砌体是指砖墙或石材表面不做覆盖性的装饰，仅仅在砖缝或石缝中简单处理，既美化了墙体，又提高了墙体的保温，防渗透作用。这种墙体的砌筑一般以满顺满丁为主，但最主要的工艺是勾缝。常用于园林工程。

4.1　清水砌体勾缝构造

清水砌体勾缝一般分为斜缝（风雨缝）、平缝、凹缝和凸缝等形式，如图 3-23 所示。普通砖块砌筑体的墙面多采用凹缝（勾缝凹进墙面 3～5mm）。应先将砌筑体表面砌筑缝的水平和垂直度弹线找规矩，达到横平竖直；必要时按勾缝宽度尺寸要求进行开缝（针对个别部位的砌筑瞎缝）或补缝（游丁偏大的砌筑缝隙），使之宽窄一致；对于砌筑时砂浆过满的灰缝则应予以划缝（刮缝），使之凹进墙面 10～12mm 方可进行勾缝。对于砌筑砂浆不饱满而留有较深空隙的部位，可用 1∶3 水泥砂浆填充并留出 10～12mm 深度的外部表层缝隙，然后再进入勾缝操作工序。

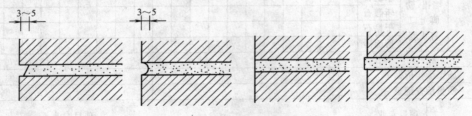

图 3-23　清水砌体勾缝种类

（1）凹入式勾缝

这种勾缝方式经济美观、使用比较广泛。通常是在普通砌筑体表面的凹缝勾缝砂浆，一般采用 1∶1～1∶1.5 水泥细砂浆（细砂粒径一般不大于 0.3mm），稠度为 3～5cm，以使用勾缝溜子挑起后不散落为宜。勾缝前必须将灰缝空隙清理洁净，适量洒水湿润。勾缝时，托灰板不得污染墙面，应将其前端抵在灰口下沿，用勾缝溜子挑起灰浆向缝内喂灰填嵌，整体墙面从上至下、自右向左进行，先勾水平缝，后勾立缝，勾好的水平缝与立缝要深浅一致，交错对口。墙面阳角部位的水平缝转角要方正；阴角立缝要勾成弓形缝左右分明。勾缝后待灰浆初凝即扫除勾缝外溢砂浆残留，24h后根据天气情况适当洒水养护。勾好的灰缝不应有疏松、搭槎、毛糙和挂鳞（舌头灰）等弊病，不可出现漏勾。勾缝应做到深浅一致，密实牢固，勾勒光滑，搭接平顺。

(2) 平齐式勾缝

这种勾缝方式，比较简单，也省工省料，但不是很美观。勾平缝时，要根据砌体材质确定是否预先洒水湿润（普通砖石砌体必须洒水润墙）。用勾缝工具在托灰板上刮取砂浆顺势塞入缝中，勾平缝所用砂浆可采用1∶1～1∶3水泥砂浆，砂粒粒径亦可适当加大。勾缝操作时要顺砌筑缝进行，塞严压实，灰缝面与墙面取平，表面抹光。勾抹完成一段后砂浆初凝，即用小抹子将缝边毛槎修理整齐，完工后清扫墙面并注意养护。

(3) 凸出式勾缝

凸缝形式多用于毛石砌体（或其他碎拼饰面）的勾缝处理，具有特殊美观效果，并可使灰缝严密、坚实。勾缝前先将砌筑缝刮深15～20mm，清理后洒水湿润，先用砂浆填塞严实，大致与墙面齐平，待砂浆7～8成干燥再抹一层砂浆，用小抿子压实压光，做成宽窄一致的凸缝。

石材砌体表面做勾缝工程能体现出石材墙体的独特的粗犷美，其勾缝的形式与普通砖砌体相同，如图3-24所示。

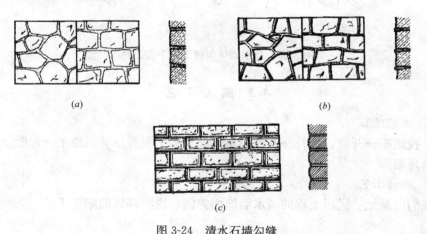

图 3-24 清水石墙勾缝

(a) 平缝（适于毛石）；(b) 凸缝（适于毛石、粗料石）；(c) 凹缝（适于细料石、中细料石）

4.2 施工准备

4.2.1 材料要求

宜采用32.5级普通水泥或矿渣水泥，应选择同一品种、同一强度等级、同一厂家生产的水泥。水泥进厂需对产品名称、代号、净含量、强度等级、生产许可证编号、生产地址、出厂编号、执行标准、日期等进行外观检查，同时验收合格证。采用细砂，使用前应过筛。使用磨细生石灰粉不含杂质和颗粒，使用前7d用水将其闷透。使用石灰膏时不得含有未熟化的颗粒和杂质，熟化时间不少于30d。采用的颜料应是矿物质颜料，使用时按设计要求和工程用量，与水泥一次性拌均匀，计量配比准确，应做好样板（块），过筛装袋，保存时避免潮湿。

4.2.2 施工机具

(1) 主要机具

砂浆搅拌机、手推车。

(2) 操作工具

铁锹、铁皮刨、灰槽、锤子、铁钩、抿子、鸭嘴、托灰板、小铁桶、筛子、粉线袋、施工小线、长溜子、短溜子、喷壶、笤帚、毛刷等，常见的工具如图3-25所示。

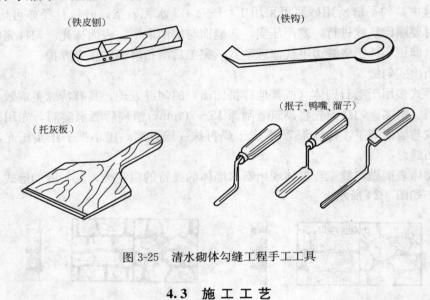

图3-25 清水砌体勾缝工程手工工具

4.3 施工工艺

4.3.1 工艺流程

放线、找规矩→开缝、修补→塞堵门窗口缝及脚手眼等→墙面浇水→勾缝→扫缝→找补漏缝→清理墙面

4.3.2 操作工艺

下面我们以某地一民居工程的清水墙饰面为例，说明具体的施工工艺，立面装饰如图3-26所示。

(1) 放线、找规矩

顺墙立缝自上而下吊垂直，并用粉线将垂直线弹在墙上，作为垂直的规矩。水平缝以同层砖的上下棱为基准拉线，作为水平缝控制的规矩。

(2) 开缝、修补

根据所弹控制基准线，凡在线外的棱角，均用开缝凿剔掉（俗称开缝），剔掉后偏差较大，应用水泥砂浆顺线补齐，然后用原砖研粉与胶粘剂拌合成浆，刷在补好的灰层上，应使颜色与原砖墙一致。

(3) 塞堵门窗口缝及脚手眼等

勾缝前，将门窗台残缺的砖补砌好，然后用1∶3水泥砂浆将门窗框四周与墙之间的缝

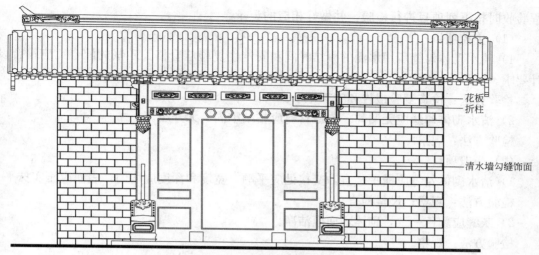

图 3-26 某民居工程外墙装饰立面

隙堵严塞实、抹平，应深浅一致。门窗框缝隙添塞材料应符合设计及规范要求。堵脚手眼时需先将眼内残留砂浆及灰尘等清理干净，后洒水润湿，用同墙颜色一致的原砖补砌堵严。

(4) 墙面浇水

首先将污染墙面的灰浆及污物清刷干净，然后浇水冲洗湿润。

(5) 勾缝

勾缝砂浆配制应符合设计及相关要求，并且不宜拌制太稀。勾缝顺序应由上而下，先勾水平缝，然后勾立缝。勾平缝时应使用长溜子，操作时左手托灰板，右手执溜子，将托灰板顶在要勾的缝的下口，用右手将灰浆推入缝内，自右向左喂灰，随勾随移动托灰板，勾完一段，用溜子在缝内左右推拉移动，勾缝溜子要保持立面垂直，将缝内砂浆赶平压实、压光，深浅一致。勾立缝时用短溜子，左手将托灰板端平，右手拿小溜子将灰板上的砂浆用力压下（压在砂浆前沿），然后左手将托灰板扬起，右手将小溜子向前上方用力推起（动作要迅速），将砂浆叼起勾入主缝，这样可避免污染墙面。然后使溜子在缝中上下推动，将砂浆压实在缝中。勾缝深度应符合设计要求，无设计要求时，一般可控制在 4~5mm 为宜。

(6) 扫缝

每一操作段勾缝完成后，用扫帚顺缝清扫，先扫平缝，后扫立缝，并不断抖弹笤帚上的砂浆，减少墙面污染。

(7) 找补漏缝

扫缝完成后，要认真检查一遍有无漏勾的墙缝，尤其检查易忽略，挡视线和不易操作的地方，发现漏勾的缝及时补勾。

(8) 清扫墙面

勾缝工作全部完成后，应将墙面全面清扫，对施工中污染墙面的残留灰痕应用力扫净，如难以扫掉时用毛刷蘸水轻刷，然后仔细将灰痕擦洗掉，便墙面干净整洁。

4.4 质量验收与安全措施

4.4.1 质量标准

按照《建筑装饰装修工程质量验收规范》GB 50210—2001 要求，对清水砌体勾缝工程验收时按下列项目进行检验，并做好相应的记录。

(1) 主控项目

1) 清水砌体勾缝所用水泥的凝结时间和安定性复验应合格。砂浆的配合比应符合设计要求。

检验方法：检查复验报告和施工记录。

2) 清水砌体勾缝应无漏勾。勾缝材料应粘结牢固、无开裂。

检验方法：观察。

(2) 一般项目

1) 清水砌体勾缝应横平竖直，交接处应平顺，宽度和深度应均匀，表面应压实抹平。

检验方法：观察；尺量检查。

2) 灰缝应颜色一致，砌体表面应洁净。

检验方法：观察。

4.4.2 安全措施

进入施工现场，必须戴安全帽，禁止穿硬底鞋、拖鞋及易滑的钉鞋。施工现场的脚手架、防护设施、安全标志和警告牌等，不可擅自拆动，确需拆动应经施工负责人同意由专人拆动。

思考题与习题

1. 一般抹灰各层的作用是什么？各层厚度一般为多少？
2. 为什么石灰膏要充分熟化后再能使用？使用熟化不完全的石灰膏对工程有什么危害？
3. 水刷石和干粘石有什么不同？
4. 线条抹灰常用的木模有哪几种？该如何选用？
5. 内墙抹灰的工艺流程如何？
6. 绘制斩假石的构造示意图，并叙述施工操作要点。
7. 干粘石的面层操作工艺是怎样的？
8. 方柱和圆柱的抹灰如何操作？
9. 墙面抹灰的护角有何要求？其操作步骤如何？
10. 干粘石空鼓开裂应如何防治？
11. 清水砌体的缝有哪几种？

单元4 墙面饰面板（砖）工程

知 识 点：墙面各类装饰面板（砖）的结构构造、饰面材料的性质与技术标准、施工工艺与方法、质量缺陷分析与防治、质量验收标准与检验方法、成品与半成品保护方法。

教学目标：通过本单元的学习，能够熟练地掌握墙面各类饰面板（砖）工程的构造；识读各类节点详图，进行施工翻样；能熟练地选择施工机具、装饰材料；掌握施工工艺流程及要点，能对分项工程组织施工、进行施工质量控制，能对装饰工程质量缺陷进行分析处理，能进行工程施工质量验收。

建筑物主体结构完成后，利用具有装饰、耐久、适合墙体饰面要求的某些天然或人造饰面板（砖）材料进行内外墙饰面装饰，能很好地保护结构、美化环境，改善使用功能，因而墙面饰面工程是建筑的一项重要内容。

常用的墙面饰面板（砖）材料有天然石材、人造石材、陶瓷、玻璃、木材、塑料、金属等。按施工方法不同可分为饰面板安装、饰面砖镶贴等。本单元分别介绍墙面饰面板安装和饰面砖粘贴分项工程有关的构造、材料和施工工艺标准。

课题1 墙面饰面砖饰面构造与施工

1.1 内墙饰面砖构造与施工工艺

1.1.1 基本知识及施工准备

（1）基本知识

贴面类饰面具有坚固耐用、色泽稳定、易清洗、耐腐蚀、防水、装饰效果丰富的特点，多用于室内、外墙体，是目前高级建筑装饰中墙面装饰经常用到的饰面。但这些饰面的铺贴技术要求比较高，有的品种块材色差和尺寸误差大，质量较低的釉面砖还存在釉层容易脱落等缺点。

（2）施工图设计文件

内墙面砖工程应有详细的施工图设计文件，其内容包括：

1) 饰面砖的品种、规格、颜色和性能。
2) 饰面砖的找平、防水、粘结和勾缝材料及施工方法。
3) 阴阳角处搭接方式、非整砖使用部位。
4) 饰面砖接缝宽度和深度的要求等。

（3）材料及材料性质

内墙面砖主要用于建筑室内墙面，它是用颜色洁白的瓷土或耐火黏土经焙烧而成的薄板状精陶制品。其正面有上釉和不上釉的，都统称为瓷砖或瓷片。上釉的称为釉面砖，不

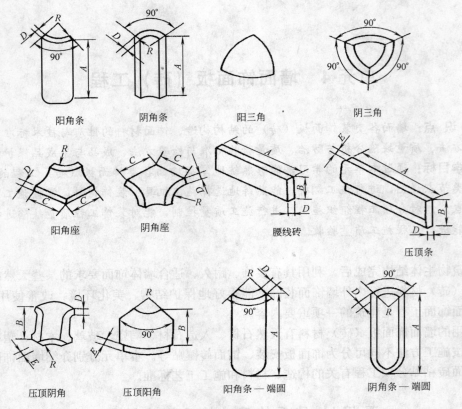

图 4-1 釉面陶瓷质砖的异形配件砖

上釉的则称无釉面砖。无釉砖一般少用,釉面砖还可制成印花、图案砖,用于室内墙面的装饰,具有极佳的装饰效果。瓷砖背面有浅凹槽,便于粘贴。其吸水率较大,不适于室外。内墙面砖外形除有正方形、矩形外,还有各种配件异形体砖,如图 4-1 所示。

1) 内墙面砖

(a) 釉面砖种类

釉面砖的种类及特点见表 4-1。

釉面砖的种类及特点　　　　表 4-1

种　类		代　号	特　点
白色釉面砖		F,J	色纯白、釉面光亮、贴于墙面清洁大方
彩色釉面砖	有光彩釉砖	YG	釉面光亮晶莹、色彩丰富雅致
	平光彩釉砖	SHG	釉面半无光、不晃眼、色泽一致柔和
装饰釉面砖	花釉砖	HY	在同一砖上,施以多种彩釉,经高温烧成,色釉互相渗透,花纹多样
	结晶釉砖	JJ	晶花映辉、纹理多姿、色泽多变
	斑纹釉砖	BWLSH	斑纹釉面、丰富多彩、质感丰富
	理石釉砖	LSH	具有天然大理石之花纹图案效果
图案砖		BT,YGT,DYGT,SHGT	在釉面砖上,装饰各种图案,经高温烧成,纹样清晰。具有浮雕缎毛、绒毛、彩染等效果

(b) 釉面砖的质量要求

釉面砖的质量要求见表 4-2。

釉面砖质量要求　　　　　　　　表 4-2

项目			指标		
			优等品	一等品	合格品
尺寸允许偏差(mm)	长度或宽度	≤152	±0.5		
		>152	±0.8		
		≤250	±1.0		
	厚度	≤5	+0.4，-0.3		
		>5	厚度的±8%		
开裂、夹层、釉裂			不允许		
背面磕碰			深度为砖厚的1/2	不影响使用	
剥边、落脏、釉泡、斑点、坯粉、釉缕、桔釉、波纹、缺釉、棕眼、裂纹、图案缺陷、正面磕碰			距离砖面 1m 处目测无可见缺陷	距离砖面 2m 处目测缺陷不明显	距离砖面 3m 处目测缺陷不明显
色差			基本一致	不明显	不严重
吸水率　不大于			21.0%		
弯曲度　不小于			平均值≥16MPa，厚度≥7.5mm 时，平均值≥13MPa		
耐急冷急热性			釉面无裂纹		

2) 水泥

强度等级为 42.5 级的普通硅酸盐水泥和强度等级为 32.5 级的白色硅酸盐水泥，其水泥强度、水泥安定性、凝结时间取样复验应合格，无结块现象。

3) 砂

粗中砂，使用前过筛，含泥量不应大于 3%，其他应符合规范的质量标准。

4) 水

饮用水。

5) 其他材料

108 胶、矿物颜料、高强建筑石膏、ϕ6 钢筋、棉纱、膨胀螺栓、绑丝（或其他金属连接件等）

(4) 施工机具

饰面施工，除一般常用抹灰工具外，还按不同饰面分别准备下列专用工具：

1) 手工工具

开刀：镶贴饰面砖及锦砖拨缝用。

木锤或橡皮锤、硬木拍板：镶贴饰面板敲击拍实用。

铁铲：涂抹砂浆及嵌缝用。

合金錾、钢錾、小手锤：用于饰面砖手工切割，剔凿用。

磨石：用于磨光饰面板，分为 60～400 号，其中 60～80 号为粗磨石；120～280 号为细磨石；320～400 为抛光石。

合金钻头：用于饰面板钻孔，一般直径 ϕ=5、6、8mm。

2) 机具

型材切割机。用于切割各种型材。

手电钻。主要用于混凝土、饰面砖切割。

砂浆搅拌机。用于搅拌砂浆。

冲击电钻（电锤）。可对钢制品、混凝土等进行冲孔。

(5) 内墙砖饰面砖的构造做法

在基层处理好以后，用1:3水泥砂浆打底找平，厚度为7mm，再用1:2水泥砂浆、聚合物水泥砂浆、素水泥浆、瓷砖粘结剂等作为结合层粘贴釉面内墙砖，当贴至上口，如无压条（镶边或装饰线脚）或吊顶时，应采用一端圆的配件砖（压顶条）贴成平直线。其他设计要求的收口、转角等部位，以及腰线、组合拼花等，均应采用相应的砖块（条）适时就位镶贴。砖缝如为宽缝，用1:1水泥细砂浆填缝；如采用紧密镶贴时采用白水泥糊擦缝。内墙砖的镶贴的基本构造做法如图4-2所示。

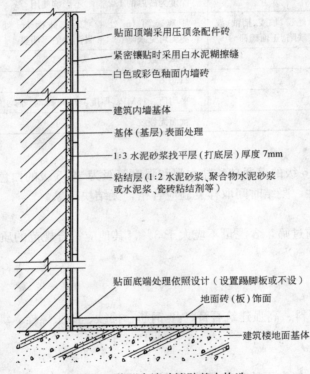

图4-2 釉面内墙砖镶贴基本构造

(6) 作业条件

1) 墙顶抹灰完毕，已做好墙面防水层、保护层和地面防水层、混凝土垫层。

2) 做好内隔墙，水电管线已安装，堵实抹平脚手眼和管洞等并通过验收。

3) 门、窗扇，已按设计及规范要求堵塞门窗框与洞口缝隙。如无设计，钢木门窗应用1:3水泥砂浆塞缝；铝合金门窗框、塑钢门窗框安装前应贴好保护膜。

4) 脸盆架、镜钩、管卡、水箱等已埋设好防腐木砖，位置要准确。

5) 弹出墙面上±50cm水平基准线。大面积施工之前要做大样，做样板，确定施工工艺及操作要点，并向施工人员详细交底。

6）搭设双排脚手架或搭高马凳，横竖杆或马凳端头应离开门窗口角和墙面 150～200mm 距离，架子步高和马凳高、长度应符合使用要求。

7）按面砖的尺寸、颜色进行选砖，并分类存放备用。

8）基层处理。将光滑的基层表面凿成深度为 0.5～1.5cm，间距为 3cm 的毛面，并且清除表面残存的灰浆、尘土和油渍等；基层表面明显的凸凹处，用 1：3 水泥砂浆找平或者剔平，在不同材料基层表面相接触的地方，铺好金属网。为使基层能与找平层粘结牢固，应在抹找平层前先撒聚合水泥浆（108 胶：水＝1：4 的胶水拌水泥）处理，若基层为加气混凝土，在清洁基层表面后刷 108 胶水溶液一遍，并满钉镀锌机织钢丝网，（孔径 32mm×32mm，丝径 0.7mm，$\phi 6$ 的扒钉，钉距纵横不大于 600mm），再抹 1：1：4 水泥混合砂浆粘结层及 1：2.5 水泥砂浆找平层。

1.1.2 施工工艺

(1) 工艺流程

基层处理、抹底子灰→排砖弹线→选砖、浸砖→贴标准点→垫底尺→镶贴釉面砖→擦缝→清理。

(2) 镶贴顺序

先墙面，后地面。墙面由下往上分层粘贴，先粘贴墙面砖，后粘贴阴角和阳角，其次粘贴压顶，最后粘贴底座阴角。

(3) 操作要点

1）预排

饰面砖镶贴前应进行预排。注意同一墙面的横竖排列，均不得有一行以上的非整砖。非整砖行应排在次要部位或阴角处，排砖时可用调整砖缝宽度的方法解决。室内镶贴釉面砖如设计无规定时，接缝宽度可在 1～1.5mm 之间调整。在管线、灯具、卫生设备支承等部位，应用整砖套割吻合，不得用非整砖拼凑镶贴，以保证饰面的美观。釉面砖的排列方法有"直线"排列和"错缝"排列两种。如图 4-3 和图 4-4 所示。

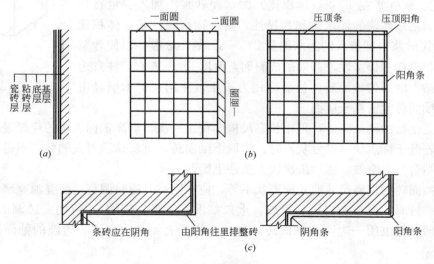

图 4-3 直线排列
(a) 纵剖面；(b) 平面；(c) 横剖面

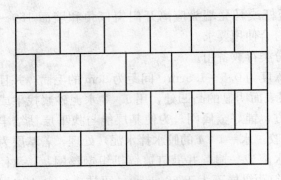

图 4-4 错缝排列

2）弹线

依照室内标准水平线，找出地面标高，按贴砖的面积，计算纵横的皮数，用水平尺找平，并弹出釉面砖的水平和垂直控制线。如用阴阳三角镶边时，则将镶边位置预先分配好。横向不足整块的部分，留在最下一皮与地面连接处。

3）贴标准点作标志

为了控制整个镶贴釉面砖表面平整度，正式镶贴前，在墙上粘废釉面砖、用做灰饼的混合砂浆粘在墙上作为标志块，上下用托线板挂直，作为粘贴厚度的依据，横向每隔 15m 左右做一个标志块，用拉线或靠尺校正平整度。在门洞口或阳角处，如有阴三角镶边时，则应将尺寸留出先铺贴一侧的墙面，并用托线板校正靠直。如无镶边，应双面挂直，如图 4-5 所示。

4）垫底尺

计算好下一皮砖下口标高，底尺上皮一般比地面低 1cm 左右，以此为依据放好底尺，要求水平、安稳。

5）浸砖和湿润墙面

釉面砖粘贴前应放入清水中浸泡 2h 以上，然后取出晾干，至手按砖背无水迹时方可粘贴。冬期宜在掺入 2% 盐的温水中浸泡。砖墙要提前 1 天湿润好，混凝土墙可以提前 3～4d 湿润，以避免吸走粘结砂浆中的水分。

6）镶贴釉面砖

镶贴时在釉面砖背面满抹灰浆（水泥砂浆以体积配比为 1∶2 为宜），水泥石灰砂浆在 1∶2（体积比）的水泥砂浆中加入少量石灰膏，以增加粘结砂浆的保水性和和易性，聚合物水泥砂浆在体积比 1∶2 的水泥砂浆中加掺入约为水泥量 2%～3% 的 108 胶，以使砂浆有较好的和易性和保水性，四周刮成斜面，厚度 5mm 左右，注意边角满浆。贴于墙面的釉面砖就位后应用力按压，并用灰铲木柄轻击砖面，使釉面砖紧密粘于墙面。

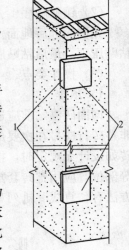

图 4-5 双面挂直
1—小面挂直靠平；
2—大面挂直靠平

铺贴完整行的釉面砖后，再用长靠尺横向校正一次。对高于标志块的应轻轻敲击，使其平齐；若低于标志块（即亏灰）时，应取下釉面砖，重新抹满刀灰铺贴，不得在砖口处塞灰，否则会产生空鼓。然后依次按上法往上铺贴。

如果釉面砖的规格尺寸或几何形状不等，应在铺贴时随时调整，使缝隙宽窄一致。当贴到最上一行时，要求上口成一直线。上口如没有压条（镶边），应用一边圆的釉面砖，阴角的大面一侧也用一边圆的釉面砖，这一排的最上面一块应用二边圆的釉面砖，如图 4-6 所示。

当采用工具式粘贴法时，即用 108 胶水泥浆粘贴釉面砖，可在墙面上钉一水平木条，另备一木直尺搁置在水平木条上并沿其滑动，木条上的分隔条移动的轨迹必须与水平木条

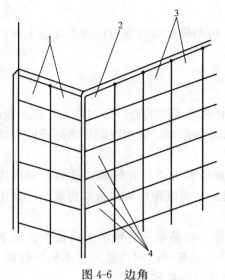
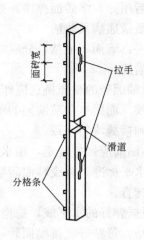

图 4-6 边角　　　　　　　　图 4-7 滑动格片木直尺

1、3、4—边圆釉面砖；2—两边圆釉面砖

平行，直尺每移动一定的距离，等于一块釉面砖的宽度加接缝的宽度，这样直尺垂直方向的铅垂线与分隔条的水平轨迹线，即相交成与釉面砖尺寸相当的方格，从而保证釉面砖在墙面上的正确位置。直尺上的分隔条用铅板或用铜板胶于直尺上，厚度视设计的接缝宽度而定。分隔片伸出尺面长度一般以 20～25mm 为宜。过短则釉面砖难以固定于正确的位置，过长则起尺时易将釉面砖拉脱离位。两分格条之间的间隔应较釉面砖宽度略大一些，滑动格片木直尺如图 4-7 所示。

7）细部处理

在有洗脸盆、镜箱、肥皂盒等的墙面，应按脸盆下水管部位分中，往两边排砖。肥皂盒可按预定尺寸和砖数排砖，如图 4-8 所示。

8）勾缝

墙面釉面砖用白色水泥浆擦缝，用布将缝内的素浆擦匀。

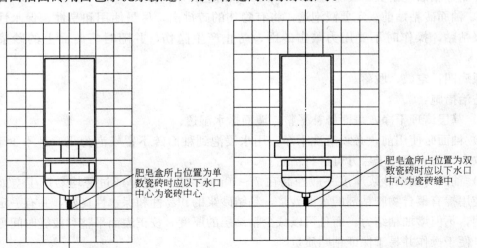

图 4-8 洗脸盆、镜箱、肥皂盒部分釉面砖排砖示意图

9）擦洗

勾缝后用抹布将砖面擦净。如砖面污染严重，可用稀盐酸酸洗后用清水冲洗干净。

(4) 质量通病及防治

通病一：墙面不平整，分隔缝不均匀，砖缝不平直。

防治措施：

1）对釉面砖的材质挑选应作为一道工序，应将色泽不同的瓷砖分别堆放，挑出翘曲、变形、裂纹、面层有杂质缺陷的釉面砖，同一类尺寸釉面砖，应用在同层房间或同一墙面上，以做到接缝均匀一致。

2）粘贴前应做好规矩，用水平尺找平，校核墙面的方正，算好纵横皮数，划出皮数杆，定出水平标准。以废釉面砖贴灰饼，划出标准，灰饼间距以靠尺板够得着为准，阳角处要两面抹直。

3）根据弹好的水平线，稳稳地放好水平尺，作为粘贴第一行釉面砖的依据。由下向上逐行粘贴，每粘好一排釉面砖，应及时用靠尺板横竖靠直，偏差处用匙木柄轻轻敲平，及时校正横、竖缝平直，严禁在粘结砂浆收水后再进行纠偏移动。

通病二：釉面砖表面裂缝。

防治措施：

1）一般釉面砖，特别是用于高级装饰工程上的釉面砖，选用材质密实、吸水率大于18%的质量好的釉面砖，以减少裂缝的产生。

2）粘贴釉面砖之前，一定要浸泡透，将有隐伤的砖挑出，尽量使用和易性、保水性较好的砂浆粘贴，操作时不要用力敲击砖面，防止产生隐伤。

通病三：墙面砖变色、污染，出现白度降低，泛黄发花，变赭和发黑。

防治措施：

1）生产釉面砖时，增加釉的厚度，施釉的厚度大于1mm，且透色效果好，另外，还可提高釉面砖坯体的密实度、减小吸水率、增加乳浊度。

2）在施工过程中，浸泡釉面砖应用洁净水，粘贴釉面砖的砂浆，应使用干净的原料进行拌制，粘贴应密实，砖缝应嵌塞严密，砖面应擦洗干净。

3）釉面砖粘贴前一定要浸泡透，将有隐伤的砖挑出，尽量使用和易性、保水性较好的砂浆粘贴，操作时不要用力敲击砖面，防止产生隐伤，并随时将砖面上的砂浆擦洗干净。

通病四：空鼓、脱落。

防治措施：

1）基层清理干净，表面修补平整，墙面撒水湿透。

2）釉面砖使用前，必须清洗干净，用水浸泡到釉面砖不冒气泡为止，且不少于2h，然后取出，待表面晾干后方可进行粘贴。

3）釉面砖粘结砂浆厚度一般控制在7～10mm之间，过厚或过薄均易产生空鼓，必要时使用掺有聚合物胶粘剂的水泥砂浆，粘结砂浆的和易性和保水性良好，并有一定的缓凝作用，不但增加粘结力，而且可以减少粘结层的厚度。校正表面平整和拨缝时间可以长一些，便于操作并易于保证粘贴质量。

4）当采用混合砂浆粘结层时，粘贴后的釉面砖可用灰匙木柄轻轻敲击；当采用聚合物水泥砂浆粘结层时，可用手轻压，并用橡皮锤轻轻敲击，使其与底层粘结密实牢固。凡遇到粘结不密实时，均应取下重贴，不得在砖口处塞灰。

5）当釉面砖墙面有空鼓和脱落时，应取下釉面砖，铲除原有粘结砂浆，采用聚合物水泥砂浆粘贴修补。

1.1.3 质量验收、成品保护和安全措施

(1) 成品保护

1) 拆脚手架时，要注意不要碰坏墙面。

2) 残留在门窗框上的水泥砂浆应及时清理干净，门窗口处应设防护措施，铝合金门窗应用塑料膜保护好，防止污染。

3) 提前做好水、电、通风、设备安装作业工作，以防止损坏墙面砖。

4) 各抹灰层在凝固前，应防风、防曝晒、防水冲和振动，以保证各层粘结牢固及足够的强度。

5) 防止水泥浆、石灰浆、涂料、颜料、油漆等液体污染饰面砖墙面，也要教育施工人员注意不要在已做好的饰面砖墙面上乱写乱画或脚蹬、手摸等，以免造成污染墙面。

(2) 安全措施

1) 室内装饰高处作业时，移动式操作平台应按相应规范进行设计，台面满铺木板，四周按临边作业要求设防护栏杆，并安登高爬梯。

2) 凳上操作时，单凳只准站一人、双凳搭跳板，两凳间距不超过 2m，准站二人，脚手板上不准放灰桶。

3) 梯子不得缺档，不得垫高，横档间距以 30cm 为宜，梯子底部绑防滑垫。人字梯夹角 60 度为宜，两梯间要拉牢。

4) 电器机具必须专人负责，电动机必须有安全可靠的接地装置，电器机具必须设置安全防护装置。

5) 电动机具应定期检验、保养。

6) 现场临时用电线，不允许架设在钢管脚手架上。

(3) 工程质量验收及标准

1) 工程验收时应检查的文件和记录：

(a) 饰面砖工程的施工图，设计说明及其他设计文件。

(b) 材料的产品合格证书、性能检测报告、进场验收记录和粘贴水泥的复验合格报告。

(c) 隐蔽工程验收记录。

(d) 施工记录。

2) 检验批应按下列规定划分：

(a) 相同材料、工艺和施工条件的室内饰面砖工程每 50 间（大面积房间和走廊按施工面积 30m^2 为一间）应划分为一个检验批；不足 50 间也应划分为一个检验批。

(b) 相同材料、工艺和施工条件的室外饰面砖工程每 500~1000m^2 应划分为一个检验批，不足 500m^2 也应划分为一个检验批。

3) 检查数量应符合下列规定：

(a) 室内每个检验批应至少抽查 10%，并不得少于 3 间，不足 3 间时应全数检查。

(b) 室外每个检验批每 100m² 应至少抽查一处，每处不得小于 10m²。

4) 质量检验内容：

饰面砖工程的抗震缝、伸缩缝、沉降缝等部位的处理，应保证缝的使用功能和饰面砖的完整性。

5) 工程质量验收：

（a）检验批合格质量应符合下列规定：抽查样本主控项目均合格，一般项目 80% 以上合格，其余样本不得有影响使用功能或明显影响装饰效果的缺陷，其中有允许偏差的检验项目，其最大偏差不得超过固定允许偏差的 1.5 倍；具有完整的操作依据、质量检查记录。

（b）分项工程质量验收合格应符合下列规定：分项工程所含的检验批均应符合合格质量的规定；分项工程所含的检验批的质量验收记录应完整。

（c）观感质量验收应符合要求。

6) 质量标准：

（a）主控项目

饰面砖的品种、规格、颜色和性能应符合设计要求。

检验方法：观察；检查产品合格证书、进场验收记录，性能检测报告和复验报告。

饰面砖粘贴工程的找平、防水、粘结和勾缝材料及施工方法应符合设计要求及国家现行产品标准和工程技术标准的规定。

检验方法：检查产品合格证书、复验报告和隐蔽工程验收记录。

饰面砖粘贴必须牢固。

检验方法：检查样板件粘结强度检测报告和施工记录。

满粘法施工的饰面砖工程应无空鼓、裂缝。

检验方法：观察；用小锤轻击检查。

（b）一般项目

饰面砖表面应平整、洁净，色泽一致，无裂痕和缺损。

检验方法：观察。

阴阳角处搭接方式、非整砖使用部位应符合设计要求。

检验方法：观察。

墙面突出物周围的饰面砖应整砖套割吻合，边缘应整齐。墙裙、贴脸突出墙面的应一致。

内墙饰面砖粘贴的允许偏差和检验方法　　　　表 4-3

检验项目	允许偏差(mm) 内墙面砖	检 验 方 法
立面垂直度	2	用 2m 垂直检测尺检查
表面平整度	3	用 2m 靠尺和塞尺检查
阴阳角方正	3	用直角检测尺检查
接缝直线度	2	拉 5m 线，不足 5m 拉通线，用钢直尺检查
接缝高低差	0.5	用钢直尺和塞尺检查
接缝宽度	1	用钢直尺检查

检验方法：观察；尺量检查。

饰面砖接缝应平直、光滑，填嵌应连续、密实；宽度和深度应符合设计要求。

检验方法：观察；尺量检查。

（c）饰面砖粘贴的允许偏差和检验方法应符合表4-3的规定。

1.2 外墙饰面砖构造与施工工艺

外墙面砖是用优质耐火黏土为主要原料，经混炼成型、素烧、施釉、煅烧而成。其质地密实，釉质耐磨，具有较好的耐水性、耐久性。具有较强的装饰性并能保护墙面。外墙面砖按外观及使用功能，主要有无釉砖、彩釉砖、金属釉砖、仿石砖及陶瓷锦砖、玻璃锦砖等。

1.2.1 基本知识及施工准备

（1）施工图设计文件

外墙面砖工程应有详细的施工图设计文件，其内容包括饰面砖的品种、规格、颜色和性能；预埋件和连接件的数量、规格、位置、防腐处理等要求；饰面砖的找平、防水、粘结和勾缝材料及施工方法；阴阳角处搭接方式、非整砖使用部位；饰面砖接缝宽度和深度等要求。

（2）材料及材料性质

1）面砖

面砖应采用优等品，其表面应光洁、方正、平整、质地坚硬，品种规格、尺寸、色泽、图案及各项技术性能指标必须符合设计要求，并应有产品质量合格证明和近期质量检测报告。外墙贴面砖的种类、规格和性能见表4-4。

外墙贴面砖的种类、规格和性能　　　　　　　表4-4

种　类		一般规格(mm)	性　能
名　称	说　明		
表面无釉外墙面砖（亦称"墙面砖"）	有白、浅黄、深黄、红绿等色	200×100×12 150×75×12	质地坚固，吸水率不大于8%，有釉面砖吸水率约为9%，色调柔和，耐水、抗冻、抗风化、耐大气腐蚀
表面有釉外墙面砖（亦称"彩釉砖"）	有粉红、蓝、绿、金砂釉、黄、白等色	75×75×8 108×108×8	
线砖	表面有突起线纹，有釉，并有黄、绿等色	100×100×15 100×100×10	
外墙立体面砖（亦称"立体彩釉砖"）	表面有釉，做成各种立体图案	100×100×10	
劈裂砖	坯底带有75°角燕尾槽，有白、黄、灰等色	240×60×12 240×50×12	

2）水泥

32.5级或42.5级普通硅酸盐水泥或矿渣硅酸盐水泥及32.5级以上的白水泥，并符合设计和规范质量标准的要求。应有出厂合格证及复验合格试验单，出厂日期超过三个月而且水泥结有小块的不得使用。

3）砂子

中砂,含泥量不大于3%,颗粒坚硬、干净、过筛。

4) 石灰膏

用块状生石灰淋制,必须用孔径不大于3mm×3mm的筛网过滤,并贮存在沉淀池中熟化,常温下一般不少于15d;用于罩面灰,熟化时间不应小于30d。使用时,石灰膏内不得有未熟化的颗粒和其他杂质。

5) 磨细生石灰粉

细度应通过4900孔/cm^2筛,用前应用水熟化,其时间不少于3d。

6) 108胶和矿物颜料

胶和颜料的质量应符合设计及规范标准要求。

(3) 施工机具

1) 手工工具

开刀、木锤或橡皮锤、硬木拍板、钢铲、合金錾、钢錾、小手锤、磨石、合金钻头。

2) 机具

利用现场已有垂直运输机械、型材切割机、手电钻、砂浆搅拌机、冲击电钻(电锤)等。

(4) 外墙饰面砖的构造做法

在基层处理好以后,用水泥砂浆打底找平,打底应分两层进行。第一层厚度约为5mm,第二层厚度约5～7mm,总厚度不超过20mm。找平层以上做结合层或防水性粘结层的配套涂层,用水泥基材粘贴饰面砖,其厚度为4～8mm。外墙砖贴面构造如图4-9所示。

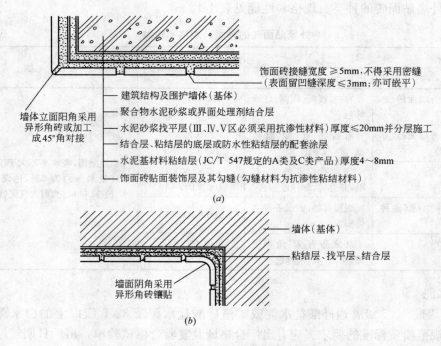

图4-9 外墙贴面饰面砖的贴面装饰构造
(a)外墙砖贴面构造及阳角处理;(b)阴角处理

(5) 作业条件

1) 主体结构施工完,并通过验收;施工基体按实际要求处理完毕。

2) 预留孔洞、排水管等处理完毕;门窗框扇已安装完;且门窗框与洞口缝隙已堵严;并设置成品保护措施。

3) 搭设了外脚手架(高层多采用吊篮或可移动的吊脚手架),选用双脚手架或者桥架,其横竖杆及拉杆等离开墙面和门窗口角 150~200mm,架子步高符合安全操作程序。架子搭好后已经过验收。

4) 挑选面砖,已分类存放备用。

5) 施工现场所需的水、电、机具和安全设施齐备。

6) 日最低气温应在 0℃以上。当低于 0℃时,必须有可靠的防冻措施。当气温高于 35℃时,应有遮阳设施。

7) 大面积施工前应做样板,样板经验收认可后,方可按样板进行施工。

1.2.2 施工工艺

(1) 工艺流程

基层处理→找平层→刷结合层→排砖、弹线分格→选砖、浸砖→镶贴面砖→擦缝→清理表面。

(2) 操作要点

1) 基层处理同室内镶贴面砖。

2) 排砖、弹线分格对于外墙面砖应根据设计图纸尺寸,进行排砖分格并要绘制大样图,一般要求水平缝应与窗台等齐平;竖向要求阳角及窗口处都是整砖,分格按整块分均,并根据已确定的缝大小做分格条和划出皮数杆。对窗心墙、墙垛等处要事先测好中心线、水平分格线、阴阳角垂直线。

根据砖排列方法和砖缝大小不同划分,常见的几种排砖法如图 4-10 所示。

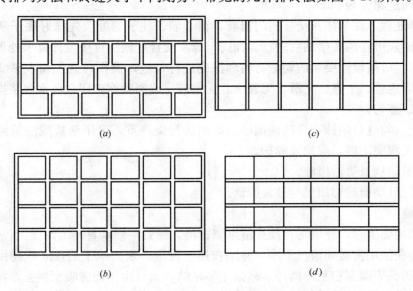

图 4-10 外墙面砖排缝示意图
(a)错缝;(b)通缝;(c)竖通缝;(d)横通缝

3) 阳角处的面砖应是整砖,且正立面整砖盖住侧立面整砖,如图4-11所示。突出墙面的部位,如窗台、腰线阳角及滴水线排砖方法,可按图4-11处理。正面砖要往下突出3mm左右,底面面砖要留有流水坡度。

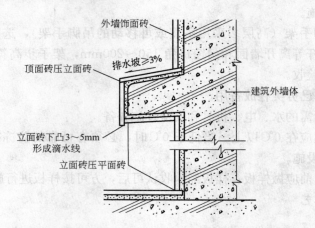

图4-11 外墙立面凸凹部位饰面砖排砖做法示意图

4) 粘贴面砖。外墙面砖在粘贴之前应选砖、浸砖、挑选颜色、规格一致的砖,然后浸泡2h以上取出阴干备用。注意基层的含水率应控制在15%～25%;粘贴时为保证贴面的平整度应用面砖做灰饼,灰饼的间距不应大于1.5m;粘贴面砖的顺序宜自上而下,粘结层的厚度宜为4～8mm;粘贴后,用小铲柄轻轻敲击,使之与基层粘牢,随时用靠尺找平找方。贴完一皮后须将砖上灰刮平。

5) 分格条处理。分格条在使用前应用水充分浸泡,以防止胀缩变形。在粘贴面砖次日(或当日)取出,起条应轻巧,避免碰动面砖。在完成一个流水段后,用1:1水泥细砂浆勾缝,凹进深度为3mm。

6) 细部处理。在与抹灰交接的门窗套、窗心墙、柱子等处应先抹好底子灰,然后镶贴面砖。罩面灰可在面砖镶贴后进行。面砖与抹灰交接处做法可按设计要求处理。

7) 勾缝。应按设计要求的勾缝材料和深度进行勾缝,操作时宜先勾水平缝,后勾竖直缝。勾缝应连续、平直、光滑、无裂纹、无空鼓。墙面釉面砖用白色水泥浆擦缝,用布将缝内的素浆擦匀。

8) 擦洗。勾缝后用抹布将砖面擦净。如面砖污染严重,可用稀盐酸洗后用清水冲洗干净。整个工程完工后,应加强养护。

(3) 质量通病及防治措施。

通病一:外墙面砖饰面层空鼓、脱落。

防治措施:

1) 在结构施工时,外墙尽可能按清水墙标准,做到平整垂直,为饰面工程创造条件。

2) 面砖在使用前必须清洗干净,并隔夜用水浸泡,表面晾干后,才能使用。使用未浸泡的干面砖、表面有积灰的面砖,砂浆不易粘结,而且由于面砖吸水性强,把砂浆中的水分很快吸收掉,容易减弱粘结力,面砖浸泡后未晾干,湿面砖表面附水,使贴面砖时产生浮动,均能导致面砖空鼓。

3）粘结面砖时砂浆要饱满，但使用砂浆过多，面砖也不易贴平，如果多敲击则会造成浆水集中到面砖底部或溢出，收水后形成空鼓，特别是垛子、阳角处粘贴面砖时更应注意，否则会造成阳角处不平直和空鼓，导致面砖脱落。

4）在面砖粘贴过程中，要做到一次成活，不宜多动，尤其是砂浆收水后纠偏移动，容易引起空鼓。粘贴砂浆一般可采用1∶0.2∶2混合砂浆，要做到配合比准确，砂浆在使用过程中，不要随便掺水和加灰。

5）认真做好勾缝，勾缝用1∶1水泥砂浆（砂子过窗纱筛）分2次进行，第一次用一般水泥砂浆勾缝，第二遍按设计要求的色彩配置带色水泥砂浆，勾成凹缝，凹进面砖深度一般为3mm，相邻面砖不留勾缝处，应用与面砖颜色相同的水泥浆擦缝，擦缝时对面砖上的残浆必须及时清除，不留痕迹。

通病二：分格不均，墙面不平整。

防治措施：

1）施工前，应根据设计图纸尺寸，核实结构实际偏差情况，决定面砖铺贴厚度和排砖模数，画出施工大样图。一般要求横缝与窗台相平，竖向要求阴角窗口处都是整砖，如分格者按整块分均，确定缝大小做分格条和划出皮数杆；根据大样图尺寸，对各窗心墙、砖垛等处，要事先测好中心线、水平分格线，阴、阳角垂直线，对不符合要求偏差较大的部位，事先要剔凿修补，以作为安装窗框、做窗台、腰线的依据，防止粘贴面砖时，在这些部位产生分格缝不均，排砖面不整齐等问题。

2）基底打完后，用混合砂浆在面砖背后做灰饼。挂线方法与外墙抹水泥砂浆一样，阴阳角要双面挂直，灰饼的粘贴层不小于10mm，间距不大于1.5m，并要根据皮数杆在底子灰上从上到下弹若干水平线，在阴、阳角，窗口处弹上垂直线，作为贴面砖时控制的标志。

3）铺贴面砖时，应保持面砖上口平直，贴完一皮砖后，需将上口灰刮平，不平处用小木片或竹竿等垫平，放上分格条再贴第二皮砖，垂直缝应以底子灰弹线为准，随时检查核对，铺贴后将立缝处灰浆随时清理干净。

4）面砖使用前，应先剔选，凡外形歪斜、缺棱掉角、翘曲和颜色不均者，均应剔除。用套板把同号规格分大、中、小分类堆放，分别使用在不同部位，以避免由于面砖尺寸上的偏差造成排砖缝不直和分格不匀等情况。

1.2.3 质量验收、成品保护和安全措施

（1）成品保护

1）提前做好水、电、通风、设备安装作业工作，以防止损坏墙面砖。

2）拆脚手架时，要注意不要碰坏墙面。

3）防止污染，残留在门窗框上的水泥砂浆应及时清理干净，门窗口处应设防护措施，铝合金门窗框塑料膜保护好。

4）各抹灰层在凝固前，应有防风、防暴晒、防水冲和振动的措施，以保证各层粘结牢固及有足够的强度。

5）防止水泥浆、石灰浆、涂料、颜料、油漆等液体污染饰面砖墙面，也要教育施工员注意不要在已做好的饰面砖墙面上乱写乱画或脚蹬、手摸等，以免造成污染墙面。

（2）安全措施

1) 脚手架必须按有关要求搭设牢固。

2) 垂直运输工具如吊篮、外用电梯等，必须在安装后经有关部门检查鉴定合格后才能启用。

3) 电器机具必须设置安全防护装置，电动机具应定期检验、保养。

4) 进入现场必须戴安全帽，高空作业必须系安全带；二层以上外脚手架处必须设置安全网。

5) 交叉作业通道应搭设护棚。洞口、电梯井、楼梯间未安栏杆处等危险口，必须设置盖板、围栏、安全网等。

6) 作业时，不得从高处往下乱扔东西，脚手架上不得集中堆放材料；操作用工具应搁置稳当，以防坠落伤人。

(3) 工程质量验收及标准

1) 工程验收时应检查的文件和记录：

(a) 饰面砖工程的施工图，设计说明及其他设计文件。

(b) 材料的产品合格证书、性能检测报告、进场验收记录和粘贴水泥的复验合格报告。

(c) 隐蔽工程验收记录。

(d) 施工记录。

2) 检验批应按下列规定划分：

(a) 相同材料、工艺和施工条件的室内饰面砖工程每 50 间（大面积房间和走廊按施工面积 30m² 为一间）应划分为一个检验批；不足 50 间也应划分为一个检验批。

(b) 相同材料、工艺和施工条件的室外饰面砖工程每 500~1000m² 应划分为一个检验批，不足 500m² 也应划分为一个检验批。

3) 检查数量应符合下列规定：

(a) 室内每个检验批应至少抽查 10%，并不得少于 3 间，不足 3 间时应全数检查。

(b) 室外每个检验批每 100m² 应至少抽查一处，每处不得小于 10m²。

4) 质量检验内容：

饰面砖工程的抗震缝、伸缩缝、沉降缝等部位的处理，应保证缝的使用功能和饰面砖的完整性。

5) 工程质量验收：

(a) 检验批合格质量应符合下列规定：抽查样本主控项目均合格，一般项目 80% 以上合格，其余样本不得有影响使用功能或明显影响装饰效果的缺陷，其中有允许偏差的检验项目，其最大偏差不得超过固定允许偏差的 1.5 倍；具有完整的操作依据、质量检查记录。

(b) 分项工程质量验收合格应符合下列规定：分项工程所含的检验批均应符合合格质量的规定；分项工程所含的检验批的质量验收记录应完整。

(c) 观感质量验收应符合要求。

6) 质量标准：

外墙饰面砖粘贴工程质量验收标准及检验方法见表 4-5。外墙饰面砖粘贴的允许偏差和检验方法应符合表 4-6 的规定。

外墙饰面砖粘贴工程质量验收标准　　　　　表 4-5

		质 量 标 准	检 验 方 法
主控项目	1	饰面砖的品种、规格、颜色和性能应符合设计要求	观察；检查产品合格证书、进场验收记录、性能检测报告和复验报告
	2	饰面砖粘贴工程的找平、防水、粘结和勾缝材料及施工方法应符合设计要求和现行产品标准和工程技术标准的规定	检查产品合格证书、复验报告和隐蔽工程验收记录
	3	饰面砖粘贴必须牢固	检查样板件粘结强度检测报告和施工记录
	4	满粘法施工的饰面砖工程应无空鼓、裂缝	观察；用小锤轻击检查
一般项目	1	饰面砖表面应平整、洁净，色泽一致，无裂痕和缺损	观察
	2	阴阳角处搭接方式、非整砖使用部位应符合设计要求	观察
	3	墙面突出物周围的饰面砖应整砖套割吻合，边缘应整齐。墙裙、贴脸突出物厚度应一致	观察；尺量检查
	4	饰面砖接缝应平直、光滑，填嵌应连续、密实；宽度和深度应符合设计要求	观察；尺量检查
	5	有排水要求的部位应做滴水线（槽）。滴水线（槽）应顺直，流水坡向应符合设计要求	观察；用水平尺检查

注：本表根据《建筑装饰装修工程质量验收规范》GB 50210—2001 的相应规定条文编制。

外墙饰面砖粘贴的允许偏差和检验方法　　　　　表 4-6

检 验 项 目	允许偏差(mm) 内墙面砖	检 验 方 法
立面垂直度	3	用 2m 垂直检测尺检查
表面平整度	4	用 2m 靠尺和塞尺检查
阴阳角方正	3	用直角检测尺检查
接缝直线度	3	拉 5m 线，不足 5m 拉通线，用钢直尺检查
接缝高低差	1	用钢直尺和塞尺检查
接缝宽度	1	用钢直尺检查

1.3 锦砖（纸皮砖）饰面构造与施工工艺

1.3.1 基本知识及施工准备

（1）基本知识

锦砖分陶瓷锦砖（陶瓷马赛克）和玻璃锦砖（玻璃马赛克）两种。因其在纸上拼成的织锦而得名。材料质地坚实，色泽多样，广泛用于内外墙饰面。陶瓷锦砖是将磨细的陶瓷原料泥浆经脱水干燥形成生坯，再将坯料用半干法压形，入窑焙烧而成。玻璃锦砖是以玻璃原料采用熔融工艺生产的小块预贴在纸上或尼龙网等材料上的饰面镶贴材料。

（2）施工图设计文件

1）锦砖的品种、规格、图案、颜色和性能。

2）阴阳角处搭接方式，接缝的宽度和深度。

3）有排水要求部位的流水坡度。

4）锦砖工程抗震缝、伸缩缝、沉降缝等部位的饰面处理。

（3）材料及材料性质

1) 陶瓷、玻璃锦砖

陶瓷锦砖分有釉和无釉两种，陶瓷锦砖的形状有正方、长方、对角、斜长条、六角、半八角、长条对角等，陶瓷锦砖应选用优等品。陶瓷锦砖尺寸的允许偏差和外观质量要求见表4-7和表4-8。

图案按设计要求选用，陶瓷锦砖拼花图案见表4-9。

玻璃锦砖正面的外观质量要求和玻璃锦砖的尺寸、允许公差及形状见表4-10和表4-11。

陶瓷锦砖的尺寸和允许偏差　　　　　　表4-7

项　目		尺寸(mm)	允许偏差(mm)	
			优等品	合格品
单块	长度	≤25.0	±0.5	±1.0
		>25.0		
	厚度	4.0	±0.2	±0.4
		4.5		
		>4.5		
每联	线路	2.0～5.0	±0.5	±1.0
	联长	284.0	+2.5 / −0.5	+3.5 / −1.0
		295.0		
		305.0		
		325.0		

陶瓷锦砖的外观质量要求　　　　　　表4-8

缺陷名称		缺陷允许范围						
		锦砖最大边长不大于25mm				锦砖最大边长大于25mm			
		优等品		合格品		优等品		合格品	
		正面	背面	正面	背面	正面	背面	正面	背面
夹层、釉裂、开裂		不允许				不允许			
斑点、粘疤、起泡、坯粉、麻面、波纹、缺釉、桔釉、棕眼、落赃、熔洞		不明显		不严重		不明显		不严重	
缺角	斜边长(mm)	1.5～2.3	3.5～4.3	2.3～3.5	4.3～5.6	1.5～2.8	3.5～4.9	2.8～4.3	4.9～6.4
	深度(mm)	不大于砖厚的2/3				不大于砖厚的2/3			
缺边	长度(mm)	2.0～3.0	5.0～6.0	3.0～5.0	6.0～8.0	3.0～5.0	6.0～9.0	5.0～8.0	9.0～13.0
	宽度(mm)	1.5	2.5	2.0	3.0	1.5	3.0	2.0	3.5
	深度(mm)	1.5	2.5	2.0	3.0	1.5	2.5	2.0	3.5
变形	翘曲(%)	不明显				0.3		0.5	
	大小头(mm)	0.2		0.4		0.6		1.0	

注：1. 斜边长小于1.5mm的缺角允许存在；正背面缺角不允许出现在同一角，正面只允许缺角一处；
　　2. 正背面缺边不允许出现在同一侧面；同一侧面边不允许在两处缺边；正面只允许两处缺边；
　　3. 锦砖与铺贴衬材的粘结按标准规定试验后，不允许有锦砖脱落；
　　4. 正面贴纸锦砖的脱纸时间不大于40min。

锦砖拼花图案 表 4-9

拼花编号	拼花说明	拼花图案
拼-1	各种正方形与正方形相拼	
拼-2	正方与长条相拼	
拼-3	大方、中方及长条相拼	
拼-4	中方及大对角相拼	
拼-5	小方及小对角相拼	
拼-6	中方及大对角相拼 小方及小对角相拼	
拼-7	斜长条与斜长条相拼	
拼-8	斜长条与斜长条相拼	
拼-9	长条对角与小方相拼	
拼-10	正方与五角相拼	
拼-11	半八角与正方相拼	
拼-12	各种六角相拼	
拼-13	大方、中方、长条相拼	
拼-14	小对角、中大方相拼	
拼-15	各种长条相拼	

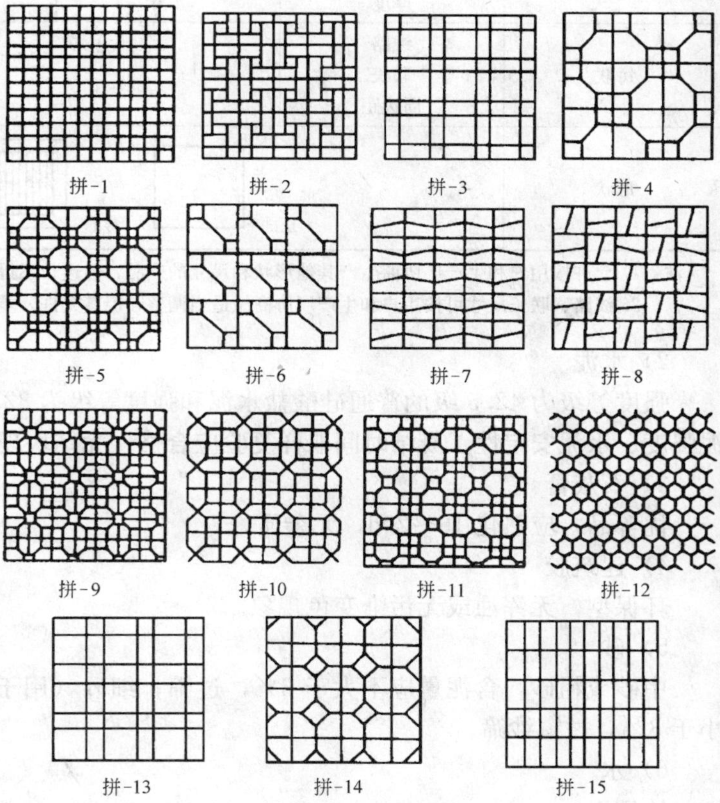

玻璃锦砖正面的外观质量要求 表 4-10

缺陷名称		表示方法	缺陷允许范围
变形	凹陷	深度(mm)	不大于 0.3
	弯曲	弯曲度(mm)	不大于 0.5
缺角		扭伤长度(mm)	不大于 4.0 允许一处
缺边		长度(mm)	不大于 4.0 允许一处
		宽度(mm)	不大于 2.0 允许一处
疵点			不明显
裂纹			不允许
皱纹			不允许密集
开口式气泡		长度(mm)	不大于 2.0
		宽度(mm)	不大于 0.1

注：1. 整联上，具有列表缺陷的单块玻璃锦砖数不大于 5%；
2. 单联玻璃锦砖缺角与缺边不能同时存在；
3. 单块玻璃锦砖的背面应有锯齿状或者阶梯状的沟状；
4. 每批玻璃锦砖的色泽应基本一致。

玻璃锦砖的尺寸、允许公差及形状 表4-11

名称	尺寸(mm)			允许公差(mm)
单块	边长 厚度	20.0 4.0	25.0 4.2	±0.5 ±0.3
每联	线路 联长 周边距	2 327,321 2～7		±0.3 ±2.0
形状	正面　　　背面　　　侧面			

注：1. 允许按用户和生产厂协商生产其他形状和尺寸的产品，但边长不得超过45mm；
　　2. 线路、联长尺寸可按用户和生产厂协商做适当调整，但其允许公差不变。

2）水泥

强度等级为42.5级的普通硅酸盐水泥和强度等级为32.5级的白色硅酸盐水泥，其水泥强度、水泥安定性、凝结时间取样复验应合格，无结块现象。

3）石灰膏

优等品，应熟化15～20d，无杂质。

4）建筑胶

环保型，无浑浊或无污染变色现象。

5）砂

中砂或粗砂，含泥量应不大于3%，过筛；细砂（用于干缝洒灰润湿法），含泥量应小于3%，过窗纱筛。

6）水

饮用水。

(4) 施工工具

1）手工工具

灰匙、胡桃钳（虾角钳）、木抹子、铁抹子、托线板、木板（150×300mm）、钢开刀、小木锤、喷壶、贮水桶、茅草刷、墨斗线、水平尺、方尺、鬃刷、排笔、橡皮刮板等。

2）机具

利用现场已有垂直运输机械。

(5) 锦砖贴面构造做法

1）陶瓷锦砖

陶瓷锦砖的断面有凹面和凸面两种。凸面多用于墙面装修，凹面多铺设地面。其构造做法是：用1:3水泥砂浆做底灰，厚度为15mm，然后用厚度2～3mm、配合比为纸筋:石灰膏:水泥=1:1:8的水泥浆粘贴，或用掺水泥用量5%～10%的108胶或聚醋酸乙烯乳胶的水泥浆粘贴。

2）玻璃锦砖饰面

陶瓷锦砖的背面略成锅底形，并有沟槽，如图4-12这种断面形式及背面的沟槽是考

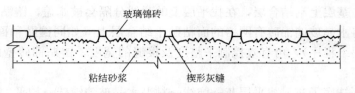

图 4-12 玻璃锦砖的粘贴情况

虑其玻璃体吸水性较差，为了加强饰面材料和基层的粘结而做的处理。这种梯形断面一方面增大了单块背后的粘结面积，另一方面也加大了块与块之间的粘结面。背面的沟槽也使接触面成为粗糙的表面，使粘结的性能得以提高。

玻璃锦砖饰面的构造层次是：先抹 15mm 厚 1∶3 水泥砂浆做底层并刮糙，一般分层抹平，两遍即可；若为混凝土墙板基层，在抹水泥砂浆前，应先刷一道素水泥浆（掺水泥重量的 8% 的 108 胶），在此基础上，抹 3mm 厚 1∶1～1∶1.5 水泥砂浆粘结层，在粘结层水泥砂浆凝固前，适时粘贴玻璃锦砖。粘贴玻璃锦砖时，在其麻面上抹一层 2mm 左右厚的水泥浆，然后纸面朝外，把玻璃锦砖镶贴在粘结层上。为了使面层粘结牢固，应在白水泥素浆中掺水泥重量的 4%～5% 的白乳胶及掺适量的与面层颜色相同的矿物颜料，然后用水泥色浆擦缝。玻璃锦砖饰面构造如图 4-13 所示。

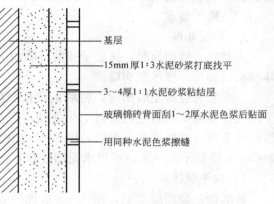

图 4-13 玻璃锦砖饰面构造做法

（6）作业条件

1）主体结构施工已完，并通过了验收。

2）场面基层已清理干净，脚手眼已堵好。

3）墙面预留孔及排水管处理完毕，门窗框已固定好，框与洞口间隙按规定填塞好，对成品做好保护。

4）脚手架应选用双排脚手架，其横竖杆及拉杆等应离开门窗角 150～200mm。架子的搭设应符合安全施工规范，经验收后方可使用。

5）大面积施工前应做样板，样板经验收认可后，方可按样板组织施工。

1.3.2 施工工艺

（1）工艺流程

锦砖镶贴方法有三种：即软贴法、硬贴法和干缝撒灰湿润法。其差别在于弹线与粘贴的顺序不同。

1）软贴法

基层处理→找平层抹灰→弹水平及竖向分格缝→锦砖刮浆→铺贴锦砖→拍板赶缝→湿纸→揭纸→检查调整→闭缝刮浆（擦缝）→清洗→喷水养护。

如果基层是混凝土墙面，应在凿毛、清扫、浇水湿润、甩浆、养护后做找平层抹灰。

2）硬贴法

硬贴法是在基层上刮结合层，在找平层上的弹线分隔会被遮盖，镶贴水晶玻璃锦砖适合该类做法。将水晶玻璃锦砖有网格的面粘贴于结合层上（如同镶贴釉面砖），可直视粘贴质量（没有揭纸程序），可有效控制平整度及接缝的宽度。镶贴锦砖壁画也适用此种方法。其操作程序：

基层处理→抹底子灰、找平层灰→弹线→粘贴水晶玻璃锦砖→拍平、拨缝→擦缝→清洁→养护。

3）干缝撒灰湿润法

该方法与软贴法的主要区别在于：软贴法在铺贴时对锦砖进行刮浆，而干缝撒灰湿润法是在铺贴时，在锦砖背面满撒1:1细砂水泥干灰充盈饼缝，然后用灰刀刮平，并洒水使缝内干灰湿润成水泥砂浆，再按软贴法其余程序贴铺于墙面上。

(2) 施工要点

1) 基层处理

当基层为砖墙面时，抹底子灰前将墙面清扫干净，检查处理好窗台和窗套、腰线等损坏和松动部位，浇水湿润墙面。

当基层为混凝土墙面时，将墙面的松散混凝土、砂浆杂物清除干净，凸起部位应凿平。光滑墙面要用打毛机进行毛化处理。附在墙面的脱模剂，一般要用10%浓度的碱溶液刷洗干净。墙面浇水润湿后，用1:1水泥砂浆（内掺水泥重量3%～5%的108胶）刮2～3mm厚腻子灰一遍，或甩水泥细砂砂浆，以增加粘结力。

2) 找平层抹灰

砖墙面：墙面湿水后，用1:3水泥砂浆（体积比）分层打底做找平层，厚度12～15mm，按冲筋抹平。随后用木抹子搓毛，干燥天气应洒水养护。

混凝土面：在墙面洒水刷一道界面处理剂，分层抹1:2.5水泥砂浆（体积比）找平层，厚度为10～12mm，平冲筋面。如厚度超过12mm，应采取钉网格加强措施分层抹压，表面要搓毛并洒水养护。如为加气混凝土块材墙，抹底层砂浆前墙面应洒水刷一道界面处理剂，随刷随抹。

3) 弹线

弹线之前应进行选砖、排砖（排版）。分格必须依照建筑施工图横竖装饰线，在门窗洞、窗台、挑槽、腰线等部位进行全面安排。排砖时，特别注意墙角、墙垛、雨篷面、天沟檐、窗台等细部构造尺寸，按整联锦砖排列出分格线。分格之横缝应与窗台、门窗脸相平，竖向分格线要求在阳台及窗口边都为整联排列，这就要依据建筑施工图及主体结构实际施工尺寸和锦砖尺寸，精确计算排砖模数，并绘制粘贴锦砖排砖（排版）大样作为弹线依据。弹线应在找平层完成并经检查达到合格标准后进行，先按排砖大样，弹出墙面阳角垂线与镶贴上口水平线（两条基线），再按每联锦砖一道弹出水平分格线；按每联或2～3联锦砖一道弹出垂直分格线。如图4-14所示，窗下墙面预排弹线。

如墙面要求有水平、垂直分格时，尚应在粘结层上弹出分格缝的宽度。一般采用与大面不同颜色的锦砖裁出窄条，平贴嵌入大墙面的锦砖中形成线条，增加建筑外形的立体感。

4) 粘贴

软贴法：粘贴陶瓷锦砖时，一般自上而下进行。在抹粘结层之前，应在湿润的找平层

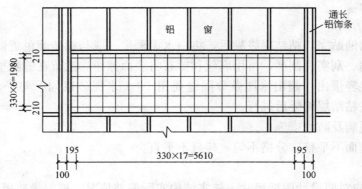

图 4-14 某建筑窗下墙面预排弹线

上刷素水泥浆一遍，抹 3mm 厚 1∶1∶2 纸筋石灰膏水泥混合浆粘结层。待粘结层用手按压无坑印即在其上弹线分格，由于灰浆仍稍软，故称"软贴法"。同时，将每联陶瓷锦砖铺在木板上（底面朝上），用湿棉纱将锦砖粘结面擦拭干净，再用小刷蘸清水刷一道，随即在锦砖粘贴面刮一层 2mm 厚的水泥浆，边刮边用铁抹子向下挤压，并轻敲木板振捣，使水泥浆充盈拼缝内，排出气泡。水泥浆的水灰比应控制在 0.3～0.35 之间。然后，在粘结层上刷水、润湿，将锦砖按线、靠尺粘贴在墙面上，并用木锤轻轻敲按压，使其粘牢。

硬贴法：硬贴法是在已弹好线的找平层上洒水，刮一层厚度 1～2mm 的素水泥浆，再按上述镶贴方法进行操作。此法的不足之处是找平层所弹的分格线被素水泥浆遮盖，锦砖铺贴无线可依。

干缝洒灰湿润法：在锦砖背面满撒 1∶1 细砂水泥干灰（混合搅拌应均匀）充盈拼缝，然后用灰刀刮平，并洒水使缝内干灰润湿成水泥砂浆，再按软贴法贴于墙面。贴时应注意缝格内干砂浆应撒填饱满，水润湿应适宜，太干易使缝内部分干灰在提纸时漏出，造成缝内无灰；太湿则锦砖无法提起不能镶贴。此法由于缝内充盈良好，可省去擦缝，揭纸后只需稍加擦拭即清洁。

5）揭纸、拨缝

一般一个单元的锦砖铺完后在砂浆初凝前（约 20～30min）达到基本稳定时，用清水喷湿护面纸，用双手轻轻地将纸揭下，揭纸的用力方向应尽量与墙面平行，同时用金属拨板（或开刀）调整弯曲缝隙，使之间距均匀，并在锦砖上垫木板轻拍实敲平。锦砖揭纸示

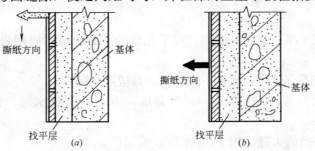

图 4-15 锦砖揭纸示意图
(a) 正确；(b) 错误

意如图 4-15 所示。

6）擦缝、清洁

待全部墙面铺贴完，粘结层终凝后，将白水泥稠浆（或与锦砖颜色近似的色浆）用刮板往缝隙里刮满、刮实、刮严，再用麻丝和擦布将表面擦净。遗留在缝隙里的浮砂可用干净潮湿软毛刷轻轻带出。超出米厘条分隔缝要用 1∶1 水泥砂浆勾严勾平，再用布擦净。清洗墙面应该在粘结层终凝后进行。

(3) 质量通病及防治措施

通病一：墙面不平整、分格不匀，砖缝不平直。

防治措施：

1）施工前应对照设计图纸尺寸，核实结构实际偏差情况，根据排砖模数和分格要求，绘制出施工大样图并加工好分格条；事先应选好砖，裁好规格，编上号，便于粘贴时对号入座。

2）按照施工大样图，对各窗间墙、墙垛等处先测好中心线、水平线和阴阳角垂直线，贴好灰饼，对不符合要求、偏差较大的部位，要预先剔凿或修补，以作为安装窗框、做窗台、腰线等的依据，防止在窗口、窗台、腰线、墙垛等部位发生分格缝不匀或阴阳角不够整片的情况。

3）抹灰打底要确保平整，阴阳角要垂直方正，本工序应经检测验收后方可进行粘贴陶瓷砖工序。

4）粘贴陶瓷锦砖由两人一组，严格按工艺规程操作。

5）陶瓷锦砖粘贴后，要用拍板靠在贴好的面层上，用小锤敲击拍板，满敲均匀，使其粘牢和平整，待刷水揭纸后，应检查缝隙情况，将弯曲的缝用拨刀调直，再用小锤拍板拍平一遍。

通病二：墙面污染。

防治措施：

1）贴陶瓷锦砖开始后，不得从室内向窗外倾倒垃圾。

2）及时做清洁，拆除脚手架时不要碰坏墙面。

3）运输和保管陶瓷锦砖要防止雨淋和受潮。

4）玻璃锦砖粘贴完后，如受到水泥或砂浆污染可用 10％稀盐酸溶液自上而下洗刷，再用清水冲洗干净。

通病三：墙面空鼓、脱落。

防治措施：

1）底层要清理干净，并浇水湿润，对于光滑的混凝土墙面应剔凿、凿毛并做小拉毛结合层。

2）粘贴时砂浆不宜过厚，面积不宜过大，且应随抹随贴。

3）揭纸拨缝时间宜在粘贴完后 1h 内完成，否则砂浆收水后，再拨缝易造成空鼓掉粒。

4）对起出分格条的大缝应用 1∶1 水泥砂浆勾严。

5）当玻璃锦砖出现空鼓和脱落时，应取下锦砖，铲去一部分原有砂浆，再用掺有聚合物胶粘剂的水泥浆粘贴修补。

1.3.3 成品保护、安全措施与质量验收

(1) 成品保护

1) 排水管应先安装好,以防损坏墙面。
2) 门窗框扇应包塑料膜,铝合金门窗的保护膜要保存好。
3) 操作人员不得在门窗洞口进出,更不得在门窗洞口传送物料,以防损坏门窗。
4) 各抹灰层和饰面层凝固前,应有防暴晒、防水冲、防振动等措施。
5) 拆除脚手架时,防止碰损墙面。
6) 屋面施工应有防止物料污染墙面的措施,严禁从室内向外倾倒垃圾。

(2) 安全措施

1) 脚手架搭设好后,必须经安检员验收合格后才能使用。每天上班前,应检查脚手架的牢固程度。
2) 采用吊篮施工,其吊具及悬挑结构,必须经安检人员检查验收合格后才能使用。使用前,应检查各个机件的安全度,以消除隐患。
3) 上人、上物电梯,应有安全检查合格证,无证严禁使用。
4) 安全网应按安全规范设置,挂网应牢固。
5) 操作人员进入现场应戴安全帽。高空作业,必须系安全带,不得在高空乱扔物料。
6) 楼梯间、电梯井、通道口和预留口应搭设护栏。
7) 施工现场严禁吸烟。
8) 电动机具应持证使用。

(3) 工程质量验收及标准

1) 饰面砖工程验收时应检查下列文件和记录

(a) 饰面砖工程的施工图,设计说明及其他设计文件。
(b) 材料的产品合格证书、性能检测报告、进场验收记录和粘贴水泥的复验合格报告。
(c) 隐蔽工程验收记录。
(d) 施工记录。

2) 检验批应按下列规定划分

(a) 相同材料、工艺和施工条件的室内饰面砖工程每 50 间(大面积房间和走廊按施工面积 $30m^2$ 为一间)应划分为一个检验批;不足 50 间也应划分为一个检验批。
(b) 相同材料、工艺和施工条件的室外饰面砖工程每 $500\sim1000m^2$ 应划分为一个检验批,不足 $500m^2$ 也应划分为一个检验批。

3) 检查数量应符合下列规定

(a) 室内每个检验批应至少抽查10%,并不得少于3间;不足3间时应全数检查。
(b) 室外每个检验批每 $100m^2$ 应至少抽查一处,每处不得小于 $10m^2$。

4) 质量检验内容

饰面砖工程的抗震缝、伸缩缝、沉降缝等部位的处理,应保证缝的使用功能和饰面砖的完整性。

5) 工程质量验收

(a) 检验批合格质量应符合下列规定:抽查样本主控项目均合格,一般项目80%以

上合格,其余样本不得有影响使用功能或明显影响装饰效果的缺陷,其中有允许偏差的检验项目,其最大偏差不得超过固定允许偏差的1.5倍;具有完整的操作依据、质量检查记录。

(b) 分项工程质量验收合格应符合下列规定:分项工程所含的检验批均应符合合格质量的规定;分项工程所含的检验批的质量验收记录应完整;观感质量验收应符合要求。

质量标准:外墙锦砖饰面砖粘贴工程质量验收标准及检验方法见表4-12。

外墙锦砖粘贴的允许偏差和检验方法表　　　　　表4-12

检 验 项 目	容许偏差(mm)		检 验 方 法
立面垂直度	室外	2	用2m垂直检测尺检查
	室内	3	
表面平整度	4		用2m靠尺和塞尺检查
阴阳角方正	3		用20cm方尺和塞尺检查
接缝直线度	3		拉5m线,不足5m拉通线,用钢直尺检查
接缝高低	室外	0.5	用钢直尺和塞尺检查
	室内	1	
接缝宽度	1		用钢直尺检查

1.4 实训课题—卫生间内墙面装饰装修构造设计及施工

1.4.1 施工准备

(1) 设计图

图4-16为某卫生间立面图,从图中可知,该墙面的长度为4800mm,高度为

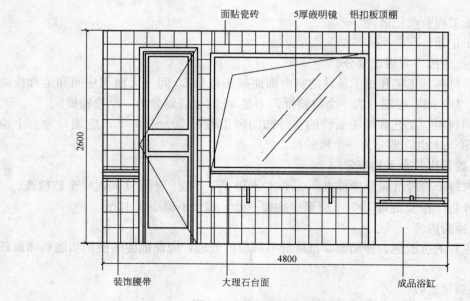

图4-16 某卫生间墙面立面图

2600mm，墙面上开有一个门，卫生间的门可按实际情况取宽×高＝800mm×2000mm的洞口尺寸，同时该墙面上镶嵌有一镜面，镜面下为大理石台面，并有一成品浴缸的设置。该墙面做腰线一条，顶棚采用铝扣板吊顶。

(2) 材料准备

1）釉面砖：各项技术指标和性能满足相应的规定和要求。准备标准砖和腰线砖等异形砖。其数量根据所选用的釉面砖的规格和墙面面积来计算。

2）水泥：强度32.5级的普通硅酸盐水泥和白水泥。

3）砂子：采用细度模数为2.3～2.6的中砂，并过筛。

4）水：饮用水。

5）其他材料：108胶、矿物颜料、高强建筑石膏、$\phi 6$钢筋、棉纱、膨胀螺栓、绑丝等。

(3) 机具及作业条件

1）工具

(a) 手工工具

开刀、木锤或橡皮锤、铁铲、合金錾、钢錾、小手锤、磨石、合金钻头等。

(b) 机具

型材切割机、冲击电钻（电锤）、砂浆搅拌机、手电钻。

2）作业条件

(a) 按所选用（或基地提供）的面砖规格和尺寸、颜色进行选砖，并分别存放备用。

(b) 水电管线已安装，堵实并抹平脚手眼和管洞等建筑施工时留下的洞口，并通过验收。

(c) 按设计及规范要求用1∶3水泥砂浆堵塞门框与洞口之间的缝隙，门框、扇贴好保护膜。

(d) 做好基层处理。

(e) 搭设高马凳，马凳端头应离开门、墙面150～200mm的距离，马凳高、长度应符合使用要求。

(f) 弹出墙面上±50cm水平基准线，并再次熟悉已确定的工艺流程，熟记操作要点。

1.4.2 施工工艺

(1) 工艺流程

基层处理、抹底子灰→排砖、弹线→选砖、浸砖→贴标准点→垫底尺→镶贴釉面砖→擦缝→清理。

(2) 各工序的施工技术要点

1）基层处理

将光滑的基层表面凿成深度为0.5～1.5cm，间距为3cm的毛面，并且清除表面残存的灰浆、尘土和油渍等；基层表面明显的凸凹处，用1∶3水泥砂浆找平或者剔平，在不同材料基层表面相接触的地方，铺好金属网；为使基层能与找平层粘结牢固，已在抹找平层前先撒聚合水泥浆（108胶∶水＝1∶4的胶水拌水泥）处理，若基层为加气混凝土，在清洁基层表面后刷108胶水溶液一遍，并满钉镀锌机织钢丝网（孔径32mm×32mm，丝径0.7mm，$\phi 6$的扒钉，钉距纵横不大于600mm），再抹1∶1∶4水泥混合砂浆粘结层及

1:2.5水泥砂浆找平层。

2）预排

确定釉面砖的排列方法，选定直线或错缝排列方式。饰面砖镶贴前应进行预排。注意同一墙面的横竖排列，均不得有一行以上的非整砖。非整砖行应排在次要部位或阴角处，排砖时可用调整砖缝宽度的方法解决。接缝宽度可在1～1.5mm之间调整。在管线、灯具、卫生设备支承等部位，应用整砖套割吻合，不得用非整砖拼凑镶贴，以保证饰面的美观。

3）弹线

依照室内标准水平线，找出地面标高，按贴砖的面积，计算纵横的皮数，用水平尺找平，并弹出釉面砖的水平和垂直控制线。如选用阴阳三角镶边时，则将镶边位置预先分配好。横向不足整块的部分，留在最下一皮与地面连接处。

4）贴标准点作标志

为了控制整个镶贴釉面砖表面平整度，正式镶贴前，在墙上粘废釉面砖或用做灰饼的混合砂浆作为标志块，墙面上下用托线板挂直，作为粘贴厚度的依据，用拉线或靠尺校正平整度。在门洞口或阳角处，如有阴三角镶边时，则应将尺寸留出，先铺贴一侧的墙面，并用托线板校正靠直。如无镶边，应双面挂直。

5）垫底尺

计算好下一皮砖下口标高，底尺上皮一般比地面低1cm左右，以此为依据放好底尺，要求水平、安稳。

6）浸砖和湿润墙面

釉面砖粘贴前应放入清水中浸泡2h以上，然后取出晾干，至手按砖背无水迹时方可粘贴。冬期宜在掺入2‰盐的温水中浸泡。砖墙要提前1天湿润好，混凝土墙可以提前3～4d湿润，以避免吸走粘结砂浆中的水分。

7）镶贴釉面砖

镶贴时在釉面砖背面满抹灰浆（水泥砂浆以体积配比为1:2为宜）；水泥石灰砂浆在1:2（体积比）的水泥砂浆中加入少量石灰膏，以增加粘结砂浆的保水性和和易性；聚合物水泥砂浆在体积比1:2的水泥砂浆中加掺入约为水泥量2％～3％的108胶，以使砂浆有较好的和易性和保水性，四周刮成斜面，厚度5mm左右，注意边角满浆。贴于墙面的釉面砖就位后应用力按压，并用灰铲木柄轻击砖面，使釉面砖紧密粘于墙面。

铺贴完整行的釉面砖后，再用长靠尺横向校正一次。对高于标志块的应轻轻敲击，使其平齐；若低于标志块（即亏灰）时，应取下釉面砖，重新抹满刀灰铺贴，不得在砖口处塞灰，否则会产生空鼓。然后依次按上法往上铺贴。

如因釉面砖的规格尺寸或几何形状不等时，应在铺贴时随时调整，使缝隙宽窄一致。当贴到最上一行时，要求上口成一直线。上口如没有压条（镶边），应用一边圆的釉面砖，阴角的大面一侧也用一边圆的釉面砖，这一排的最上面一块应用二边圆的釉面砖。

8）细部处理

在镶有镜箱、大理石的墙面，应按台板下水管部位、镜面中心线分中，往两边排砖。

（3）质量缺陷及分析

可能出现的质量缺陷如下：

1) 墙面不平整，分隔缝不均匀，砖缝不平直

产生原因：使用的釉面砖可能有缺陷，或尺寸不规则；在粘贴釉面砖之前，找平不够，皮数杆划分不准确，粘贴釉面砖时，平整度控制不好所导致上述缺陷的发生。

2) 釉面砖表面裂缝

产生原因：由于使用的釉面砖的吸水率过小；釉面砖内部有隐伤没有被及时发现；釉面砖事先浸泡时间不够而造成。

3) 墙面砖变色、污染，出现白度降低，泛黄发花，变赭和发黑

产生原因：由于所使用的釉面砖的施釉层厚度或密实度不够；所使用的砂子和水不够洁净，里面含有腐蚀性物质等原因造成。

4) 空鼓、脱落

产生原因：由于基层平整度和湿水不够；浸透的釉面砖表面没有晾干水；贴砖粘贴不够紧密等原因造成。

（4）成品保护

1) 残留在门窗框上的水泥砂浆应及时清理干净，门窗口处应设防护措施，门窗应用塑料膜保护好，防止污染。

2) 各抹灰层在凝固前，应防风、防暴晒、防水冲和振动，以保证各层粘结牢固及足够的强度。

3) 防止水泥浆、石灰浆、涂料、颜料、油漆等液体污染饰面砖墙面，注意不要在已做好的饰面砖墙面上乱写乱画或脚蹬、手摸等，以免造成污染墙面。

（5）安全措施

1) 室内装饰高处作业时，移动式操作平台应按相应规范进行设计，台面满铺木板时，四周按临边作业要求设防护栏杆。

2) 凳上操作时，单凳只准站一人、双凳搭跳板时，两凳间距不超过 2m，准站二人，脚手板上不准放灰桶。

3) 梯子不得缺档，不得垫高，横档间距以 30cm 为宜，梯子底部绑防滑垫；人字梯夹角 60°为宜，两梯间要拉牢。

4) 注意机电设备的安全使用，并注意施工现场的防火安全。

（6）质量验收及记录

当墙面镶贴完成以后，应对整个墙面进行质量验收，对实际施工的项目按镶贴工程质量验收标准进行检查评定。

课题2 石材类饰面构造与施工

2.1 石材饰面基本知识

近年来，在建筑物的内外墙装饰中，使用大理石、花岗石、人造石等的情况变多了，在建筑物中采用石材装饰，通常意味着该建筑的装饰程度高。所以，石材装饰工程的好坏直接左右建筑物的效果这一说法也不为过。在这个意义上，从设计的角度采用石材装饰墙面是理想的，但对施工人员来说，充分理解设计意图，进行切合实际的施工是十分重

要的。

2.1.1 墙面石材饰面施工设计图文件

石材饰面应有详细的施工图设计文件，如图 4-17、图 4-18 所示，其内容包括饰面板的品种、规格、颜色和性能及环保要求，饰面板孔、槽的数量、位置和尺寸；饰面板安装工程的预埋件（或后置埋件）、连接件的数量、规格、位置、连接方法和防腐处理等。

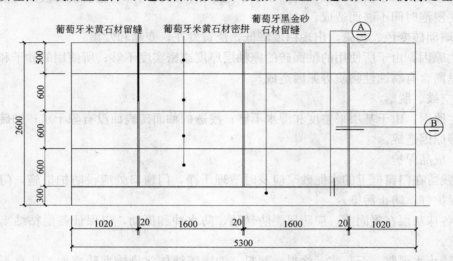

图 4-17 石材墙面立面图

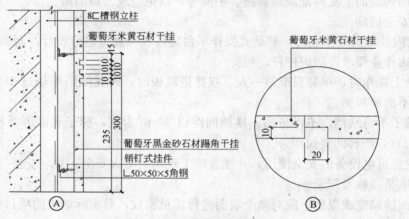

图 4-18 石材墙面节点图

2.1.2 墙面石材饰面材料及特点

在墙面装饰工程中使用的石材主要有天然石材板和人造石材板。

天然石材板有大理石、花岗石、白云石、石灰石、凝灰岩等板材、块材，厚度在30～40mm 以下的称板材，厚度在 40～130mm 以上的称为块材。天然石材具有强度高，质地密实、坚硬，色泽雅致等特点。

人造石材板是大理石、花岗石及其他天然石和以这些天然石为原料的仿天然石的人造石类。由天然石材的碎石、石屑、石粉作填充材料，由不饱和聚酯树脂或水泥为胶粉剂，经搅拌成型、研磨、抛光等工序制成。它具有强度高、表面硬度大、无污染、光泽度好等特点，一般分水泥型、聚酯型、复合型、烧结型四种。

（1）大理石饰面板饰面

大理石是一种由方解石和白云石组成的变质岩，磨光加工后的大理石板材颜色绚丽，有美丽的斑纹或条纹，具有很好的装饰性。纯大理石为白色，称为汉白玉。如果在变质过程中混入其他杂质，就会出现各种不同的色彩和花纹及斑点，如含碳则呈黑色；含氧化铁则呈玫瑰色、桔红色；含氧化亚铁、铜、镍则呈绿色等。经矿山开采出来的天然大理石块称为大理石荒料，荒料经锯切、磨光后就成为大理石装饰板材。

我国大理石资源丰富，花色品种繁多。主要产地遍布全国各地，比较有名的有云南大理、北京房山、湖北大冶、山东平度、广东云浮、福建南平等。品种及特征见表4-13。

常用大理石品种及特征　　　　　表4-13

名　称	产　地	特　征
汉白玉	北京房山	玉白色，微有杂点和脉
	湖北黄石	
晶　白	湖　北	白色晶粒，细致而均匀
雪　花	山东掖县	白间淡灰色，有均匀中晶，有较多黄杂点
雪　云	广东云浮	白和灰白相间
影晶白	江苏高资	乳白色有微红至深赭的陷纹
墨晶白	河北曲阳	玉白色，微晶，有黑色纹脉或斑点
风　雪	云南大理	灰白间有深灰色晕带
冰　琅	河北曲阳	灰白色均匀粗晶
黄花玉	湖北黄石	淡黄色，有较多稻黄脉络
凝　脂	江苏宜兴	猪油色底，稍有深黄细脉，偶带透明杂晶
碧　玉	辽宁连山关	嫩绿或深绿和白色絮状相渗
彩　云	河北获鹿	浅翠绿色底，深绿絮状相渗，有紫斑或脉
斑　绿	山东莱阳	灰白色，有深草绿色点斑状堆状
云　灰	北京房山	白或浅灰色，有烟状或云状黑灰纹带
晶　灰	河北曲阳	灰色微赭，均匀细晶，间有灰条纹或赭色斑
驼　灰	江苏苏州	土赭色底，有深黄赭色浅色疏脉
裂　玉	湖北大冶	浅灰带微红色底，有红色脉络和青灰色斑
海　涛	湖　北	浅灰底，有深浅间隔的青灰色条状斑带
象　灰	浙江潭浅	象灰底，杂细晶斑，并有红黄色细纹络
艾叶青	北京房山	青底，深灰问白色叶状斑云，间有片状纹缕
残　雪	河北铁山	灰白色，有黑色斑带
螺　青	北京房山	深灰色底，满布青山相间螺纹状花纹
晚　霞	北京顺义	石黄间土黄色底，有深黄叠脉，间有黑晕
蟹　青	河　北	黄灰底，遍布深灰或黄色砾斑，间有白灰层
虎　纹	江苏宜兴	赭色底，有流纹状石黄色经络
灰黄玉	湖北大冶	浅黑灰色，有陷红色、黄色和浅灰脉络
锦　灰	湖北大冶	浅黑灰底，有红色和青灰色脉络
电　花	浙江杭州	黑灰底，满布红色和间白色脉络
桃　红	河北曲阳	桃红色，粗晶，有黑色缕纹或斑点
银　河	湖北下陆	浅灰底，密布粉红脉络杂有黄脉
秋　枫	江苏南京	灰红底，有血红晕脉
砾　红	广东云浮	浅红底，满布白色大小碎石块
桔　络	浙江长兴	浅灰底，密布粉红和紫红叶脉
岭　红	辽宁铁岭	紫红色
紫螺纹	安徽灵璧	灰红底，满布红灰相间的螺纹
螺　红	辽宁金县	绛红底，夹有红灰相间的螺纹
红花玉	湖北大冶	肚红底，夹有大小浅红碎石块
五　花	江苏、河北	绛紫底，遍布深青灰色或紫色大小砾石
墨　壁	河北获鹿	黑色，杂有少量浅黑陷斑或少量黄缕纹
墨　夜	江苏苏州	黑色，间有少量白络或白斑
莱阳黑	山东莱阳	灰黑底，间有墨斑灰白色点
墨　玉	贵州、广西	墨色
山　水	山东平度	白色底，间有规律走向的灰黑色絮状条纹
	广东云浮	

由于大理石饰面板容易被含二氧化碳的雨水腐蚀,除质地纯的汉白玉和艾叶青用于室外以外,大多数大理石只用于室内饰面,如特殊情况用于室外时,必须经过有关专业护理装饰公司对大理石板进行护理及保养处理。

(2) 花岗石饰面板饰面

花岗石是一种由长石、石英和少量云母组成的火成岩。岩石中 SiO_2 质量分数为67%～75%,故属于酸性岩石。花岗石晶粒均匀,构造致密,强度和硬度极高,耐酸、耐磨、耐腐蚀,抗冻性强,耐久性好,其耐用年限为75～200年。

我国花岗石资源丰富,品种达150多种。天然花岗石制品根据加工方式不同可分为:

1) 剁斧板材:石材表面经手工剁斧加工,表面粗糙,具有规则的条状斧纹。表面质感粗犷,用于防滑地面、台阶、基座等。

2) 机刨板材:石材表面机械刨平,表面平整,有相互平行的刨切纹,用于与剁斧板材类似用途,但表面质感比较细腻。

3) 粗磨板材:石材表面经过粗磨,平滑无光泽,主要用于需要柔光效果的墙面、柱面、台阶、基座等。

4) 磨光板材:石材表面经过精磨和抛光加工,表面平整光亮,花岗石晶体结构纹理清晰,颜色绚丽多彩,用于需要高光泽平滑表面效果的墙面、地面和柱面。

按颜色分有红色系列、黄红色系列、青色系列、花白系列、黑色系列等,见表4-14。

花岗石品种系列　　　　　　表4-14

系列	红色系列	黄红色系列	青色系列	花白系列	黑色系列
品种	四川红 石棉红 岑溪红 虎皮红 樱桃红 平谷红 杜鹃红 连州大红 连州中红 玫瑰红(石岛红) 贵妃红 鲁青红	岑溪桔红 东留肉红 连州浅红 兴洋桃红 兴洋桔红 平谷桃红 浅红小花 樱花红 珊瑚红 虎皮红	芝麻青 米易绿 攀西兰 南雄青 芦花青 青花 菊花青 竹叶青 济南青 细麻青	白石花 四川花白 白虎涧 济南花白 烟台花白 黑白花 芝麻白 岭南花白 花白	淡青黑 纯黑 芝麻黑 四川黑 贵州黑 烟台黑 沈阳黑 容成黑 乌石锦 长春黑

(3) 人造石材饰面板饰面

人造石材装饰板一般指人造大理石和人造花岗石,以人造大理石的应用较为广泛。由于天然石材的加工成本高,现代建筑装饰业常采用人造石材。人造石材属于水泥混凝土和聚酯混凝土类。人造石材的花纹图案可以人为的进行控制,其效果甚至胜过天然石材,并且重量轻、强度高、耐腐蚀、耐污染,施工方便,是现代装修的理想材料。

人造石材它具有重量轻、强度高、装饰性强、耐腐蚀、耐污染、生产工艺简单以及施工方便等优点,因而得到了广泛应用。

人造石材饰面板有水泥型、聚酯型、复合型、烧结型四种类型。饰面板规格尺寸为200mm×200mm～1200mm×1800mm,板厚为10、15、20mm三种。

2.1.3 石材饰面板的构造

小规格石板（一般指边长不大于400mm，厚度在20mm以内的薄板）通常采用粘贴方式，这类板、块材的构造做法和墙面砖粘贴方法相同。有时在大理石板边刻槽捆扎钢丝，如图4-19所示。在水磨石板背面埋24号铝丝、铜丝和铅丝，其甩头40～60mm埋入粘结层砂浆内，以增加面板粘贴的牢固性。砂浆厚度为10～12mm。

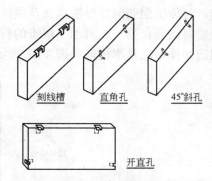

图4-19 小规格石材刻槽埋铅丝孔图示

大规格饰面板材（边长500～2000mm）通常采用"挂"的方式。

(1) 传统钢筋网挂贴法

外墙饰面板传统钢筋网挂贴法又称钢筋网挂贴湿作业法。这种构造做法历史悠久，造价比较便宜，但存在以下缺点：

1) 施工复杂、进度慢、周期长。
2) 饰面板打眼、剔槽、费时费工，而且必须由熟练的技术工人操作。
3) 因水泥的化学作用，致使饰面板发生花脸、变色、锈斑等污染。
4) 由于挂贴不牢，饰面板常发生空鼓、裂缝、脱落等问题，修补困难。

首先，在砌墙时预埋镀锌铁钩，并在铁钩内立竖筋，间距为500～1000mm，然后按面板位置在竖筋上绑扎横筋，构成一个钢筋网。如果基层未预埋钢筋，可用金属胀管螺栓固定预埋件，然后进行绑扎或焊接竖筋和横筋。板材上端两边钻以小孔，用铜丝或镀锌钢丝穿过孔洞将石材板绑扎在横筋上。石材与墙身之间留30mm缝，施工时将活动木楔插入缝内，以调整和控制缝宽。上下板之间用"Z"形铜丝钩钩住，待石板校正后，在石板与墙面之间分层浇灌1：2.5水泥砂浆。灌浆宜分层灌入，每次灌筑高度不宜超过板高的1/3。每次间隔时间为1～2h。最上部灌浆高度应距板材上皮50mm，不得和板材上皮齐平，以便和上层石板灌浆结合在一起，如图4-20所示。人们通过对多年的施工经验的总

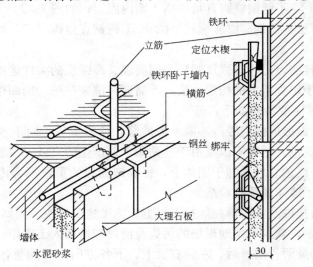

图4-20 饰面板传统钢筋网挂贴法构造

结,对传统钢筋网挂贴法构造及做法进行了改进:首先将钢筋网简化,只拉横向钢筋,取消竖向钢筋;第二,对加工艰难的打洞工作改为只剔槽、不打眼或少打眼,改进后的传统钢筋网挂贴法基本构造如图 4-21 所示。

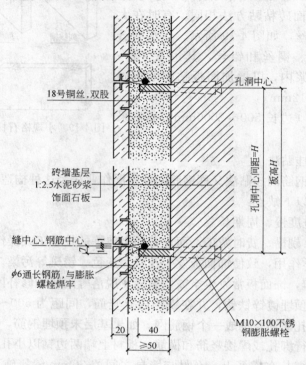

图 4-21 改进后的传统钢筋网挂贴法构造

（2）钢筋钩挂贴法

钢筋钩挂贴法又称挂贴楔固法。它与传统钢筋网挂贴法不同之处是将饰面板以不锈钢钩直接楔固于墙体上。具体做法有以下两种。

1) 将饰面板用 φ6 不锈钢铁脚直角钩插入墙内固定,如图 4-22 所示。

2) 饰面板用焊于不锈钢脚膨胀螺栓上的 φ6 不锈钢直角钩固定,如图 4-23 所示。

（3）干挂法

干挂法又称空挂法,是用高强度螺栓和耐腐蚀、高强度的柔性连接件将饰面板直接吊挂于墙体上或空挂于钢骨架上的构造做法,不需要再灌浆粘贴。饰面板与结构表面之间有 80～90mm 距离。其主要特点如下:

1) 饰面板与墙面形成的空腔内不灌水泥砂浆,彻底避免了由于水泥化学作用而造成饰面板表面花脸、变色、锈斑等以及由于挂贴不牢而产生的空鼓、裂缝、脱落等问题。

2) 饰面板是分块独立地吊挂于墙体上,每块饰面板的重量不会传给其他板材且无水泥砂浆重量,减轻了墙体的承重荷载。

3) 饰面板用吊挂件及膨胀螺栓等挂于墙上,施工速度较快,周期较短。由于干作业,不需要搅拌水泥砂浆,减少了工地现场的污染及清理现场的人工费用。

4) 吊挂件轻巧灵活,前、后、左、右及上、下各方向均可调整,因此饰面的安装质量易保证。

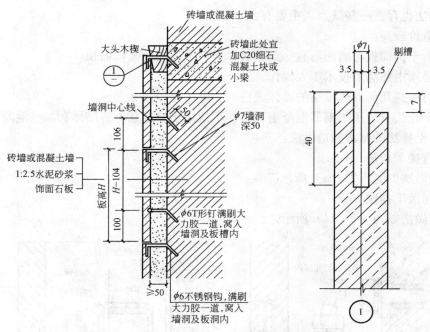

图 4-22 饰面板钢筋钩挂贴法构造做法（一）

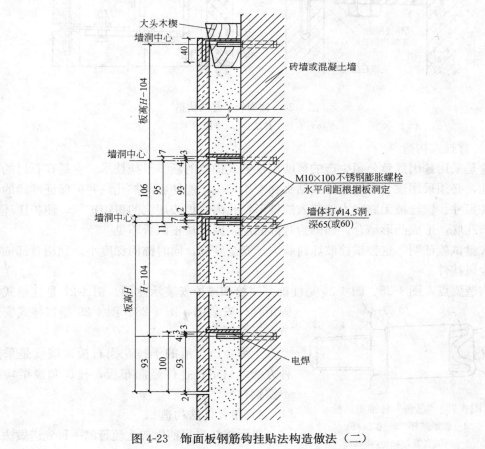

图 4-23 饰面板钢筋钩挂贴法构造做法（二）

干挂法也存在一些缺点，主要有：

1）造价较高。

2）由于饰面板与墙面需有一定距离，增大了外墙的装修面积。

3）必须由熟练的技术工人操作。

4）对一些几何形体复杂的墙体或柱面，施工比较困难。

5）干挂法只适用于钢筋混凝土墙体，不适用于普通黏土砖墙体和加气混凝土块墙体。

（4）干挂法的基本构造做法：

1）直接干挂法

构造做法如图4-24（a）所示。

2）间接干挂法

构造做法如图2-24（b）所示。

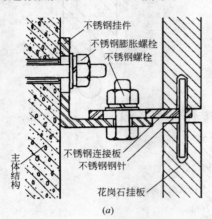
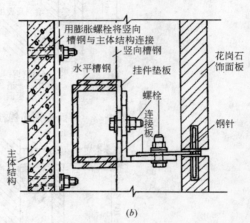

图4-24 饰面板干挂法构造
(a) 直接干挂法；(b) 间接干挂法

3）背挂式构造

这是采用德国慧鱼公司生产的幕墙用柱锥式锚栓的新型干挂技术。它是在石材的背面上钻孔，必须采用该公司的柱锥式钻头和专用钻机，能使底部扩孔，并可保证准确的钻孔深度和尺寸。锚栓被无膨胀力地装入圆锥形钻孔内，再按规定的扭矩扩压，使扩压环张开并填满孔底，形成凸形结合。锚固为背部固定，因而从正面看不见。

大量试验证明，这种锚栓破坏荷载大，安全度高，同时锚固深度小。利用背部锚栓可固定金属挂件。

构造要点，图4-25、图4-26是柱锥型锚栓和锚栓安装示意图。图4-27是柱锥式锚栓固定挂件安装图，图4-28、图4-29是背挂式安装和节点示意图。

上海金茂大厦的干挂花岗石板幕墙就是采用此种方法，只是将挂件竖向布置，挂件和横梁均采用不锈钢材料。

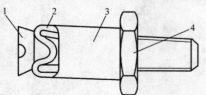

图4-25 "惠鱼"柱锥型锚栓
1—锥形螺杆；2—扩压环；
3—间隔套管；4—六角螺母

4）单元体法构造

单元体法是目前世界上流行的一种先进做法，它

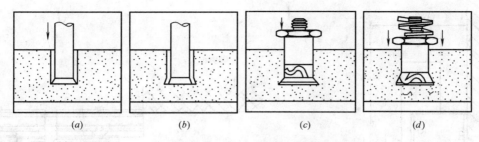

图 4-26 柱锥型锚栓和锚栓安装示意图
（a）钻孔；（b）底部扩孔；（c）放入锚栓；（d）压下扩压环

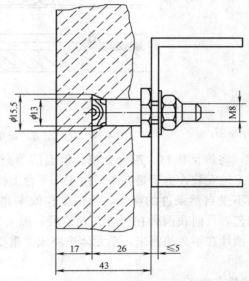

图 4-27 柱锥式锚栓固定挂件

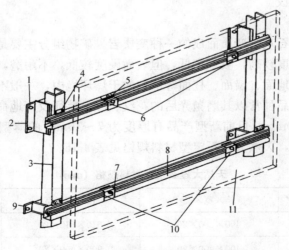

图 4-28 背挂式安装示意图
1—固定锚柱；2—固定码；3—立柱；4—固定夹板；
5—调节水平螺栓；6—挂片；7—幕墙用柱锥式；
8—横梁；9—次固定码；10—挂片；11—石材面板

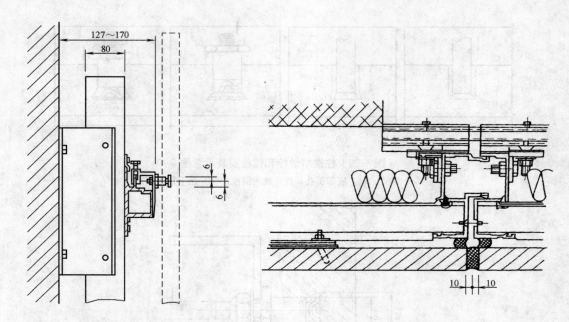

图 4-29　背挂式节点示意图　　图 4-30　北京东方广场单元体外墙节点示意图

利用特殊强化的组合框架，将饰面板材、铝合金窗、保温层等全部在工厂中组装在框架上，然后将整片墙面运至工地安装，由于是在工厂内工作平台上拼装组合，劳动条件和环境得到良好的改善，可以不受自然条件的影响，所以工作效率和构件精度都能有很大提高。对于此新方法、新工艺，目前我国处在引进初期阶段，图 4-30 所示是北京东方广场单元体外墙节点示意图。预计在不久的将来，单元体法将成为重要建筑墙面干挂石材的主要做法。

2.1.4　材料及机具选择与准备

（1）大理石饰面板

1）性能及规格

天然大理石是由石灰岩变质而成的一种变质岩。矿物组分主要是石灰石、方解石和白云石，结构致密，强度较高，吸水率低，但表面硬度较低，不耐磨，抗侵蚀性能较差，主要用于建筑物的室内地面、墙面、柱面等部位的干燥环境中，一般不宜用于室外。

大理石饰面板的品种常以其磨抛光后的花纹、颜色特征及产地命名。有定型和不定型规格，一般厚度为 20mm，目前新型产品有厚度为 7～10mm 的薄型饰面板。不定型规格可根据用户要求加工，天然大理石定型材料规格见表 4-15。

天然大理石定型材料规格（mm）　　表 4-15

长×宽×高	长×宽×高	长×宽×高	长×宽×高
300×150×20	400×200×20	610×610×20	1070×750×20
300×300×20	400×400×20	900×600×20	1200×600×20
305×152×20	600×300×20	915×610×20	1200×900×20
305×305×20	600×600×20	1067×762×20	1220×915×20

2）质量要求

大理石板材分为优等品、一等品和合格品三个等级，其物理性能及外观质量应符合表4-16的规定；其普通型板材的等级指标允许偏差应符合表4-17的规定。

大理石板材物理性能及外观质量要求 表4-16

类别	名称	指标		
		优等品	一等品	合格品
物理性能	镜面光泽度（抛光面具有镜面光泽，能清晰地反映出景物）/光泽单位	60～90	50～80	40～70
	表观密度不小于(g/cm^3)	2.60		
	吸水率不大于(%)	0.75		
	干燥抗压强度不小于(MPa)	20.00		
	抗弯强度不小于(MPa)	7.00		
正面外观缺陷	翘曲	不允许	不明显	有，但不影响使用
	裂纹			
	砂眼			
	凹陷			
	色斑			
	污点			
	正面棱缺陷长≤8mm,宽≤3mm			1处
	正面角缺陷长≤3mm,宽≤3mm			2处

普通型大理石板材规格尺寸、平面度、角度允许偏差 表4-17

类别	分类等级		指标		
			优等品	一等品	合格品
规格尺寸(mm)	长、宽度		0 −1.0	0 −1.0	0 −1.50
	厚度	≤15	±0.50	±0.80	±1.00
		>15	+0.5 −1.50	+1.00 −2.00	±2.00
平面度极限公差(mm)	板材长度范围	≤400	0.20	0.30	0.50
		>400～<800	0.50	0.60	0.80
		≥800～<1000	0.70	0.80	1.00
		≥1000	0.80	1.00	1.20
角度极限公差(mm)	板材长度范围	≤400	0.30	0.40	0.60
		>400	0.50	0.60	0.80

注：异形板材规格尺寸允许偏差由供需双方商定。

(2) 花岗石饰面板

1）性能及规格

花岗岩是岩浆岩（又称火成岩）的统称，其矿物组分主要是石英、长石、云母等。质地坚硬密实，具有良好的抗风化性、耐磨性、耐酸碱性。

花岗石按加工方法不同可分为四种：

（a）剁斧板：表面粗糙、具有规则的条状斧纹。一般用于室外地面、台阶、基座等处。

（b）机刨板：表面平整、具有平行刨纹。一般用于室外地面、台阶、基座、踏步、檐口等处。

（c）粗磨板：表面平滑无光。一般用于室外地面、台阶、基建、纪念碑、墓碑等。

（d）磨光板：表面平整、色泽光亮如镜、晶粒显露。多用于室内外墙面、柱面、地面等装饰等处。

天然花岗石材料规格见表 4-18。

天然花岗石材料规格（mm） 表 4-18

长×宽×高	长×宽×高	长×宽×高	长×宽×高	长×宽×高	长×宽×高
300×300×20	400×400×20	600×600×620	610×610×20	915×610×20	1070×750×20
305×305×20	600×300×20	610×305×20	900×600×20	1067×762×20	

2）质量要求

花岗石饰面板应表面平整、边缘整齐；棱角不得损坏；应具有产品合格证。

安装花岗石饰面板用的钢制锚固件、连接件，应镀锌或经防锈处理。镜面和光面的天然石板石饰面板，应采用铜或不锈钢制的连接件。

天然石装饰板的表面不得有隐伤、风化等缺陷，不宜采用褪色的材料包装。

施工时所用胶结材料的品种、掺合比例应符合设计要求，并具有产品合格凭证和性能检测报告。

花岗石板材的物理性能及正面外观质量应符合表 4-19 的规定。

（3）主要工具、机具

1）石材切割机

该切割机主要用于天然（或人造）花岗石等石料板材、瓷砖、混凝土及石膏等的切割，广泛应用于地面、墙面石材装修工程施工中。

该机分干、湿两种切割片。使用湿型刀片时，需用水作冷却液。在切割石材之前，先将小塑料软管接在切割机的给水口上，双手握住机柄，通水后再按下开关，并匀速推进切割。石材切割机外形如图 4-31 所示。

2）轻型手电钻

轻型手电钻是用来对金属材料或其他类似材料或工件进行小孔径钻孔的电动工具。

该电钻的特点是体积小、重量轻，操作快捷简便、工效高。它是建筑装饰中最常用的电动工具之一，为适应不同用途，电钻有单数、双数、四数和无级调速、电子控制、可逆转等类型。

电钻的规格以钻孔直径表示，有 10、13、25mm 等。转速为 950～2500r/min，功率为 350W 或 450W。

轻型电钻操作时注意钻头平稳进给，防止跳动或摇晃，要经常提出钻头，去掉木渣，以免钻头扭断在工件中，轻型电钻外形如图 4-32 所示。

花岗石板材物理性能及外观质量要求 表4-19

类 别	名 称	内 容	指 标		
			优等品	一等品	合格品
物理性能	镜面光泽度	正面应具有镜面光泽,能清晰地反映出景物	光泽度值应不低于75光泽单位或按双方协议		
	表观密度不小于(g/cm³)		2.50		
	吸水率不大于(%)		1.0		
	干燥抗压强度不小于(MPa)		60.0		
	抗弯强度不小于(MPa)		8.0		
正面外观缺陷缺棱	缺棱	长度不超过10mm(长度小于5mm不计),周边每m长/个	不允许	1	2
	缺角	面积不超过5mm×2mm(面积小于2mm×2mm不计)每块板/个			
	裂纹	长度不超过两端顺延至板边总长度的1/10(长度小于20mm的不计),每块板/条			
	色线	长度不超过两端顺延至板边总长度的1/10(长度小于40mm的不计),每块板/条			
	色斑	面积不超过20mm×30mm(面积小于15mm×15mm。不计),每块板/个		2	3
	坑窝	粗面板材的正面出现坑窝		不明显	有,但不影响使用

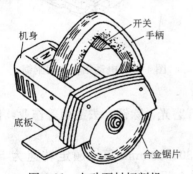

图4-31 电动石材切割机

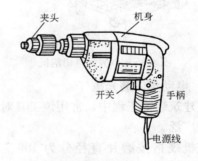

图4-32 轻型手电钻

3) 冲击电钻（电锤）

冲击电钻，亦称电动冲击钻，它是可调节式旋转带冲击的特种电钻。当把旋扭调到旋转位置时，装上钻头，就像普通钻一样，可对钢制品进行钻孔。如把旋扭调到冲击位置，装上镶硬质合金的冲击钻头，就可以对混凝土、砖墙进行钻孔。

冲击电钻的规格以最大钻孔直径表示，用作钻混凝土时有13、20mm几种；用作钻钢材时，有8、10、13、20、25mm几种；用作木材钻孔时，最大孔径可达40mm。功率为300～700W，转速为650～2800r/min，外形如图4-33、图4-34所示。

4) 金属切割机

小型钢材切割机。用于切割角铁、钢筋、水管、轻钢龙骨等。

常见规格有12、14、16in（英寸）几种，功率为1450W左右，转速为2300～3800r/min。

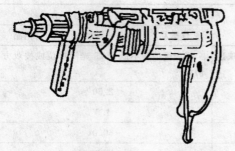
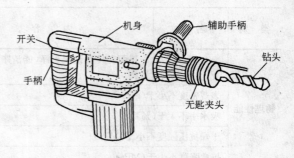

图 4-33 冲击电钻　　　　　　　　　图 4-34 电锤

切割刀具为砂轮片，最大切割厚度为 100mm。切割机外形如图 4-35 所示。

电动铝合金切割锯。铝合金切割锯是切割铝合金构件的机具。电动铝合金切割锯常用规格有 10、12、14in（英寸）几种，功率 1400W，转速为 3000r/min，外形如图 4-36 所示。

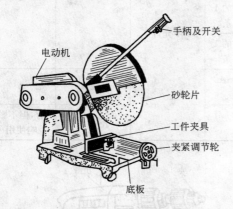
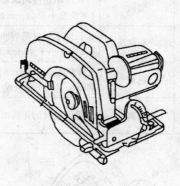

图 4-35 小型钢材切割机　　　　　　图 4-36 电动铝合金切割锯

5）电动角向磨光机

在建筑装饰工程中，常用该工具对金属型材进行磨光、除锈、去毛刺等作业，使用范围比较广泛。

该机规格按磨片直径分为 100、125、180、230、300mm 等，额定转速为 5000～11000r/min，额定功率为 670～2400W，其外形如图 4-37 所示。

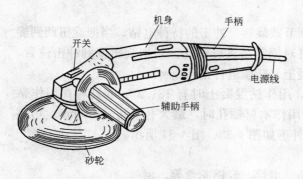

图 4-37 电动角向磨光机　　　　　　图 4-38 电动抛光机

6）电动抛光机

该机主要用于各类装饰表面抛光作业和砖石干式精细加工作业。常见的规格按抛光海绵直径可分为 125、160mm 等，额定转速为 4500～20000r/min，额定功率为 400～1200W，其外形如图 4-38 所示。

（4）施工作业条件

1）墙面隐蔽工程及抹灰工程、吊顶工程已完成并已并通过验收。有防水要求的墙体，其防水工程已进行验收。

2）预留孔洞、排水管等处理完毕，门窗框扇已安装完，且门窗框与洞口缝隙已堵塞严实，并设置了成品保护措施。

3）墙面基层清理干净，脚手眼、窗台、窗套等已砌堵严实。

4）进行了施工排图，并做出粘贴面砖样板墙，已向操作者做好施工工艺及操作要点交底。

2.2 石材饰面施工安装工艺

2.2.1 小规格块材安装工艺

（1）小规格块材

指边长小于 40cm，一般厚度 20mm 以下的板块，可采用粘贴方法。

（2）工艺流程

基层处理→吊垂直、套方、找规矩、贴灰饼→抹底层砂浆→弹线→分格→石材刷防护剂→排块材→镶贴块材→表面勾缝与擦缝。

（3）操作工艺

1）进行基层处理和吊垂直、套方、找规矩，其他可参见镶贴面砖施工要点有关部分。要注意同一墙面不得有一排以上的非整材，并应将其镶贴在较隐蔽的部位。

2）在基层湿润的情况下，先刷胶界面剂素水泥浆一道，随刷随打底；底灰采用 1∶3 水泥砂浆，厚度约 12mm，分两遍操作，第一遍约 5mm，第二遍约 7mm，待底灰压实刮平后，将底子灰表面划毛。

3）石材表面处理：石材表面充分干燥（含水率应小于 8%）后，用石材防护剂进行石材六面体防护处理，此工序必须在无污染的环境下进行，将石材平放于木仿上，用羊毛刷蘸上防护剂，均匀涂刷于石材表面，涂刷必须到位，第一遍涂刷完间隔 24h 后用同样的方法涂刷第二遍石材防护剂，如采用水泥或胶粘剂固定，间隔 48h 后对石材粘结面用专用胶泥进行拉毛处理，拉毛胶泥凝固硬化后方可使用。

4）待底子灰凝固后便可进行分块弹线，随即将已湿润的块材抹上厚度为 2～3mm 的素水泥浆，内掺水重 20% 的界面剂进行镶贴，用木锤轻敲，用靠尺找平找直。

2.2.2 大规格块材（边长大于 40cm）安装工艺

（1）传统湿作业工艺

施工工序：

测量放线→绑扎钢筋网片→弹基准线→预拼选板编号→防碱背涂处理→石材背面粘贴玻璃纤维网布→板材钻孔→饰面板安装→分层灌浆→嵌缝、清洁板面→抛光打蜡。

工序要求

1）测量放线，排板图准备

对外形变化较复杂的墙面，如：多边形、圆形、双曲弧形墙面、墙裙、楼梯扶曲等，特别是需异形饰面板镶嵌部位，尚需用黑铁皮或三合板进行实际放样，以便确定其实际的规格尺寸。

在排板计算时应将拼缝宽计算在内，然后绘出分块图与节点加工图、编号，作为以后加工和安装的依据。饰面板拼缝宽度可按表4-20的规定。控制、设计留缝不在此列。

石材饰面板拼缝宽度 表4-20

序号	饰面板类别		接缝宽度(mm)	序号	饰面板类别		接缝宽度(mm)
1	天然石材	光面、镜面	1	4	人造石材	水磨石板	2
2		粗磨面、麻面、条纹面	5	5		水刷石板	10
3		天然面	10	6		大理石、花岗石	2

2）绑扎钢筋网片

先凿出墙、柱内预埋钢筋使其裸露，按施工排板图要求焊接或绑扎直径6mm的钢筋骨架，先焊接竖向筋，并用预埋筋弯压于墙面；后焊接横向筋，作为绑扎大理石或花岗石、水磨石板所用。例如：如果焊接或绑扎，当板材高度为60cm，在地面以上10cm处将第一道横筋与竖筋绑扎牢固，用以绑扎第一层板材的下口固定铜（铅）丝；第二道绑在50cm水平线上7～8cm，比石板上口低2～3cm处，用以绑扎第一层石板上口固定铜（铅）丝；再往上每60cm绑扎一道横筋即可。

如果墙上未设预埋钢筋，需在墙上钻孔埋 M10～M16 膨胀螺栓或 $\phi6～\phi8$ 镦粗头短钢筋用环氧树脂填入孔内固定钢筋。钢筋网绑扎示意如图4-39所示。

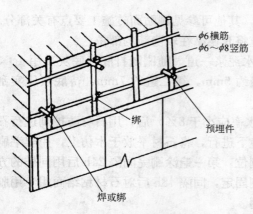

图4-39 墙面绑扎钢筋示意图

3）弹线

将墙面、柱面和门窗套用线坠从上至下吊垂直（高层应用经纬仪找垂直）。应考虑大理石板或磨光花岗石、预制水磨石板材的厚度，灌筑砂浆的空隙和钢筋网所占尺寸，一般大理石板或磨光花岗石、水磨石预制板外皮距结构面的厚度应以 50～70mm 为宜。找出垂直后，在地面上顺墙弹出大理石板或预制水磨石、磨光花岗石板的外廓尺寸线（柱面和门窗套等同）。此线即为第一层大理石板或磨光花岗石、预制水磨石板的安装基准线。编好号的大理石板材在弹好基准线上画出就位线，每块留1mm缝隙（如设计要求拉开缝，则按设计规定留出缝隙）。

4）选板、试拼

对照分块图、节点图检查复核所需板的几何尺寸，并按误差大小分类。同时，检查外观，淘汰不合格产品。在上述工作完成后可对一片墙的饰面石材进行试拼。试拼的过程是一个"创作"的过程，应注意对花纹进行拼接，对色彩深浅微差进行协调，合理组合，尽可能尽善尽美达到理想的效果。试拼好以后在每块板的板背面编号便于安装时对号入座不出差错。

5) 防碱背涂处理

采用传统的湿作业安装天然石材，由于水泥砂浆在水化时析出大量的氢氧化钙，在石材表面产生不规则的花斑，俗称返碱现象，严重影响建筑物室内外石材饰面的装饰效果。为此，在天然石材安装前，必须对石材饰面采用防碱背涂处理剂进行背涂处理。

6) 石材背面粘贴玻璃纤维网布

对强度较低或较薄的石材应在石材背面粘贴玻璃纤维网布进行加强。

7) 板材钻孔、剔凿、挂丝

饰面板上钻孔是传统的方法，有牛鼻眼、斜眼如图 4-40 (a)、(b) 所示。

目前采用较多的是工效较高的开槽扎丝的方法。其做法是用石材切割机在板侧面距板背面 10～12mm 开深度 10～15mm 深的槽，再在槽的两端板背位置斜着开两个槽，其间距为 30～40mm，如图 4-40 (c) 所示。挂丝应用镀锌铅丝或铜丝，将金属丝剪成 20cm 左右，顺槽弯曲卧入槽内紧固在孔上。

8) 饰面板安装

从最下一层的一端开始固定板材。将石板就位后，把石板下口金属丝绑扎在横筋上，绑时不要太紧，只要拴牢即可（灌浆后便会锚固）；把石板竖起，便可绑石板上口金属丝，并用木楔垫稳，石板与基层间的缝隙一般为 30～50mm（灌浆厚度）。用靠尺检查调整木楔，达到质量标准再拴紧金属丝。找完垂直、平整、方正后，调制熟石膏，并把调成粥状的石膏贴在大理石板（或磨光花岗石、预制水磨石板）上下之

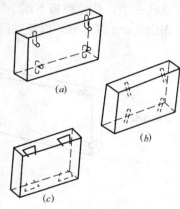

图 4-40　饰面板材钻眼
(a) 牛鼻眼；(b) 斜眼；(c) 三角形锯口

间，使这二层石板粘结成一整体，木楔处也可粘贴石膏，再用靠尺检查有无变形，待石膏硬化后方可灌浆（如设计有嵌缝塑料、软管时，应在灌浆前塞放好）。

9) 灌浆

石材墙面防空鼓是关键。施工时应将石材背面和基层充分湿润。

一般采用 1∶3 水泥砂浆，稠度控制在 8～15cm，将砂浆徐徐灌入板背与基体间的缝隙，注意灌筑时不要碰动板块，同时要检查板块是否因灌浆而外移，一旦发现外移应拆下板块重新安装，因此，灌浆时应均匀地从几处灌入，且分层灌每次灌筑高度一般不超过 150mm，不能超过石材高度 1/3，最多不要超过 200mm。常用规格的石板块灌浆一般分三次进行，若不是最上一层石板块则第三次灌浆离上口 50～80mm 处停止灌浆，留待上一层石板块灌浆时来完成，以使上下连成整体。为了防止空鼓，灌浆时可轻轻地钎插捣固砂浆。每层灌筑时间要间隔 1～2h，即待下层砂浆初凝后才可灌上一层砂浆。

安装白色或浅色石板块，灌浆应用白水泥和白石屑，以防止透底影响美观。

第三次灌浆完毕，砂浆初凝以后，应即时清理板块上口余浆，隔一天再清除上口的木楔和有碍上一层板块安装的石膏并加强养护和成品保护（防止暴晒或雨淋、碰撞等）。

10) 嵌缝与清洁

全部石板块安装完毕后,应将其表面清理干净,然后按板材颜色调制水泥色浆嵌缝,边嵌边擦干净,使缝隙密实干净,颜色一致。

11) 抛光

安装固定后的板材,如面层光泽受到影响要重新抛光上蜡。方法是,擦拭或用高速旋转的帆布擦磨。

(2) 湿法安装新工艺施工要点

湿法安装新工艺是将固定板块的钢钉直接楔紧在墙基体上。所以也称为楔固法安装,其与传统湿法安装不同的操作要点主要有:

1) 石板块钻孔:将石板块直立固定于木架上,用手电钻在距两端 1/4 处居板厚中心钻孔,孔径 6mm,深 35～40mm。板宽小于 500mm 打直孔两个(板宽大于 500mm 打直孔三个,板宽大于 800mm 打直孔四个),然后将板旋转 90°固定于木架上,在板两边分别各打直孔一个,孔位距板下端 100mm,孔径 6mm,深 35～40mm,上下直孔都需在板背方向剔出 7mm 深小槽,以便安卧 U 形钢钉,如图 4-41 (a)、(c) 所示。

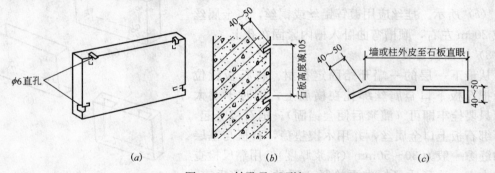

图 4-41 钻孔及 U 形钉
(a) 板材打孔;(b) 基体开斜孔;(c) U 形件

2) 基体钻斜孔:板材钻孔后,按基体放线分块位置临时就位,确定对应于板材上下直孔的基体钻孔位置。用冲击钻在基体上钻出与板材平面呈 45°的斜孔,孔径 6mm,孔深 40～50mm,如图 4-41 (b) 所示。

3) 板材安装与固定:在钻孔完成后,仍将石材板块返还原位,再根据板块直孔与基体的距离用 φ5 不锈钢丝制成楔固石材板块的 U 形钉,如图 4-42 所示。然后将 U 形钉一端钩进石材板块直孔中,并随即用硬小木楔楔紧。另一端钩进基体斜孔中,同时校正板块,在检测板块平整度、垂直度符合要求,且与相邻板块接缝严密后,即可用硬木楔或水泥钉将钩入基体斜孔的 U 形钉楔紧,同时用大头木楔张紧安装好的板块的 U 形钉。随后便可分层灌浆,其方法与湿法传统操作法相同。

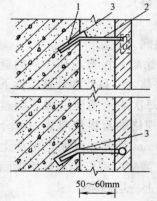

图 4-42 楔固法安装固定石板示意图
1—混凝土基体上钻 45°斜孔;2—U 形钉;3—木楔

(3) 光面、镜面花岗石饰面板湿作业法安装工艺

光面、镜面花岗石饰面板墙面湿法安装同大理石饰面板墙面湿法安装。

1) 操作程序

基层处理→绑扎钢筋网片→弹饰面板看面基准线→预拼编

号→开槽（钻孔）→绑不锈钢丝或铜丝→安装就位→临时固定（调整平整度、垂直度）→灌浆→嵌缝→清洁板面→抛光打蜡。

2）操作要点

光面、镜面花岗石墙、柱面施工要点与大理石饰面板墙、柱面施工要点基本相同，但是用于室外墙、柱饰面时，由于有雨水、霜雪的侵蚀，所以要注意以下三点：

（a）在切割和预拼花岗石饰面板时，要确保相邻板块尺寸一致，切口垂直于板面，无缺棱掉角，使安装好的花岗石板的板缝严密，既可防止灌浆时浆料渗出，又可防止雨水、雪水渗入，造成板面潮湿发花。

（b）临时固定花岗石板时可用不干胶纸带粘贴竖缝。若用高强石膏，则在花岗石板安装完毕且嵌缝以后，花岗石表面光泽会因原来的蜡质层损失而受到影响，因此要重新打蜡上光。打蜡上光应在板块干燥的情况下进行。

（c）嵌缝是防止雨水渗入板缝的重要手段，因此用嵌缝胶嵌缝比用同色水泥浆嵌缝可靠。

对于石材饰面墙面的干挂法施工工艺将在实训课题中一起介绍。

2.2.3 石材饰面板包柱

建筑室内柱子无论原来是何种形状，均可利用花岗石或大理石等石材饰面板装饰或改造成其他形状（如方柱包圆柱）。

（1）构造做法

石板饰面板包柱构造做法有下列两种。

1）石材饰面板直接粘贴法包柱

基本构造与外墙石材板相同。具体构造如图4-43所示。

2）骨架式石材饰面板干挂法包柱

金属骨架应通过结构强度计算和刚度验算，能承受石材板自身重量、地震荷载和温度

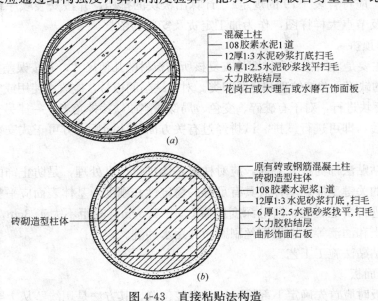

图4-43 直接粘贴法构造
(a) 圆柱包圆柱；(b) 方柱改圆柱

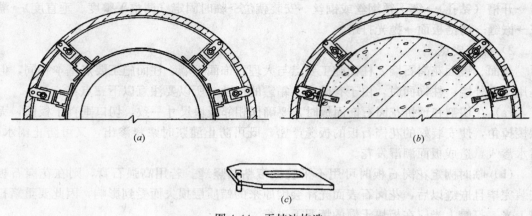

图 4-44　干挂法构造
(a) 钢骨架圆柱；(b) 钢筋混凝土圆柱；(c) 销钉挂件

应力的作用。由于骨架在建成后不便于维修，因此骨架应采用耐腐蚀的材料，一般用铝合金或不锈钢型材做骨架，如图 4-44 所示。

(2) 施工前准备

饰面板安装前的施工准备工作与墙面相同，主要包括放施工大样图、选板与预拼、基层处理等。

1) 放施工大样图

饰面板安装前，应根据设计图样，认真核实结构实际偏差的情况，测量出柱的实际高度和柱子中心线，以及柱与柱之间上、中、下部水平通线，确定出柱饰面板看面边线，才能决定饰面板分块规格尺寸。对于复杂形状的饰面板（如梯形、三角形等），则要用铁皮等材料放大样。根据上述柱校核实测的规格尺寸，并将饰面板间的接缝宽度包括在内（如设计无规定时，应符合表 4-19 的规定），计算出板块的排档，并按安装顺序编上号，绘制方块大样图以及节点大样详图，作为加工定货及安装的依据。

2) 选板与预拼

选板工作主要是对照施工大样图检查复核所需板材的几何尺寸，并按误差大小归类；检查板材磨光面的缺陷，并按纹理和色泽归类。对有缺陷的板材，应改小使用或安装在不显眼处。选材必须逐块进行，对于有破碎、变色、局部缺陷或缺棱掉角者，一律另行堆放。

选板完成后，即可进行试拼。试拼经过有关方面的认同后，方可正式安装施工。

3) 基层处理

对于直接粘贴法饰面板安装前，应对柱等基体进行认真处理，是防止饰面板安装后产生空鼓、脱落的关键工序。基体应具有足够的稳定性和刚度。基体表面应平整粗糙，光滑的基体表面应进行凿毛处理，凿毛深度应为 0.5～1.5cm，间距不大于 3cm。基体表面残留的砂浆、尘土和油渍等，应用钢丝刷刷净并用水冲洗。

(3) 直接粘贴法施工工艺

1) 安装饰面板

安装饰面板时应首先确定下部第一层的安装位置。其方法是用线坠从上至下吊线，考虑留出板后和灌浆厚度以及钢筋网焊绑所占的位置，准确定出饰面板的位置，然后将此位置投影到地面上，作为第一层板的安装基准线。依次基准线在柱上弹出第一层板标高，如有踢脚板应将踢脚板的上沿线弹好。根据预排编号的饰面板材对号入座，进行安装。

柱面按顺时针方向安装，一般先从正面开始。第一层安装固定完毕再用靠尺板找垂直，水平尺找平整，方尺找阴阳角方正，在安装石板时如发现石板规格不准确或石板之间缝隙不符，应用铅皮垫牢，使石板之间缝隙均匀一致，并保持第一层石板上口的平直。

找完垂直、平整、方正后，调制熟石膏，并把调成粥状的石膏贴在大理石板（或磨光花岗石、预制水磨石板）上下之间，使这二层石板粘结成一整体，木楔处也可粘贴石膏，再用靠尺检查有无变形，待石膏硬化后方可灌浆（如设计有嵌缝塑料、软管时，应在灌浆前塞放好）。

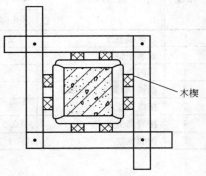

图4-45 柱饰面临时固定夹具

2) 临时固定

板材自上而下安装完毕后，为防止水泥砂浆灌缝时板材游走、错位，必须采取临时固定措施。固定方法视部位不同灵活采用，但均应牢固、简便。例如，柱面固定可用方木或小角钢，依柱饰面截面尺寸略大30～50mm夹牢，然后用木楔塞紧，如图4-45所示。小截面柱尚可用麻绳裹缠。

3) 灌浆、清理、嵌缝等与墙面相同

2.3 质量标准及检验方法

2.3.1 主控项目

1) 饰面板的品种、规格、颜色和性能应符合设计要求。

检验方法：观察；检查产品合格证书、进场验收记录和性能检测报告。

2) 饰面板孔、槽的数量、位置和尺寸应符合设计要求。

检验方法：检查进场验收记录和施工记录。

3) 饰面板安装工程的预埋件（或后置埋件）、连接件的数量、规格、位置、连接方法和防腐处理必须符合设计要求。后置埋件的现场拉拔强度必须符合设计要求。饰面板安装必须牢固。

检验方法：手扳检查；检查进场验收记录、现场拉拔检测报告、隐蔽工程验收记录和施工记录。

2.3.2 一般项目

1) 饰面板表面应平整、洁净，色泽一致，无裂痕和缺损。石材表面应无泛碱等污染。

检验方法：观察。

2) 饰面板嵌缝应密实、平直，宽度和深度应符合设计要求，嵌填材料色泽应一致。

检验方法：观察；尺量检查。

3) 采用湿作业法施工的饰面板工程，石材应进行防碱背涂处理。饰面板与基体之间的灌注材料应饱满、密实。

检验方法：用小锤轻击检查；检查施工记录。

4) 饰面板上的孔洞应套割吻合，边缘应整齐。

检验方法：观察。

5）饰面板安装的允许偏差和检验方法应符合表 4-21 规定。

饰面板安装的允许偏差和检验方法　　　　　表 4-21

项次	检验项目	允许偏差(mm) 石材			检验方法
		光面	剁斧石	蘑菇石	
1	立面垂直度	2	3	3	用 2m 垂直检测尺检查
2	表面平整度	2	3	—	用 2m 靠尺和塞尺检查
3	阴阳角方正	2	4	4	用直角检测尺检查
4	墙裙、勒脚上口直线度	2	4	4	拉 5m 线,不足 5m 拉通线,用钢直尺检查
5	接缝直线度	2	3	3	拉 5m 线,不足 5m 拉通线,用钢直尺检查
6	接缝高低差	0.5	3	—	用钢直尺和塞尺检查
7	接缝宽度	1	2	2	用钢直尺检查

2.4 实训课题——某公共建筑墙面干挂石材饰面施工安装

墙面石材施工工艺目前广泛运用干挂法，已经逐步代替传统的湿挂法施工。石材干挂法施工的优点：工艺简单、施工质量易于保证、对石材的影响小，解决了轻质隔墙不易挂石材的缺点。适用于混凝土结构的内外墙装修及非承重空心砖墙、红砖墙的饰面装修或高大面积内外墙和柱面饰面施工。

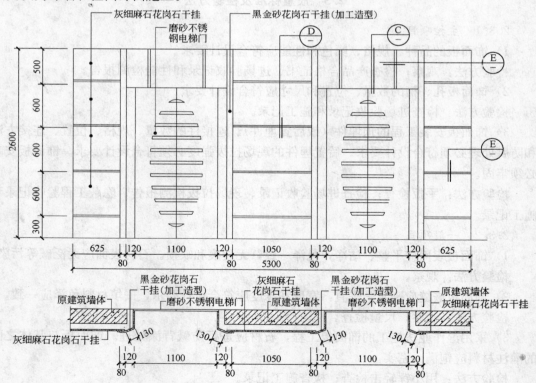

图 4-46　墙面干挂石材饰面立面及平面图

2.4.1 施工准备

(1) 设计施工图图纸

装饰施工的设计图纸，一般以装饰设计施工图为主，配以相应的标准图和施工单位有关技术人员绘制的构造深化设计图及施工翻样图。有些小型的装饰工程，仅提供装饰方案图，则施工单位需自行绘制相应的深化设计图和施工翻样图，以指导具体的施工操作。如图 4-46 所示，为某建筑墙面干挂石材饰面部分设计图。

从施工图纸的表现方式分析，反映墙面装饰设计要求与内容的，一般有效果图、墙面立面图、平面布置图、剖面图、节点详图、设计或施工说明、用料表等。墙面立面图、平面图通常按 1:100、1:50 等比例绘制，一般用来反映墙面饰面的位置，造型形态与尺寸，饰面材料与规格，墙面设需要设置的照明、机电设备等系统控制开关按钮位置。

墙面的剖面图、节点构造详图，反映了墙面的凹凸、内部构造及骨架等情况，常在立面图或平面图上标出相应的剖切位置、剖切方向和剖切名称。详图一般以 1:5、1:10 等大比例的图式，详细地表明墙面的某个部位、某个节点、某个杆件的构造方式及施工要求，一般以索引符号表明详图在墙面中所处的位置。如图 4-47～图 4-52 所示。

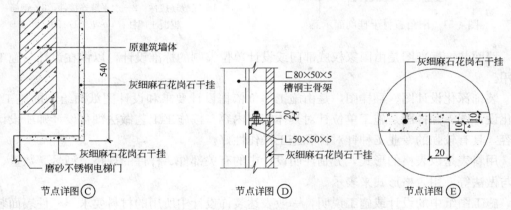

图 4-47 墙面石材饰面节点图

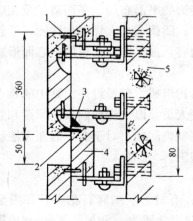

图 4-48 凹形线条
1—U形连接件；2—凹线条；3—强
固树脂；4—衬板；5—墙体

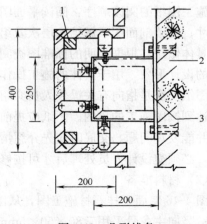

图 4-49 凸形线条
1—加强石；2—钢筋混凝土墙；
3—L 40×40 钢骨架

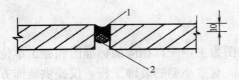

图 4-50 凸形线条
1—黑色嵌缝软膏；2—发泡圆条

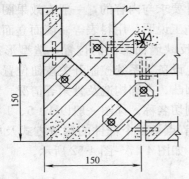

图 4-51 阳角石材干挂剖面示意

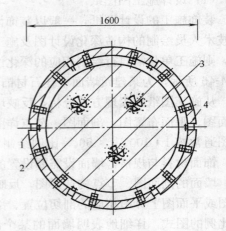

图 4-52 阳角石材干挂剖面示意
1—竖缝连接件；2—水平缝连接件；3—钢筋混凝土圆柱；4—花岗石石板

墙面装饰标准图是由国家权威部门或设计单位编制的标准设计，以供在设计与施工中选用。

装饰深化设计图、翻样图，是由施工单位依据设计要求和设计图纸而绘制的施工图。深化设计图、翻样图是施工单位针对具体施工内容，按施工工艺做法细化设计师所设计的内容，具有较强的专业工种针对性和施工操作性好。

用料表是以表格的形式，分别注明设计中的有关部件、杆件的规格、型号、数量、要求与做法等，用表格形式来表示。

施工图纸中的设计或施工说明，一般表达装饰设计中所用的材料要求、杆件表面装饰处理、施工技术注意事项等内容，阅读时不可遗漏。

施工图纸的阅读顺序：阅读平面图了解墙体及装饰的平面布局、平面造型及相应的平面尺寸；阅读剖面图了解结构层次及组成和标高尺寸；阅读节点大样图与详图，了解各细部的具体做法，根据指明的标准图查阅有关的标准内容，最终结合了解的内容而形成一个具体的设计形象，用于具体的施工操作中去。

图纸交底是指向有关操作人员介绍设计特点与结构组成，解释设计图纸中的难点与疑点达到按图施工的目的。图纸应提前送交给被交底人员，以便让他们事前阅读和熟悉内容，并能发现问题。交底时应先介绍情况，然后解答疑难问题。对于有矛盾而无法解决的问题，必须交设计人员处理后才可按修改图纸进行施工。

（2）材料准备

图 4-46 墙面干挂石材施工图，从图中可以知道：石材为灰细麻石花岗石和黑金砂花岗石；竖向主龙骨采用⊏80×50×5mm的槽钢，横向钢骨架为∟50×50×5mm角钢，此外还有配套的连接件等。

施工安装中材料的类型、品种与规格，应根据设计图纸规定的要求和国家相应的规范要求，进行各种材料的准备工作。材料的技术性能必须符合相应的产品质量指标，决不允许不合格材料进入施工场地，防止发生混同于合格产品中而误用，影响安装的施工质量。

材料的数量，在准备用量时需要考虑材料使用中的各种因素与产品中的实际存在量不尽相同。所以材料的准备量中应考虑一定消耗量。

材料的消耗是由材料的品种类别、贮藏方式、制作与安装的工艺特点所决定的。其系数的取值，一般可对照相应的行业规定指标，结合本企业的经验数据而确定，以此来确定材料的实际准备数量。

1) 石材：根据设计要求，确定石材的品种、颜色、花纹和尺寸规格，并严格控制、检查其抗折、抗拉及抗压强度，吸水率、耐冻融循环等性能。花岗石板材的弯曲强度应经法定检测机构检测确定。

花岗石板材物理性能要求：

(a) 镜面板材的正面应具有镜面光泽，能清晰地反映出景物。
(b) 镜面板材的镜面光泽纸应不低于 75 光泽单位，或按供需双方协议样板执行。
(c) 体积密度不小于 $2.50g/cm^3$。
(d) 吸水率不大于 0.8%。
(e) 干燥压缩强度不小于 60.0MPa。
(f) 弯曲强度不小于 8.0MPa。

2) 合成树脂胶粘剂：用于粘贴石材背面的柔性背衬材料，要求具有防水和耐老化性能。

3) 用于干挂石材挂件与石材间粘结固定，用双组分环氧型胶粘剂，按固化速度分为快固型（K）和普通型（P）。

4) 中性硅酮耐候密封胶，应进行粘合力的试验和相容性试验。

5) 玻璃纤维网格布：石材的背衬材料。

6) 防水胶泥：用于密封连接件。

7) 防污胶条：用于石材边缘防止污染。

8) 嵌缝膏：用于嵌填石材接缝。

9) 罩面涂料：用于大理石表面防风化、防污染。

10) 不锈钢紧固件、连接件应按同一种类构件的 5 件进行抽样检查，且每种构件不少于 5 件。

11) 膨胀螺栓、连接钢件、连接不锈钢针等配套的钢垫板、垫圈、螺帽及与骨架固定的各种设计和安装所需要的连接件的质量，必须符合要求。

(3) 主要机具

在装饰施工中，轻便的、手提式电动机具获得广泛使用。这些机具的特点是体积小、重量轻、便于携带、操作自由、运用灵活、工效较高，见表 4-22。

2.4.2 干挂法施工工艺

干挂法免除了灌浆湿作业，施工不受季节性影响；可由上往下施工，有利于成品保护；不受粘贴砂浆析碱的影响，可保持石材饰面色彩鲜艳，提高装饰质量。为了检验后置件的埋设强度，应先在现场做拉拔试验。试验结果符合设计要求后方可使用。

(1) 安装施工工艺流程（图 4-53）

常用的主要装饰机具　　　　　　　表 4-22

序号	机械、设备名称	规格型号	定额功率或容量	数量	性能	工种	备注
1	石材切割机	DM3	7.5kW	1	良好	木工	按 8～10 人/班组计算
2	手提石材切割机	410	1.2kW	4	良好	木工	按 8～10 人/班组计算
3	角磨机	9523NB	0.54kW	4	良好	木工	按 8～10 人/班组计算
4	电锤	TE-15	0.65kW	2	良好	木工	按 8～10 人/班组计算
5	手电钻	FDV	0.55kW	3	良好	木工	按 8～10 人/班组计算
6	电焊机	BXI	24.3kVA	2	良好	木工	按 8～10 人/班组计算
7	铝合金靠尺	2m		4	良好	木工	按 8～10 人/班组计算
8	水平尺	600mm		2	良好	木工	按 8～10 人/班组计算
9	扳手	17		4	良好	木工	按 8～10 人/班组计算
10	铅丝	$\phi 0.4 \sim \phi 0.8$		100m	良好	木工	按 8～10 人/班组计算
11	粉线包			1	良好	木工	按 8～10 人/班组计算
12	墨斗			1	良好	木工	按 8～10 人/班组计算
13	小白线			200m	良好	木工	按 8～10 人/班组计算
14	开刀			4	良好	木工	按 8～10 人/班组计算
15	卷尺	5m		4	良好	木工	按 8～10 人/班组计算
16	方尺	300mm		4	良好	木工	按 8～10 人/班组计算
17	线坠	0.5kg		4	良好	木工	按 8～10 人/班组计算
18	托线板	2mm		4	良好	木工	按 8～10 人/班组计算
19	手推车			2	良好	木工	按 8～10 人/班组计算

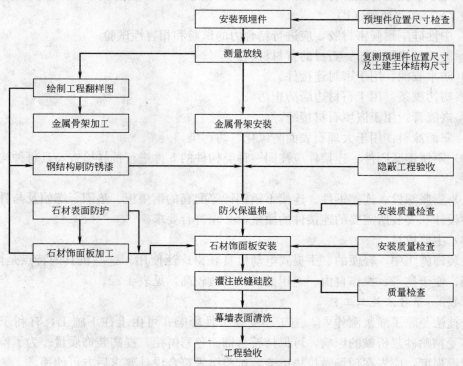

图 4-53　干挂石材饰面安装施工工艺流程

(2) 施工安装技术要点

1) 预埋件安装

预埋件应在土建施工时埋设，幕墙施工前要根据该工程基准轴线和中线以及基准水平点对预埋件进行检查和校核，一般允许位置尺寸偏差为±20mm。如有预埋件位置超差而无法使用或漏放时，应根据实际情况提出选用膨胀螺栓的方案，报设计单位审核批准。并应在现场做拉拔试验，做好记录。

2) 测量放线

（a）由于土建施工允许误差较大，幕墙工程施工要求精度很高，所以不能依靠土建水平基准线，必须由基准轴线和水准点重新测量，并校正复核。

（b）石材干挂施工前必须按照设计标高要求在墙体上弹出50cm水平控制线和每层石材标高线，并在墙上做上控制桩，拉白线控制墙体水平位置，控制和找房间、墙面的规矩和方正。

（c）根据石材分隔图弹线，确定金属胀管安装位置。

（d）使用水平仪和标准钢卷尺等引出各层标高线。

（e）确定好每个立面的中线。

（f）测量时应控制分配测量误差，不能使误差积累。

（g）室外测量放线应在风力不大于4级情况下进行，并要采取避风措施。

（h）所有外立面装饰工程应统一放基准线，并注意施工配合。

3) 挑选石材

石材进货到现场必须对其材质、加工质量、花纹、尺寸等要求进行检查，并将色差较大、缺楞掉角、崩边等有缺陷的石材挑出、更换。

4) 预排石材

将挑选出来的石材按照使用的部位和安装顺序进行编号，并选择较为平整的场地做预排，检查拼接出来的板块是否有色差和满足现场尺寸的要求，完成此项工作后将板材按编号存放好备用。

5) 金属骨架安装

干挂石材一般采用槽钢和角钢做骨架，一般采用槽钢做主龙骨，角钢做次龙骨形成骨架网，如图4-54钢骨架示意图；或者角钢做骨架，局部可以直接采用挂件与墙体连接。骨架安装之前按照设计和排版要求的尺寸下料，用台钻打好骨架的安装孔并刷防锈漆处理。

（a）根据施工放样图检查放线位置。

（b）安装固定竖框的钢件。

（c）先安装同立面两端的竖框，然后拉通线顺序安装中间竖框。

（d）将各施工水平控制线引至竖框上，并用水平尺校核。

（e）按照设计尺寸安装金属横梁。横梁一定要与竖框垂直。

（f）如有焊接时，应对下方和邻近的已完工装饰面进行成品保护。焊接时要采用对称焊，以减少因焊接产生的变形。检查焊缝质量合格后，所有的焊点、焊缝均需作去焊渣及防锈处理，如刷防锈漆等。

（g）待金属骨架完工后，应通过监理公司对隐蔽工程检查后，方可进行下道工序。

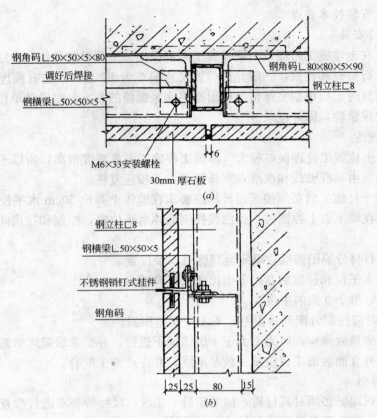

图 4-54　钢骨架示意图
（a）横向剖面节点；（b）纵向剖面节点

6）安装调节片

调节片安装是依据石材的板块规格确定的，调节挂件采用不锈钢制成，分为 40×3mm 和 50×3mm，按照设计要求进行加工。利用螺钉与骨架连接，注意调节挂件一定要安装牢固，间距要求相邻两块板之间挂件为 80～100mm。

7）石材饰面板安装

（a）将运至工地的石材饰面板按编号分类，检查尺寸是否准确和有无破损、缺楞、掉角，按施工要求分层次将石材饰面板运至施工面附近，并注意摆放可靠。

（b）石材安装是从底层开始，吊好垂直线，然后依次向上安装。必须对石材的材质、颜色、纹路、加工尺寸进行检查，按照石材的编号将石材轻放在 T 形挂件上，按线就位后调整准确位置。

（c）注意安放每层金属挂件的标高，金属挂件应紧托上层饰面板，而与下层饰面板之间留有间隙。

（d）安装时，要在饰面板的销钉孔或切槽口内注入石材胶（环氧树脂胶），以保证饰面板与挂件的可靠连接。要求锚固胶保证有 4～8h 的凝固时间，以避免过早凝固而脆裂，过慢凝固而松动。

（e）安装时，宜先完成窗洞口四周的石材镶边，以免安装发生困难。

(f) 安装到每一楼层标高时，要注意调整垂直误差，不积累。

(g) 在搬运石材时，要有安全防护措施，摆放时下面要垫木方。

8) 嵌胶封缝

(a) 对于要求密缝的石材拼接不用打胶。

(b) 设计要求留缝的墙面，需要在缝内填入泡沫条后用有颜色的大理石胶打入缝隙内。嵌缝耐候胶最好选用含硅油少的石材专用嵌缝胶，以免硅油渗透污染石材表面。为了保证打胶的质量，用事先准备好的泡沫条塞入石材缝隙，预留好打胶尺寸，既不需要太深，也不需要太浅，要求密实，并在石材的边缘贴上胶带纸然后打胶，一般要求打胶深度在6~10mm保证雨水不能进入骨架内即可。待完成后轻轻将胶带纸撕掉使打胶边成一条直线。

(c) 在胶缝两侧粘贴纸面胶带纸保护，以避免嵌缝胶迹污染石材板表面质量。

(d) 用专用清洁剂或草酸擦洗缝隙处石材板表面。

(e) 派受过训练的工人注胶，注胶应均匀无流淌，边打胶边用专用工具勾缝，使嵌缝胶成型后呈微弧形凹面。

(f) 施工中要注意不能有漏胶污染墙面，如墙面上沾有胶液应立即擦去，并用清洁剂及时擦净余胶。

(g) 在大风和下雨时不能注胶。

9) 清洗和保护

施工完毕后，除去石材板表面的胶带纸，用清水和清洁剂将石材表面擦洗干净，按要求进行打蜡或刷保护剂。

2.4.3 质量缺陷分析及防治措施

(1) 接缝不平、板面纹理不顺、色泽不匀

原因分析：对石材的检验不严格、镶贴前试拼不认真，施工不当。

防治措施：

1) 镶贴前先检查墙柱面的骨架的垂直度和平整度，超过规定的必须整改，操作时严格按照工序施工。

2) 挂石材前对墙柱面找好规矩，弹出中心线和水平通线，地面上弹出墙柱的饰面控制线。

3) 事先将缺边掉角、裂纹和局部污染变色的石材挑出，进行套方检查，规格尺寸超过偏差，应磨边修正。

4) 按照墙柱面进行试拼，对好颜色，调整花纹，试板与板之间的纹理通顺，按照编号挂贴。

5) 调整好骨架的牢固和稳定，挂件调整准确。

(2) 开裂

原因分析：石材本身的材质较差，纹理多，存放不正确受外力作用在色纹和暗缝或其他暗伤等薄弱处，易产生不规则裂缝。

防治措施：

1) 施工前对石材本身的材质质量进行全面的检查，把容易造成裂缝的石材挑选出来。

2) 安装应严格按照施工程序，待第一层的固定胶达到强度后进行第二层安装，同时

缝与缝之间结合紧密。

3）注意钢骨架的牢固和稳定性防止骨架不稳造成拉裂。

（3）打胶出现接头，胶缝不直，厚度不够

原因分析：操作时没有认真作业，方法不对，泡沫棒填得太浅。

防治措施：施工时打胶要一气呵成不要停顿，打胶时控制边缘的界限保证胶边成一条直线。打胶厚度不能少于6mm，主要控制泡沫棒的嵌入度。

（4）墙柱面碰损、污染

原因分析：主要是石材搬运、堆放中不妥当；操作中没有及时清洗污染；安装成品为进行保护。

防治措施：

1）石材质地较软搬运时要注意防止正面受损。

2）大理石颗粒有一定的空隙和染色能力，因此不能草绳、草帘捆扎，注意不要受其他污染。

3）安装完成后采用木板或塑料布进行保护。

4）细小掉角处用环氧树脂胶清洗干净。

2.4.4 职业健康安全与环保措施

1）用电应符合《施工现场临时用电安全技术规范》JGJ 46—88。

2）在高空作业时，脚手架搭设应符合建筑工程施工安全操作有关规定要求。

3）切割石材时应湿作业，防止粉尘污染。

4）在施工过程中应防止噪声污染，在施工场界噪声敏感区域宜选择使用低噪声的设备，也可以采取其他降低噪声的措施。

2.4.5 成品保护

1）运输石材时应特别小心，避免磕碰边角，必要时用地毯与软物等包住边角。

2）堆放石材要整齐牢固，堆放位置要在房间选好，避免来回搬运及雨淋，石材堆放要75°立着堆放，下面用木方固定。

3）施工完后，应做好警示牌或设置防护栏杆，特别是柱、墙阳角等处避免来回运输磕碰石材。

4）打胶时应避免在房间灰尘时进行，必要时先清扫房间打胶控制在打蜡前进行。

5）在施工过程中垃圾应随时清理，做到工完场清，责任到人，奖罚分明。

6）应设专职成品保护人员，制定成品保护制度并严格执行。

2.4.6 质量验收及记录

（1）饰面板工程验收时应检查下列文件和记录

1）饰面板工程的施工图，设计说明及其他设计文件。

2）材料的产品合格证书、性能检测报告、进场验收记录和复验报告。

3）后置埋件的现场拉拔检测报告。

4）外墙饰面砖样板件的粘结强度检测报告。

5）隐蔽工程验收记录。

6）施工记录。

（2）饰面板工程应对下列材料及其性能指标进行复验

1）室内用花岗石的放射性。
2）粘贴用水泥的凝结时间、安定性和抗压强度。
3）外墙陶瓷面砖的吸水率。
4）寒冷地区外墙陶瓷面砖的抗冻性。
（3）饰面板工程应对下列隐蔽工程项目进行验收
1）预埋件（或后置埋件）。
2）连接节点。
3）防水层。
（4）检验批应按下列规定划分
1）相同材料、工艺和施工条件的室内饰面板（砖）工程每50间（大面积房间和走廊按施工面积 $30m^2$ 为一间）应划分为一个检验批；不足50间也应划分为一个检验批。
2）相同材料、工艺和施工条件的室外饰面板（砖）工程每 $500\sim1000m^2$ 应划分为一个检验批，不足 $500m^2$ 也应划分为一个检验批。
（5）检查数量应符合下列规定
1）室内每个检验批应至少抽查10%，并不得少于3间；不足3间时应全数检查。
2）室外每个检验批每 $100m^2$ 应至少抽查一处，每处不得小于 $10m^2$。
（6）质量检验内容
1）外墙饰面砖粘贴前和施工过程中，均应在相同基层上做样板件，并对样板件的饰面砖粘结强度进行检验，其检验方法和结果判定应符合《建筑工程饰面砖粘结强度检验标准》JGJ 110—97 的规定。
2）饰面板工程的抗震缝、伸缩缝、沉降缝等部位的处理应保证缝的使用功能和饰面的完整性。
3）检查饰面板的品种、规格、颜色和性能是否符合设计要求。
4）检查饰面板孔、槽的数量、位置和尺寸、预埋件数量规格等是否符合设计要求。
5）检查饰面板安装工程的预埋件（或后置埋件）、连接件的数量、规格、位置、连接方法和防腐处理是否符合设计要求。
6）检查饰面板表面及嵌缝情况。
（7）工程质量验收
1）检验批合格质量应符合下列规定：
（a）抽查样本主控项目均合格；一般项目80%以上合格，其余样本不得有影响使用功能或明显影响装饰效果的缺陷，其中有允许偏差的检验项目，其最大偏差不得超过规定允许偏差的1.5倍。
（b）具有完整的操作依据、质量检查记录。
2）分项工程质量验收合格应符合下列规定：
（a）分项工程所含的检验批均应符合合格质量的规定；
（b）分项工程所含的检验批的质量验收记录应完整。
3）观感质量验收应符合要求。
（8）质量验收记录用表
石材饰面板墙体质量验收记录有关表格，见表4-23～表4-25。

饰面板安装工程检验批质量验收记录表　　表 4-23
GB 50209—2002

单位(子单位)工程名称									
分部(子分部)工程名称									
施工单位						验收部位			
分包单位						项目经理			
施工执行标准名称及编号						分包项目经理			
施工质量验收规范的规定						施工单位检查评定记录			监理(建设)单位验收记录

主控项目	1	饰面板品种、规格、性能				第8.2.2条													
	2	饰面板孔、槽、位置、尺寸				第8.2.3条													
	3	饰面板安装				第8.2.4条													
一般项目	1	饰面板表面质量				第8.2.5条													
	2	饰面板嵌缝				第8.2.6条													
	3	湿作业施工				第8.2.7条													
	4	饰面板孔洞套割				第8.2.8条													

			项目	石材			瓷板	木材	塑料	金属	实测值(mm)								
				光面	剁斧石	蘑菇石													
一般项目	5	允许偏差(mm)	立面垂直度	2	3	3	2	1.5	2	2									
			表面平整度	2	3	—	1.5	1	3	3									
			阴阳角方正	2	4	4	2	1.5	3	3									
			接缝直线度	2	4	4	2	1	1	1									
			墙裙、勒脚上口直线度	2	3	3	2	2	2	2									
			接缝高低差	0.5	3	—	0.5	0.5	1	1									
			接缝宽度	1	2	2	1	1	1	1									

施工单位检查评定结果	专业工长(施工员)		施工班组长	
	项目专业质量检查员：			年　月　日
监理(建设)单位验收结论	专业监理工程师： (建设单位项目专业技术负责人)			年　月　日

密封材料嵌缝工程检验批质量验收记录表 表 4-24
GB 50207—2002

单位(子单位)工程名称				
分部(子分部)工程名称				
施工单位			验收部位	
分包单位			项目经理	
施工执行标准名称及编号			分包项目经理	
施工质量验收规范的规定			施工单位检查评定记录	监理(建设)单位验收记录
主控项目	1	密封材料质量	第6.2.6条		
	2	嵌缝施工质量	第6.2.7条		
一般项目	1	嵌缝基层处理	第6.2.8条		
	2	外观质量	第6.2.9条		
	3	接缝宽度允许偏差	±10%		
			专业工长(施工员)	施工班组长	
施工单位检查评定结果			项目专业质量检查员： 年 月 日		
监理(建设)单位验收结论			专业监理工程师： (建设单位项目专业技术负责人) 年 月 日		

细部构造检验批质量验收记录表 表4-25
GB 50207—2002

单位(子单位)工程名称				
分部(子分部)工程名称				
施工单位			验收部位	
分包单位			项目经理	
施工执行标准名称及编号			分包项目经理	

	施工质量验收规范的规定			施工单位检查评定记录	监理(建设)单位验收记录
主控项目	1	天沟、檐沟排水坡度		第9.0.10条	
	2	防水构造	(1) 天沟、檐沟	第9.0.4条	
			(2) 檐口	第9.0.5条	
			(3) 水落口	第9.0.6条	
			(4) 泛水	第9.0.7条	
			(5) 变形缝	第9.0.8条	
			(6) 伸出屋面管道	第9.0.9条	

	专业工长(施工员)	施工班组长	
施工单位检查评定结果	项目专业质量检查员:		年 月 日
监理(建设)单位验收结论	专业监理工程师: (建设单位项目专业技术负责人)		年 月 日

课题3 木质类饰面板构造与施工

3.1 木饰面基本知识

木材是人类最早使用的建筑材料。用木质材料做装饰面,做家具,质地纯朴,木纹天然。木装饰工程历史悠久,随着科学发展、工艺改进,木装饰又有了新的内容,如微薄木贴、雕刻、机制线条等。

木饰面板装饰工程是指木质构件的制作安装,包括基层板、面板、建筑细部以及其他装饰木线等。

木质饰面板中,常用的有薄实木板和人工合成木制品。用于装饰室内墙、柱面的木质饰面材料,因有木材的天然纹理及质感而具有很好的装饰效果。

3.1.1 木材的基本知识

（1）木材的种类

1）软木材

用针叶树生产的木材为软木材,其树干通直高大,纹理平顺,材质均匀,木质较软,易加工,强度高,密度、变形小,如松柏木等。

2）硬木材

由阔叶树生产的木材为硬木材。其树杆直通部分较短,密度大,木质硬,较难加工,易变形且变形较大,易开裂,但其表面有美丽的花纹。如榉木、柞木、水曲柳等。

（2）木材的性能指标

1）含水率

木材中所含水的重量与木材干燥重量的百分比为含水率。

2）平衡含水率

木材的含水率与相对环境的湿度达到恒定时的含水率叫平衡含水率。

3）纤维饱和点

细胞壁中的吸附水达到饱和时,细胞腔和细胞之间无自由水时的含水率称为纤维饱和点。

（3）湿胀干缩

木材体积随纤维细胞壁含水率的变化而发生变化,由于木材构造的不均匀性,造成了在不同方向的湿胀干缩不同。纵向干缩小,约为0.1%~0.35%,径向干缩大,约为3%~6%,弦向最大约6%~12%。

（4）强度

木材强度与木材的构造、受力方向、含水率、承受荷载持续时间以及其缺陷等因素有关。

木材的强度有抗拉、抗压、抗弯、抗剪强度,而这些强度又与木材的纹路有关,见表4-26。

木材强度（MPa） 表4-26

抗压		抗拉		抗弯		抗剪	
顺纹	横纹	顺纹	横纹	顺纹	横纹	顺纹	横纹
100	10~20	200~300	6~20	150~200	15~20	50~100

3.1.2 墙、柱面常用木质饰面的基层板及装饰板

用木质材料装饰的室内墙、柱面、通常是用木质饰面板材及木线。饰面板中，一种是薄实木木板，另一种是人工合成木制品。两种类型的板材在工程中应用都比较广泛。这种用于装饰室内墙、柱面的木质饰面材料，因有木材的天然纹理及质感而具有极佳的装饰效果。

(1) 薄实木板

1) 种类及规格

薄实木板是将原木毛料烘干处理后，经锯切、刨光加工而成的。按树种分类，用于装饰的实木板种类有：柚木、水曲柳、枫木、楠木、榉木、红松、白松、鱼鳞松等。

薄实木板的厚度一般为12~18mm，也有19~30mm厚的中板。从施工的角度希望木板的宽度适当宽一些，可减少拼板的工作量。作为普通锯材的实木木板，宽度一般为：50、60、70、80、90、100、120、140、160、180、200、220、240mm。

2) 质量要求

要求材料纹理清晰美观、有光泽、耐朽、不易开裂、不易变形。同一批材料的树种、花纹及颜色力求一致。无论何种材质，均应经过自然干燥，含水率不大于12%。印刷木纹人造板印刷涂刷木纹人造板，又称表面装饰人造板，它是以人造板材（胶合板、纤维板和刨花板）为基层直接将木纹皮（纸）通过设备压花，用EV胶真空贴于基层板上，或印刷各种木纹饰面，品种多、花色丰富。

(2) 胶合板

1) 种类及规格

胶合板是将原木经蒸煮软化，沿年轮切成大张薄片，通过干燥、整理、涂胶、组坯、热压锯边而成。木片层应为奇数，可分为3、5、7、9、11、13层，分别称为三合板、五合板（也有称为三夹板、五夹板）等。其中最常用的是三合板和五合板。

2) 胶合板性能和要求

胶合板在加工过程中排除了木材的各向异性，因此纵横变形系数相同。从外观上去掉了节疤、虫眼、裂纹、腐朽部分，选用了各色优质单面板作为面板，因此具有极强的观赏性。

同时，胶合板单块面积大，平整光洁，不易翘曲变形，锯切容易，加工方便。因此胶合板不仅可以装饰表面也可以做其他饰面材料的基层。如做弧形墙木质墙面是室内墙面装饰的主要作法，也是最常见的装饰形式。在胶合板面上可油漆各种类型的漆面，可裱贴各种墙纸、墙布，可粘贴各种塑料装饰板、铝塑板、不锈钢板等，还可进行涂料的喷涂等。

(3) 细木工板

细木工板是用一定规格的木条排列胶合起来，作为细木工板的芯板，再上下胶合单板或三合板作面板。作芯材的木条为整木块，块与块中间留有一定缝隙，可耐热涨冷缩。

细木工板的规格主要有：1830mm×915mm、2135mm×1220mm、2440mm×1220mm，厚度为15、18、20、22mm四种。细木工板的芯板木条每块块宽不超过25mm，缝宽不超过7mm。

细木工板集实木板与胶合板之优点于一身，其幅面开阔、平整稳定、可像实木一样起线脚、旋螺钉及做榫打眼。还具有较大的硬度和强度，质轻、耐久，易加工的特点。

细木工板的分类和名称见表4-27，性能指标见表4-28。

细木工板的分类和名称　　　　　　　表 4-27

分　类	名　称	分　类	名　称
按结构分	芯板条不胶拼的细木工板	按表面加工状况分	不砂光细木工板
	芯板条胶拼的细木工板	按所使用的胶合剂分	Ⅰ类胶细木工板
按表面加工状况分	一面砂光细木工板		Ⅱ类胶细木工板
	两面砂光细木工板		

（4）薄木贴面装饰板

薄木贴面装饰板是利用珍贵树种通过精密刨切，制得厚度为 0.2~0.5mm 的薄木，以胶合板为基材，采用先进的胶粘工艺将薄木片粘贴在胶合板上而成。

1）薄木分类

（a）按厚度分类：有厚薄木和微薄木。厚薄木厚度＞0.5mm，一般指 0.7~0.8mm 厚的薄木；微薄木厚度＜0.5mm，一般指 0.2~0.3mm 厚的薄木。

（b）按制造方法分类：有旋切薄木、刨切薄木和半圆旋切薄木。

（c）按树种分类：有榉木、水曲柳、柞木、椴木、枫木、樟木、柚木、花梨、龙楠等。

2）薄木贴面板的规格和技术指标见表 4-29。

细木工板的性能指标　　表 4-28

性能指标名称		规定值
含水率（%）		10±3
横向静曲强度（MPa）	板厚度为 16mm 不低于	15
	板厚度＞16mm 不低于	12
胶层剪切强度（MPa）不低于		1

注：芯条胶拼的细木工板，其横向静曲强度为表中规定值上各增加 10MPa。

薄木铁面板的规格和技术性能　　表 4-29

规　格	技术性能	
	项　目	指　标
1830mm×915mm×3~6mm	胶合强度	1.0MPa
2135mm×915mm×3~6mm	缝隙宽度	≤0.2mm
2135mm×1220mm×3~6mm	孔洞直径	≤2mm
1830mm×1220mm×3~6mm	透胶污染	≤1%
2440mm×1220mm×3~6mm	叠层、开裂	没有
	使用时自然开裂	≤0.5%面积

3）薄木贴面板的特点

薄木贴面板花纹美丽，真实感、立体感很强，既有自然美的特点又具有胶合板的特点，是高档建筑装饰饰面材料。

（5）宝丽板、富丽板

宝丽板亦称为华丽板。它是以胶合板为基材，用特种胶粘工艺及胶粘剂贴以特种花纹纸面，涂覆不饱和树脂后表面再压合一层塑料薄膜保护层而制得。外观与其相似，但表面不加塑料薄膜保护层的称为富丽板。

1）宝丽板的特点和用途

宝丽板板面光亮、平直、色调丰富多彩有多种图案花纹。该板表面硬度中等，耐热耐烫性能优于油漆面，对酸碱、油脂、酒精等有一定抗御能力，该板表面也易于清洗。

富丽板表面哑光，有多种仿天然名优木材的图案花纹。但耐热、耐烫、耐擦洗能力差。

宝丽板可用于室内的墙面、墙裙、柱面、造型面，以及各种家具的表面。富丽板主要用于墙面、墙裙、柱面和一些不需要擦洗的家具表面。属中档饰面材料。

2）常用品种、规格及要求

宝丽板或富丽板有普通板与坑板两种，其区别为：在板的表面按一定距离加工出一条宽3mm、深1mm左右的坑槽装饰线的称为坑板。普通板则没有坑槽。

普通板与坑板常用规格有：1800mm×915mm、2440mm×1220mm。质量要求与胶合板相同。

(6) 防火装饰板

防火装饰板简称防火板。它是将多层纸材浸渍于石炭酸树脂溶液中，经烘干，再送入热压机在较高温度及压力下制成。表面的保护膜处理使其具有防火、防热功效。

防火板具有美丽的花纹，可逼真地仿各种珍贵木材或石材的花纹，真实感强，装饰效果好，且有防尘、耐磨、耐酸碱、耐冲撞、耐擦洗，防火、防水易保养等特性。

防火板的规格一般有：2440mm×1270mm、2150mm×950mm、635mm×520mm等，厚度为1~2mm，亦有薄形卷材。

(7) 万通板（聚丙烯装饰扣板）

万通板学名聚丙烯装饰扣板，系以聚丙烯为主要原料，加入高效无毒阻燃剂，经混炼挤出成型加工而成的一种难燃型塑料中空装饰板材，具有防火、燃烧时不会产生有毒浓烟、防水、防潮、隔声、隔热、重量轻、成本低、经济实用、耐老化、施工方便等特点。它适用于室内墙面、柱面、墙裙、保温层、装饰面、顶棚等处的装修。

1) 常用万通板的规格及花色（表4-30）

2) 万通板的燃烧性能指标（表4-31、表4-32）

万通板的规格及花色　表4-30

项目	内容
墙板规格(mm)	厚度：2、3、4、5、6 宽×长：1000×(1500、2000)
常备颜色	白、淡杏、浅黄、浅绿（其他色可根据要求加工）

万通板的燃烧性能指标　表4-31

性能	指标	性能	指标
水平燃烧性能	Ⅰ级	垂直燃烧性能	FV-0级
氧指数(%)	≥31		

3) 物理力学性能

(8) 大漆建筑装饰板

大漆建筑装饰板是运用我国特有的民族传统技术和工艺结合现代工业生产，将中国大漆漆于各种木材基层上制成。

1) 特点与用途

大漆建筑装饰板具有漆膜明亮、美观大方、花色繁多，并且不怕水烫、火烫等特点。如在油漆中掺以各种宝砂，制成的装饰板花色各异，辉煌别致。特别适用于具有中国传统风格的高级建筑装修，如柱面、墙面、门拉手底板及民用、公共建筑物的栏杆、花格子、柱面嵌饰及墙面嵌饰。

2) 大漆建筑装饰板品种及规格（表4-33）

3) 使用要求

(a) 在运输中，要注意包装，最好在每张板正面放一层保护纸，妥善保护漆面，防止磨损划伤。装车一定将板平放，不能立放，侧放。

(b) 注意保护漆面，存放时注意防潮，堆放时码放平整，不要与其他板材混放。

(c) 装饰施工，裁切大漆板特别注意，因为漆面较脆，不宜用大锯齿锯切，最好用施工刀片划切，这样能保证边缘整齐。

万通板物理力学性能 表 4-32

性能\厚度(mm)指标	2	3	4	5	6
拉断力(N)≥	60	60	60	60	60
断裂伸长率(%)	50	50	50	50	50
平面压缩力(N)≥	400	450	450	500	500
加热尺寸变化率(%)≤	3.5	3.5	3.5	3.5	3.5

大漆建筑装饰板品种及规格 表 4-33

花色品种	规格(mm)	基材
赤宝砂		
金宝砂		
绿宝砂	610×320	三合板
刷丝	厚度根据基材变化	
堆漆		
其他花色		

3.1.3 墙、柱面常用木质装饰板线

木装饰线亦称木线条。它是选用质硬，木质较细、耐磨、耐腐蚀、不劈裂、切面光滑的，且加工性能良好、油漆上色性好、粘结性好、钉着力强的木材，经过干燥处理后，加工而成。

(1) 木质装饰线的一般形式

1) 顶棚角线

顶棚与墙面，顶棚与柱面相交的阴（阳）角处封边，如图 4-55～图 4-57 所示。

2) 挂镜线

墙面不同层次面的交接处封边、墙面装饰造型线，如图 4-58～图 4-60 所示。

3) 木贴脸线

墙面上各不同材料对接处盖压封口，墙裙压边踢脚压边，嵌入墙的设备封边装饰，收口、收边线等，如图 4-61 所示。

4) 踢脚线（板）、窗帘盒装饰线

墙面与地面交接处，墙根位置，窗帘盒装饰线条，如图 4-62 所示。

(2) 木质装饰线的一般尺寸

1) 挂镜线、顶角线规格是指最大宽度与最大高度，一般为 10～100mm，长为 2～5m。

2) 木贴脸搭盖墙的宽度一般为 20mm，最小不应少于 10mm。

3) 窗帘盒搭接长度不少于 20mm，一般长度比窗洞口的宽度大 300mm。

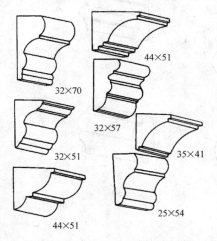

图 4-55 顶角线形式（一）

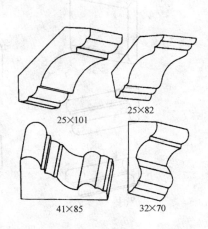

图 4-56 顶角线形式（二）

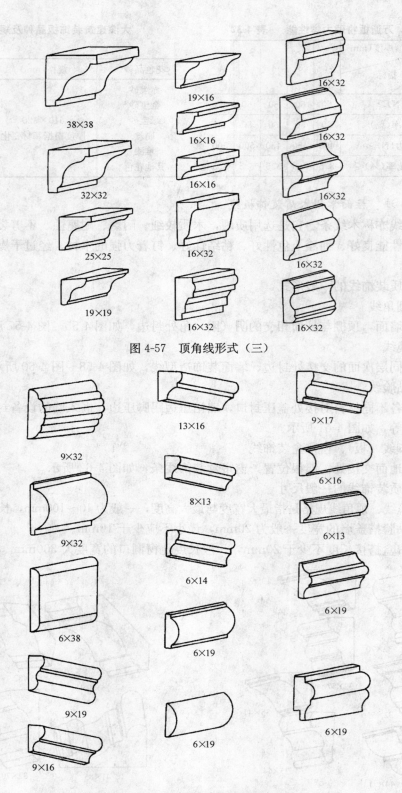

图 4-57 顶角线形式（三）

图 4-58 挂镜线形式（一）

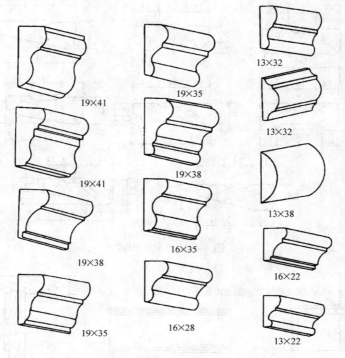

图 4-59 挂镜线形式（二）

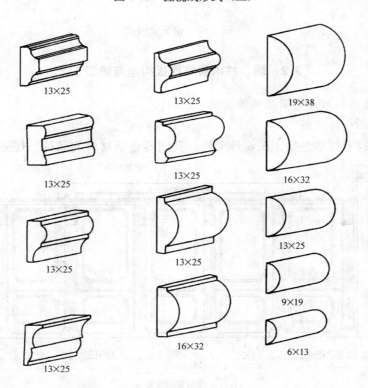

图 4-60 挂镜线形式（三）

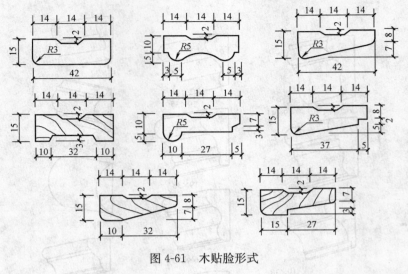

图 4-61 木贴脸形式

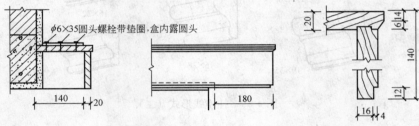

图 4-62 窗帘盒形式

3.2 墙、柱木质饰面板构造与施工工艺

3.2.1 墙、柱木质饰面板构造
(1) 施工图设计文件
木材饰面应有详细的施工图设计文件,其内容包括材料的品种、规格、颜色和性能,

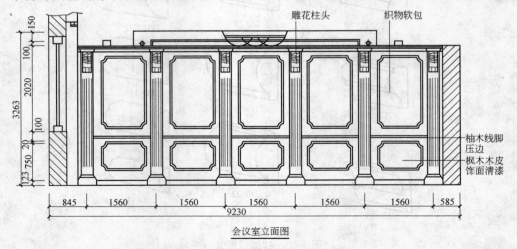

图 4-63 某会议室墙立面设计图

木龙骨、木饰面板的燃烧性能等级，预埋件和连接件的数量、规格、位置、防腐处理以及环保要求，如图4-63所示。

（2）基本构造

木质饰面板具有纹理和色泽丰富、接触感好的装饰效果，有薄实木板和人造板材两种，既可做成护墙板又可做成墙裙。具体做法是首先在墙体内预埋木砖，再钉立木骨架，最后将罩面板用镶贴、钉、上螺钉等方法固定在骨架上，如图4-64所示。

木骨架由竖筋和横筋组成，断面一般（20~40）mm×（20~40）mm，竖筋间距为400~600mm，横筋间距可稍大一些，一般为600mm左右，主要按板的规格来定。常用的进口三夹板规格为1830mm×951mm×4mm，五夹板为2130mm×915mm×7mm。面层一般选用木质致密、花纹美丽的水曲柳、柳安、柚木、桃花芯木、桦木、紫檀木、樱桃、黑胡桃等木材贴面，还可采用沙比利、美国白影、日本白影、尼斯木、珍珠木等。

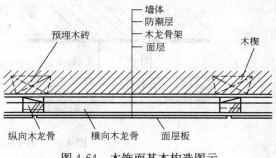

图4-64 木饰面基本构造图示

为了防止墙体内的潮气使夹板产生翘曲，应采取防潮措施，一般做法为：先抹防潮砂浆，干燥后再涂一道821涂膜橡胶。底层建筑的墙面还可在壁板与墙体之间组织通风，方法是在板面上、下部位留透气孔或是在上下横筋上留通气孔，如图4-65所示。

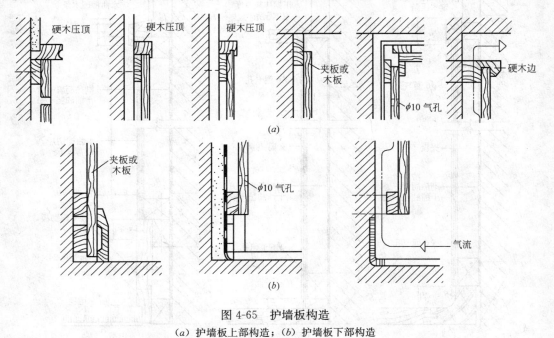

图4-65 护墙板构造

（a）护墙板上部构造；（b）护墙板下部构造

（3）细部构造

木质饰面板细部构造处理，是影响木质饰面板装饰效果及质量的重要因素。

1）木质饰面板的板缝处理。木质饰面板板缝的处理方法很多，主要有斜接密缝、平

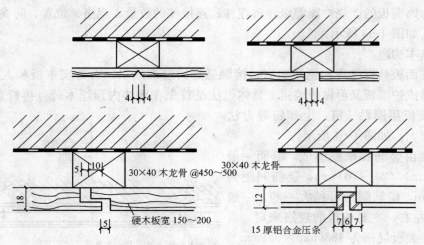

图 4-66 木质饰面板板缝构造

接留缝和压条盖缝。当采用硬木装饰条板为罩面板时，板缝多为企口缝。木质饰面板板缝构造如图 4-66 所示。

2）木饰面板与踢脚的连接。对于踢脚板的处理有多种多样，一种是板直接到地留出凹凸线脚；另一种是木质踢脚板与护墙板做平，但上下留线脚如图 4-67 所示。

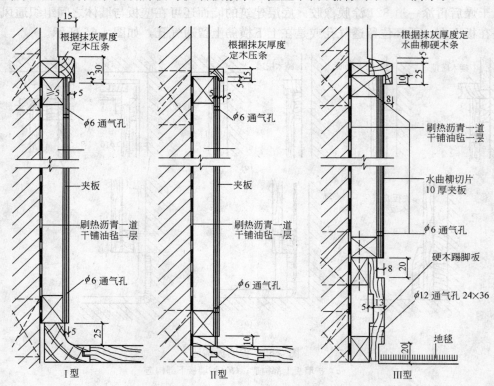

图 4-67 木质饰面板与踢脚板的连接

3）木饰面板上口压顶处理。护墙板和木墙裙的上部压顶做法基本相同，只是护墙板通常是做到顶，上面的压顶可以与顶角的木制线条相结合；而木墙裙一般比较低，通常上

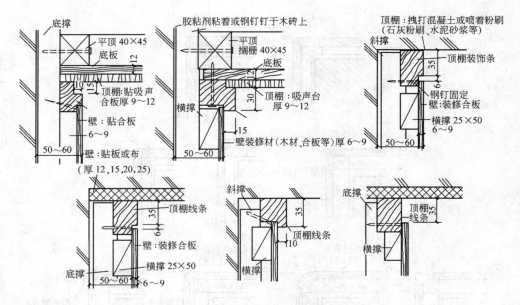

图 4-68 护墙板上部压顶构造

部的压顶条与内窗的窗台线拉齐,也可做到1600mm以上,这样压顶条就位于一般人的视线以上,比较美观,如图4-68所示。

4) 木饰面阳角、阴角构造处理。阳角和阴角处可采用斜口对接、企口对接、填块等方法,如图4-69所示。

3.2.2 墙、柱木质饰面施工工艺

(1) 木龙骨胶合板墙身施工

1) 施工程序

弹线分格→加工、拼装木龙骨架(刷防火涂料)→在墙上钻孔、打入木楔→墙面防潮→安装木龙骨架→铺钉胶合板。

2) 操作要点

(a) 弹线分格:依据轴线、500mm水平基准线及设计图,在墙上弹出木龙骨的分档、分格线。

(b) 加工拼装木龙骨架:木墙身的结构通常采用25mm×30mm的方木。先将方木料拼放在一起,刷防腐涂料,待防腐涂料干后,按分档加工出凹槽榫,在地面进行拼装,制成木龙骨架。拼装木龙骨架的方格网规格通常是300mm×300mm或400mm×400mm(两方木中心线距离尺寸)。对于面积不大的木墙身,可一次拼成木骨架后,安装上墙。对于面积较大的木墙身,可分做几片拼装上墙。木龙骨架做好后应涂刷3遍防火涂料(漆)。

(c) 钻孔打入木楔:用 $\phi16\sim\phi20$ 的冲击钻头在墙面上弹线的交叉点位置钻孔,钻孔深度不小于60mm,孔距600mm左右,钻好孔后,随即打入经过防腐处理的木楔。

(d) 固定木龙骨架:立起木龙骨靠在墙面上,用吊垂线或水准尺找垂直度,确保木墙身垂直。用水平直线法检查木龙骨架的平整度。待垂直度、平整度都达到后,即可用圆钉将其钉固在木楔上。钉圆钉时配合校正垂直度、平整度,在木龙骨架下凹的地方加垫木块,垫平整后再钉钉。

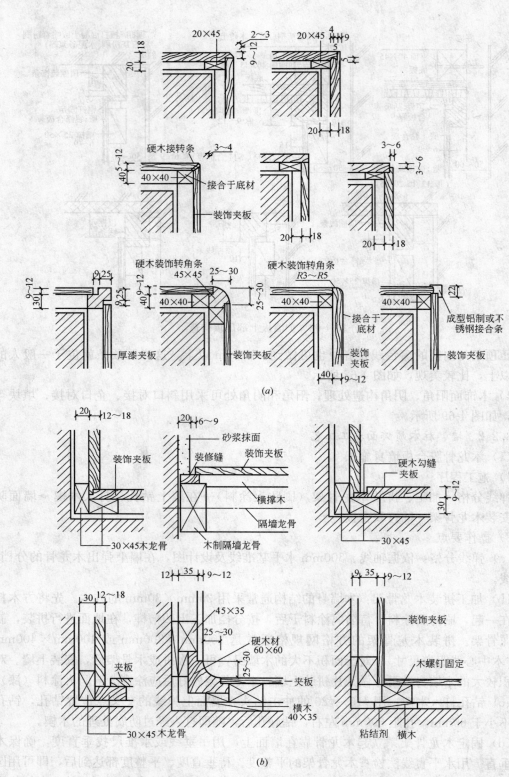

图 4-69 护墙板阳角、阴角构造
(a) 阳角构造；(b) 阴角构造

(e) 安装胶合板：

罩面板的胶合板应事先挑选好，分出不同色泽和残次件，然后按设计尺寸裁割、刨边（倒角）加工。用 15mm 枪钉将胶合板固定在木龙骨架上。如果用钢钉则应使钉头砸扁埋入板内 1mm。要求布钉均匀，钉距 100mm 左右。

(2) 微薄木装饰板

1) 安装施工工艺流程

弹线分格→在墙上钻孔、打入木楔→墙面防潮层（涂防水层）→安装木龙骨→检查墙体边线→选板→微薄木装饰板翻样、试拼、下料、编号→安装→检查、修整→封边。

2) 操作要点

(a) 基本工序：在微薄木装饰板安装施工中，弹线分格、钻孔、打入木楔、安装木龙骨等基本工序与木龙骨胶合板墙面施工相同。

(b) 墙体涂防潮（水）层：对于建筑底层墙体等受潮湿水分侵袭可能的墙体，应进行墙体表面满涂防水层一道。表面须涂刷均匀，不得有厚薄不均及漏涂之处。防潮层应为 5～10mm 厚，至少三遍成活，须尽量找平，以便兼做找平层用。

(c) 检查墙体边线：墙体阴阳角及上下边线是否平直方正，关系到微薄木装饰板的装修质量，因微薄木装饰板各边下料平直为正，如墙体边线不平直方正，则将造成装饰板"走形"现象而影响装修质量。

(d) 选板：根据具体设计的要求，对微薄木装饰板进行花色、质量、规格的选择，并一一归类。所有不合格未选中的装饰板，应送离现场，以免混淆。

(e) 微薄木装饰板翻样、试拼、下料、编号：将微薄木装饰板按建筑内墙装修具体设计的规格、花色、具体位置等，下料、试拼（并严格注意木纹图案的拼接），进行编号，校正尺寸，四角套方。下料时须根据具体设计对微薄木装饰板拼花图案的要求，预留 2～3mm 的刨削余量，防止微薄木装饰板表面在边口处崩边，致使板边出现点点缺陷，影响装修美观。

上述加工完毕经检查合格后，将高级微薄木装饰板一一编号备用。

(f) 安装微薄木装饰板：根据微薄木装饰板的编号及龙骨上的弹线，将装饰板顺序就位粘贴。粘贴时须注意拼缝对口、木纹图案拼接等，不得疏忽。每块微薄木装饰板就位后，须用手在板面上（龙骨处）均匀按压，随时与相邻各板调直，并注意使木纹纹理与相邻各板拼接严密、对称、正确，符合设计要求。粘贴完后用净布将挤出之胶液擦净。

(g) 检查、修整：全部微薄木装饰板安装完毕，须进行全面抄平及严格的质量检查。凡有不平、不直、对缝不严、木纹错位以及其他与质量标准不符之处，均应彻底纠正、修理。

(h) 封边、收口、漆面：根据具体设计来做并须严格保证质量。漆面由专门工序介绍。

(3) 万通装饰板：万通装饰板学名聚丙烯装饰板，系以聚丙烯（PP）为主要原料，经混炼挤出成型加工而成。有一般型及难燃型两种，后者系在生产时加入高效无毒阻燃剂制成。室内装修必须采用难燃型者。

万通板每平方米只有 1.5kg 左右，防火（难燃型），防水，抗老化。有白、淡杏，淡蓝、浅黄、浅绿、浅红、银灰、灰、黑等色。可用界纸刀任意切割，施工方便，粘、钉均可。系当今中、高档室内常用装修材料之一。

1) 万通板规格尺寸

万通板厚有 2、3、4、5、6mm 多种，宽、长尺寸用于墙面装修者有 1000mm×2000mm，1000mm×1500mm 两种；用于顶棚装修者有 606mm×606mm、606mm×1212mm 两种。

2) 万通板施工工艺流程

墙体打孔、钉木楔→墙体表面处理→墙体表面涂防潮剂→钉木龙骨→检查墙体边线→选板一翻样、试拼、下料、编号→安装万通板→检查修整→封边、收口→擦净出光。

3) 安装施工要点

(a) 30mm×40mm 木龙骨背面须刨防挠凹槽（通长），以防弯挠。

(b) 木龙骨间距为 500～1000mm，应根据设计的装修造型位置，灵活决定。由于万通板很轻，且板本身系中空材料，韧性及强度均好，不易弯挠，故木龙骨间距及龙骨规格，均可灵活决定。

(c) 钉木龙骨。30mm（厚）×40mm 木龙骨，正面刨光，满涂防腐剂一道，防火涂料三道，按中距双向钉于墙体内木楔之上，龙骨与墙面之间有缝隙之处，须垫平垫实。整个墙面的木龙骨安装完毕，须进行最后检查、操平。

(d) 涂胶。在万通板背面与木龙骨粘贴之处，以及木龙骨上满涂氯丁胶一道，须薄而均匀，不得有厚薄不均及漏胶之处。胶中严禁混入砂料、杂屑及垃圾等杂物。

(e) 擦净出光。将全部万通板墙面清理干净，用软湿布擦净出光。

(4) 木护墙（墙裙）施工

木护墙（墙裙）可用薄实木板、胶合板等板材铺钉。用胶合板做护墙板不设腰带和立条时，需考虑并缝的处理，一般的处理方式有三种方式：平缝、八字缝、装饰压线条压缝，如图 4-70 所示。当用实木板做护墙板时，也可采用拼缝形式，如图 4-71 所示。

1) 施工程序

弹线、分格→在墙上钻孔、打入木楔→墙面防潮→安装木龙骨架→铺钉面板→装钉木踢脚线。

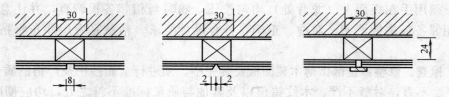

图 4-70 胶合板木墙裙接缝形式

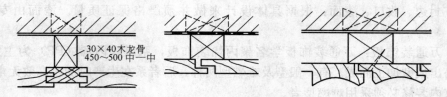

图 4-71 实木板木墙裙接缝形式

2) 操作要点

木护墙（墙裙）施工操作要点与木龙骨胶合板墙身施工操作要点基本相同。施工时注意以下几点：

(a) 墙面防潮：在安装木龙骨之前，干铺油毡一层。

(b) 钉木龙骨：主龙骨中距450mm左右，次龙骨中距450～600mm（按胶合板分格需要决定主次龙骨方向）木龙骨按40mm×30mm下料，如图4-72所示，垫木按具体情况下料。水平龙骨全部穿ϕ10通气孔，中距900mm左右踢脚通气孔ϕ12，中距25mm，3个一组，每组中距900mm左右。

(c) 铺钉护墙板：采用实木木板作护墙板时应先按设计图下料，拼缝要平直，木纹要对齐。压条时要钉牢，钉帽要砸扁，顺木纹将钉冲进3mm，接头做暗榫。

(d) 钉冒头木护墙板顶部拉线找平。压顶木线规格尺寸要一致，木纹、颜色近似的钉在一起。压顶木线样式较多，但一般常用的有3种，其形状、尺寸、钉固方法及节点构造如图4-73所示。

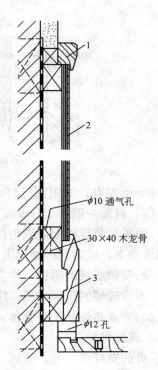

图4-72 木护墙截面图
1—冒头（压线条）；2—胶合板护墙；3—木踢脚

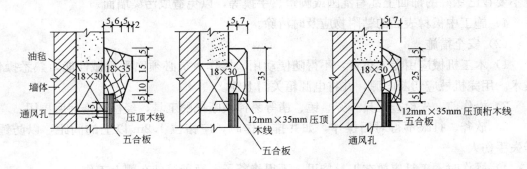

图4-73 压顶木线

(e) 装钉木踢脚板：木护墙板与踢脚板交接如图4-74所示。亦可在踢脚板顶面钉上木线。

3.2.3 施工注意事项

1) 应严格选料，使用的木材含水率不大于12%，并做防腐、防蛀、防火处理。饰面板应选用同一批号的产品。木龙骨钉板的一面应刨光，龙骨断面尺寸一致，组装后找方找直，交接处要平直，固定在墙上要牢固。

2) 面板应从下面角上逐块铺钉，并以竖向装钉为好，拼缝应在木龙骨上；如用枪钉钉面板时，注意将枪嘴压在板面上后再扣动扳机打钉，保证钉头射入板内。布钉要均匀，

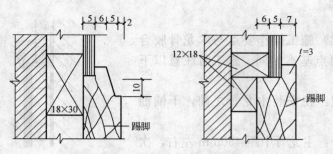

图 4-74 木护墙板与踢脚板交接

钉距 100mm 左右，如用圆钉钉，钉头要砸扁，顺木纹钉入板内 1mm 左右，钉子长度为板厚 3 倍，钉距一般为 150mm。

3) 面板颜色应近似，成色浅的木板应安在光线较暗的墙面上，成色深的安装在光线较强的墙面上，或者同一墙面上由浅色逐渐加深。

4) 所有护墙板的明钉，均应打扁，顺木纹冲入，避免表面钉眼过大。

5) 木质较硬的压顶木线，应用木钻先钻透眼，然后再用钉子钉牢，以免劈裂。

3.2.4 成品保护及安全措施

（1）成品保护

1) 提前做好水、电、通风、设备安装作业工作，以防止损坏墙面。

2) 对饰面板材易污染或易碰撞的部位应采取保护措施，不得使其发生碰撞变形、变色等现象。

3) 严防水泥浆、石灰浆、涂料、颜料、油漆等污染墙面饰面，也要教育施工人员注意不要在已做好的饰面上乱写乱画或脚蹬、手摸等，以免造成污染墙面。

4) 施工中板材表面的粘附物应及时清除。

（2）安全措施

1) 木工机械应由专人负责，不得随便动用。操作人员必须熟悉机械性能，熟悉操作技术。用完机械应切断电源，并将电源箱关门上锁。

2) 操作前，先检查工具。斧、锤、凿等易掉头断把的工具，经检查修理后再用。

3) 砍斧、打眼不得对面操作，如并排操作时，应错位 1.2m 以上的间距，以防锤、斧失手伤人。

4) 操作时，工具应放在工具袋里，不得将斧子、锤子等披在腰上工作。

5) 操作地点的刨花、碎木料应及时清理，并存放在安全地点，做到活完脚下清。

6) 操作地点，严禁吸烟，注意防火，并备足消防器材和消防用具。

3.3 质量标准及质量缺陷分析和处理

3.3.1 质量标准及检验方法

（1）主控项目

1) 饰面板的品种、规格、颜色和性能应符合设计要求，木龙骨、木饰面板的燃烧性能等级应符合设计要求。

检验方法：观察；检查产品合格证书、进场验收记录和性能检测报告。

2）饰面板孔、槽的数量、位置和尺寸应符合设计要求。

检验方法：检查进场验收记录和施工记录。

(2) 一般项目

1）饰面板表面应平整、洁净，色泽一致，无裂痕和缺损。

检验方法：观察。

2）饰面板嵌缝应密实、平直，宽度和深度应符合设计要求，嵌填材料色泽应一致。

检验方法：观察；尺量检查。

(3) 木饰面板安装的允许偏差和检验方法应符合表 4-34 规定。

木饰面板安装的允许偏差和检验方法 表 4-34

项次	检验项目	允许偏差(mm)	检验方法
1	立面垂直度	1.5	用 2m 垂直检测尺检查
2	表面平整度	1	用 2m 靠尺和塞尺检查
3	阴阳角方正	1.5	用直角检测尺检查
4	墙裙、勒脚上口直线度	1	拉 5m 线，不足 5m 拉通线，用钢直尺检查
5	接缝直线度	2	拉 5m 线，不足 5m 拉通线，用钢直尺检查
6	接缝高低差	0.5	用钢直尺和塞尺检查
7	接缝宽度	1	用钢直尺检查

3.3.2 质量缺陷分析和防治措施

木质饰面板工程的质量缺陷分析及防治措施见表 4-35。

木饰面板工程质量缺陷及防治措施 表 4-35

项次	缺陷	产生原因	预防与治理方法
木饰面	1. 木龙骨与墙体间有松动，没固定牢 2. 木龙骨表面不平，阴阳角不方正 3. 洞口歪斜，角口不方 4. 木龙骨的分格距不合要求 5. 木龙骨与墙接触处未做防腐处理，其周边未涂防火涂料或涂得不符要求	1. 结构施工时没有为装修创造条件，没有预留木砖或留得不合要求，事后又未处理好，造成龙骨松动 2. 龙骨安装时，阴阳角没有找方，与饰面板接触面没有刨平而用毛料。安装过程中没有用水平尺托平 3. 木龙骨分格距大小，没按规定施工 4. 木龙骨的含水率大或未设防潮处理，使龙骨产生变形 5. 怕麻烦贪方便，对木龙骨的防腐、防火处理不认真	1. 在结构施工阶段就要认真熟悉装修图纸，对有关部位必须埋设预埋件。装修留量等要配合好 2. 木龙骨不得有腐朽、通疖疤、劈裂、扭曲等弊病。厚度不得小于 20mm，含水量应 15% 3. 结构预留洞口，当尺寸不符装修要求时，应及时凿除 4. 若预留木砖间距与木龙骨分格距不符时，应予以补设，一般可用冲击钻打洞加木榫的办法 5. 凡在饰面分隔缝处外露的木龙骨钉元钉，其钉帽必须打扁并顺木纹送进 3mm 6. 木墙裙的木龙骨，其横向应根据墙面抹灰的标筋拉线找平，竖向吊线找直，阴阳角根部用方尺靠方。所垫木块必须与木龙骨钉牢 7. 木墙裙在阴阳角处，须在拐角的两个方向钉木楞 8. 木龙骨与墙接触处应做防腐处理，其周边应涂防火涂料

续表

项次	缺 陷	产 生 原 因	预防与治理方法
木饰面	花纹错乱、颜色不匀、棱角不直、表面不平、接缝不严、钉帽外露端头	1. 对原材料没有认真挑选，安装时未对色，对木纹 2. 胶合板安装时板缝余胶没有清除	1. 面板拉缝处木龙骨上外露的钉帽必须顺木纹送入 3mm 2. 认真挑选木料。面板材料含水率应≤12%，并要求纹理顺直，颜色均匀，木材花纹相似 3. 面板采用原木板材时，其厚度应≥10mm。当要求拼花时，其厚度应≥15mm。背面均须设置防变形槽；当用企口板时，其厚度应≤100mm；使用胶合板时，其厚度应不小于 5mm 4. 在同一房间安装，面板应选用一种树种，其颜色、花纹应基本一致 5. 使用切片板时，宜对花纹。在立面上把花纹大的安装在下面，花纹小的安装在上面，不能倒装。迎面应选用颜色一致的面板使用。相邻两板颜色深浅应协调，不可突变 6. 为防板起鼓及干缩变形，一般竖向分格接缝，每格间留缝宽度为 8mm 7. 钉面层板要自下而上进行，接缝要严密。在板长范围内一般不应有接缝、只有当板长（一般为 2.4m），不够时，才允许接缝，接缝宜设在视线以下，板面与龙骨接触需涂胶
	木墙裙、板表面不平，在光的照射下可看到局部凹凸不平	1. 木龙骨间距过大 2. 施工前未认真选择材料，木纹、花色、色泽不一致，使人造成视觉差	1. 木龙骨的间距一般不超过 450mm。可根据面板厚度适当调整，使用薄板，木龙骨间距要小一些，使用厚骨间距可大一些 2. 施工前认真选择材料，按板的木纹、色泽进行预排 3. 潮湿墙面做防潮处理。在与踢脚线连接处可每隔 1m 钻一个气孔

3.4 实训课题——某多功厅墙面木质饰面、软包饰面装修

3.4.1 施工准备

(1) 设计施工图图纸

某多功能厅墙面木质及软包墙面装饰施工图，如图 4-75、图 4-76 所示。

(2) 材料准备及要求

1) 木龙骨：龙骨料一般用红松、白松烘干料，含水率不大于 12%，材质不得有腐朽、节疤、劈裂、扭曲等缺陷，并预先经防腐处理。

从图 4-75、图 4-76 中可以知道：该墙面为木骨架、薄实木板及布艺软包及实木线条、实木装饰块用料的墙面施工图。图中所用材料主要有：木龙骨采用 40mm×40mm 的方材，其间距为 400mm，呈双向布置。各木杆件之间的连接采用长度为 45mm 与 90mm 的圆钉。木料的使用量，与具体的安装方式有较大的关系。圆钉的使用量，与连接点的数量及接合方式有关。木材与圆钉的用量应分别列表计算后汇总。方材可以 mm 为计量单位，圆钉可以 kg 为计量单位。45mm 长标准型圆钉 1000 只约重 1.34kg，90mm 长标准型圆钉 1000 只约重 7.63kg。

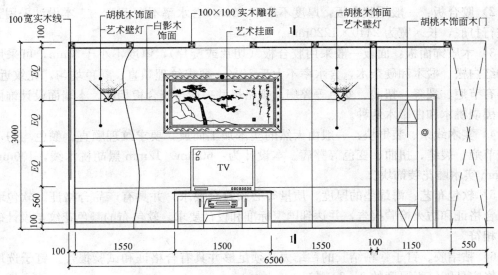

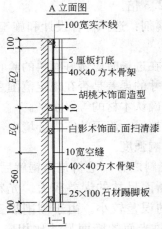

图 4-75 木质饰面墙面

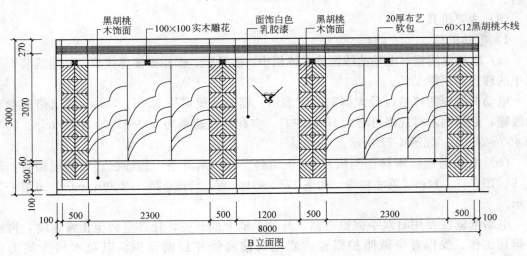

图 4-76 木质饰面及软包饰面墙面

2) 胶合板：一般用胶合板，厚度不小于3mm，含水率不大于12%。本设计采用五厘板进行打底，长×宽为2440×1220mm。

3) 木质饰面板：面板一般采用胶合板（切片或旋片），厚度不小于3mm，可采用烘干的红白松、椴木和硬杂木，含水率不大于12%，要求纹理顺直、颜色均匀，花纹近似，不得有节疤、裂缝、扭曲、变色等弊病。规格尺寸一般与胶合板相同。本墙面设计饰面板有：黑胡桃木和白影木两种。

4) 实木线条、装饰块：一般由天然的实木加工而成，要求纹理顺直、颜色均匀，不得有节疤、裂缝、扭曲、变色等弊病。本设计为：60mm×12mm黑胡桃木线，100mm×100mm实木雕花装饰块。

5) 软包布艺：海绵垫的厚度、质量等必须符合要求，并具有产品合格证。软包墙布具有合格证和防火检验报告，并达到国家标准和设计要求。软包布的颜色花纹与设计确定样品相符。

6) 粘结胶、钉子：粘结胶的粘结力必须足够并具有合格证和试验报告。钉子选用长度规格应是铺钉板厚度的2~2.5倍。

7) 其他辅料：防火、防腐剂：选择符合设计和施工规范要求的防火、防腐材料，比如：防火涂料等。

对于施工用的各类材料，在进场时应做好材料的验收工作。验证木材的规格与数量是否与送料单相一致，其断面尺寸的误差是否在规定范围之内。核实木材的树种，判别基本含水量，查看木材的外观质量确认木材的等级水平。

木材应分类堆放在平整、挡风、遮雨的室内环境中，施工工期较长的情况下应设置横楞以利通风和防止木材变质影响强度。

使用中的木材有毛料及光料之分。毛料是指锯解后直接得到的规格用材，一般表面有锯割印痕就显得粗糙，则断面尺寸的误差较大。光料是指将毛料经过刨削加工的木材，其表面光洁、断面尺寸的误差较小。由于刨削加工时的工艺要求，单面刨削量为3mm，双面刨削量为5mm，故光面的断面尺寸比相应毛料断面的尺寸小3mm或5mm左右。

(3) 主要机具

1) 电动机具

(a) 电动曲线锯：电动曲线锯具有体积小、质量轻、操作方便等优点，是建筑装饰工程中的理想的锯割工具。

电动曲线锯的规格以最大锯割厚度表示。锯割金属可用3、6、10mm等规格的电动曲线锯，如锯割木材规格可增大10倍左右，空载冲程速率为500~3000冲程/min。功率为400~650W，如图4-77所示。

(b) 电动圆锯（木材切割机）：用于切割夹板、木方条、装饰板。常用规格有：7、8、9、10、12、14in（英寸）等。功率1750~1900W，转速3200~4000r/min，如图4-78所示。

电动圆锯在使用时双手握稳电锯，开动手柄上的开关，让其空转至正常速度，再进行锯切工作。操作者应戴防护眼镜，或把头偏离锯片径向范围，以免木屑飞溅击伤眼睑。

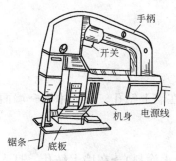

图 4-77 电动曲线锯

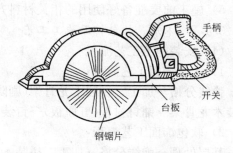

图 4-78 电动圆锯

在施工时，常把电动圆锯反装在工作台面下，并使圆锯片从工作台面的开槽处伸出台面，以便切割木板和木方条。

(c) 手提式电刨：木装饰表面的处理离不开电刨。电刨不仅有利于加快施工进度，减轻劳动强度，而且对提高操作质量有重要的作用。手提式电刨主要用于木材表面的刨削、裁口、刨光刨平、修边等操作。手提式电刨的特点是结构紧凑，体积小、便于携带，操作灵活，不受场地、部位的限制，如图 4-79 所示。

(d) 电动、气动钉钉枪：电动、气动钉钉枪用于木龙骨上钉木夹板、纤维板、刨花板、石膏板等板材和各种装饰木线条，配有专用枪钉，常见规格有 10、15、20、25mm 四种。电动钉钉枪插入 220V 电源就可以直接使用。气动钉钉枪需与气泵连接，使用要求的最低压力为 0.3MPa。气钉枪有两种，一种是直钉枪，一种是码钉枪。直钉是单支，码钉是双支。操作时，用钉枪嘴压在需钉接处，按下开关。电动、气动钉钉枪如图 4-80 所示。

图 4-79 手提式电刨

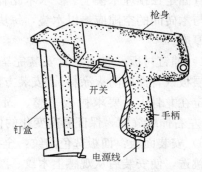

图 4-80 电动、气动钉钉枪

2) 木工手工操作机具：锯、斧、锤、凿等。
3) 量测具：量尺、水平尺、方尺、割角尺、小钢尺、靠尺板、墨斗、粉线袋、吊线坠、木工铅笔、红蓝铅笔等。

(4) 施工作业相关条件

1) 木质面板钉装应在抹灰墙面及地面做完后进行。
2) 木材的干燥应满足规定的含水率，木龙骨应完成防火涂料、防腐剂涂刷。
3) 墙面清理干净，墙面的电器设备穿线完成。
4) 施工分项工程量较大且较复杂时，施工前应绘制大样图，并应先做样板，样板经验收合格后才能大面积进行作业。

5) 施工前要准备好使用的相关材料齐全

3.4.2 木质、软包饰面施工工艺

(1) 安装施工工艺流程

1) 木质饰面工艺流程：

弹线分格→加工、拼装木龙骨架（刷防火涂料）→在墙上钻孔、打入木楔→墙面防潮→安装木龙骨架→铺钉衬板（五厘板）→钉装面板。

2) 软包饰面工艺流程：

基层处理→弹线分格→加工、拼装木龙骨架（刷防火涂料）→在墙上钻孔、打入木楔→安装木龙骨→铺钉衬板（五厘板）→软包办制作→修整软包墙面→成品保护。

(2) 施工技术要点

1) 基层处理：施工前应先检查软包部位基层情况，如墙面基层不平整、不垂直，有松动开裂现象，应先对基层进行处理，墙面含水率较大时应干燥后施工作业。

2) 弹线分格：根据设计图纸要求，把实际分格尺寸在墙面上弹出，并校对位置的准确性。

3) 制作、安装木龙骨架：根据现场墙面特点，制作木龙骨网片，木龙骨网片采用纵横向钉接。当设计无要求时，通常竖向木龙骨规格为 50mm×50mm，间距一般为 500mm，横向木龙骨规格为 20mm×50mm，间距一般为 400mm，如面板厚度在 10mm 以上时，横龙骨间距可放大到 450mm，用圆钉将木龙骨固定在预埋木楔上。

本设计木龙骨采用 40mm×40mm 的方材，其间距为 400mm，呈双向布置，用圆钉将木龙骨固定在预埋木楔上。要求木龙骨上墙前刷防火涂料。木龙骨安装必须找方、找直，骨架与木砖间的空隙应垫以木垫，每块木砖至少用两个钉子钉牢，在装钉龙骨时应预留出板面厚度。

4) 铺钉衬板：墙面龙骨安装完毕检查合格后，安装衬板。衬板通常采用 9~12mm 的多层板（背面刷防火涂料）。安装方法是在木龙骨接触面上满刷乳胶，然后用气钉将衬板固定在龙骨上，要求衬板平整、固定牢固，钉帽不得凸出面板。拼接板之间应预留 5mm 左右伸缩缝隙，保证温度变化的伸缩量。

5) 安装面板：面板选色陪纹：全批面板材进场使用前，按同房间、临近部位的用量进行挑选，使安装后从观感上木纹、颜色近似一致裁板配制。按龙骨排尺，大于龙骨间距进行裁板，锯裁后大面应净光（胶合板材严禁刨净），小面刮直。面板长向对接配制时必须考虑接头位于横撑处，板背面应做卸力槽，以防板面扭曲变形，一般卸力槽间距为 100mm，槽宽 10mm，槽深 6~8mm。

面板安装：面板安装前对龙骨位置、平直度、钉设牢固情况、防潮层等构造要求进行检查，合格后进行安装；面板配好后进行试装，面板尺寸、接缝、接头处构造完全合适，木纹方向、颜色观感尚可的情况下，才能正式进行安装；面板接头处安装时应涂胶与龙骨钉牢，钉固面板的钉子规格应适宜，钉子长度约为面板厚度的 2~2.5 倍，钉子间距一般为 100mm，钉帽应砸扁，并用冲子将钉帽顺木纹方向冲入面板 1~2mm。

6) 钉实木线、实木块：本设计实木线为 60mm×12mm 黑胡桃木线，实木块为

100mm×100mm 实木雕花装饰块。装钉时应进行挑选、花纹、颜色应与面板近似。规格尺寸、厚度应一致,接茬应顺平无错槎。

7) 软包板制作安装:

(a) 套裁面料:按照设计要求的分块并结合布料的规格尺寸进行用料计算和填充料(20mm厚海绵)套裁工作,布料和海绵应在平整干净的桌面上进行裁剪,布料在下料时应每边长出 50mm 以便于包裹绷边。剪裁时要求必须横平竖直、不得歪斜,尺寸必须准确。

(b) 粘贴面料:将软包层底板(5mm 厚层板)四周用封边条进行固定,按照设计用料,在五夹板或九厘板上满刷薄而均匀的一层乳胶液,然后把填充层(海绵垫)从板的一端向另一端粘在衬板上,注意将海绵垫粘接平整,不得有鼓包或折痕。待稍干后,把面料按照定位标志上下摆正,注意布料的花纹在相邻之间的对称。首先把上部用木条加钉子临时固定面料,然后把下端和两侧位置找好和展平,将面料卷过衬板约 50mm 并用马钉固定在衬板上,要求固定要牢固。为了保证软包块边缘的平直或弧角顺畅一致,在衬板的四边上采用与海绵等厚的木线钉成框(注意接头要平整),海绵粘贴在木线中间,然后再进行软包面料的制作。

(c) 安装软包板:软包板制作完成后在平台上进行,试拼达到设计效果后,将预制好的软包板用气钉枪将其边框固定在墙面的基层衬板上,要求软包板的背面满刷乳胶,气钉的间距一般为 80~100mm 左右。

8) 修整软包墙面:施工完毕后,应将其饰面尘土、钉眼、胶痕等处理干净。

3.4.3 质量缺陷分析及防治措施

(1) 木质饰面板

1) 面层板安装后出现花纹错乱、颜色不匀、棱角不直、表面不平、接缝处有黑纹及接缝不严;或压顶条粗细不一,高低不平,劈裂等。

原因分析:面板材料混批,安装前未对色、对花;胶合板面透胶或粘贴时板缝余胶未清除净,上清漆即出现黑纹。

防治措施:

(a) 面板材料含水率应不大于 12%。胶合板的厚度应不小于 5mm,厚木板材要求拼花时,厚度应不小于 15mm;不要求拼花时,厚度应不小于 10mm,但背面均须设置变形槽。企口板块宽度不宜大于 100mm。面层板料均要纹理顺直,颜色均匀,花纹相似。实木线条要求线条清晰平直。

(b) 精选面板料,将树种、颜色、花纹一致的使用在一个房间内,至少在一面墙上要协调。

(c) 直接使用片切板时,尽量将花纹木心对上。一般花纹大的安装在下面;花纹小的安装在上面,防止倒装。颜色好的应用在迎面,颜色稍差的用在较背的部位。做面层每格之间缝宽度应符合设计要求。要求较高时可加金属条。

(d) 木墙裙的顶部要拉线找平。木压条要挑选粗细一致、颜色相近的钉在一起,阴角接头采用上半部 45°下半部平顶的接法。

2) 面层明钉缺陷:硬木装修钉眼过大。贴脸、压缝条、墙裙压顶线等端头劈裂以及钉帽外露等。

原因分析：

(a) 钉帽打得不够扁，或打扁的钉帽横着木纹往里钉。

(b) 铁冲子太粗或冲偏。

(c) 钉前没有木钻引眼。面板拉缝处，露出下面龙骨上的大钉帽。

防治措施：

(a) 打扁后的钉帽要小于钉子直径，扁钉帽应顺木纹往里卧入。钉子位置应钉在两根木筋之间。

(b) 铁冲子要呈圆锥形，不要太尖，但应保持小于钉帽的状态。钉帽冲入板面下1mm左右。

(c) 面板木料较硬，应先用木钻引个小眼，再钉钉子。

(d) 钉劈的部位，应将钉子起出，用胶将劈裂处粘好，待固结后，再用木钻在裂缝两边引小眼，补钉固牢。

(e) 面板拉缝处龙骨上露出大钉帽，可用铁冲子将其冲进10mm左右，再用相同的木料粘胶补平。

(2) 软包墙面饰面

1) 软包墙面或软包块不方正，边缘不直、不整齐

原因分析：软包墙面或块板制作时不方正，板块边缘的木线条安装不直、接头错位。

防止措施：软包部衬板下料尺寸要准确，板边木线条平直，接头顺畅。

2) 软包墙面或软包块安装不正确，安装不牢

原因分析：软包墙面板块拼接安装时气钉间距较大，固定不准确。

防止措施：安装板块过程中气钉的间距控制在300mm，并且钉帽要陷入面料内，不得凸出。

3) 软包布不平整、出现皱折

原因分析：

(a) 软包布在张铺过程中没有展平就固定。

(b) 软包布的填充料（海绵）没有粘贴在基层衬板上，操作过程中不平整就贴面层布料。

(c) 基层板含水率较大，造成板变形。

防止措施：

(a) 软包的板块制作一定要展开平整，从一端向另一端展平后固定。

(b) 软包的填充料要用胶将其粘在基层衬板上展平。

(c) 基层木板的含水率必须控制在8%左右。

4) 软包墙面拼接花纹不对接、填充不饱满

原因分析：软包的布料有花纹时，在软包的制作过程中没有认真核对花纹的方向、和纹理的方向。软包的填充料没有认真填满。

防止措施：施工过程中一定提前对布料的花纹和纹理进行检查，确定好进行下料和制作。对软包的填充料检查饱满后做面层。

5) 软包布墙面和板块细部交圈不合理

原因分析：软包板块细部没有处理好，以至于与其他装饰面交圈不合理。

防止措施：在软包的边缘收边要仔细，特别是四角的布料要做好。

3.4.4 成品保护

1）软包布的存放时不能将布料的包装拆除，并放在干燥的地方保存。

2）软包墙面施工完成后不能再进行墙面的油漆、涂料等施工，保证不污染面料。

3）软包布墙面需要进行其他分项施工时必须用塑料膜保护，电气灯具安装时必须将裁口封严、压正。

4）软包布墙面施工完成后必须加以保护，严禁非作业人员按压面料，以免污染和使面料不平、皱折。

3.4.5 质量标准及验收记录

（1）质量标准

1）保证项目：

（a）软包墙面木框或底板所用材料的树种、等级、规格、含水率和防腐处理必须符合设计要求和相应的验收规范规定。

（b）软包布及填充材料必须符合设计要求，并符合建筑室内装修设计防火有关规定。

（c）软包木框构造作法必须符合设计要求，钉粘严密、镶嵌牢固。

（d）树种、材质等级、胶合板的品种、木材的含水率和防腐、防火措施必须符合设计要求和施工规范规定。

（e）细木制品与基层或木砖镶钉必须牢固无松动。

2）基本项目：

（a）表面面料平整，经纬线顺直，色泽一致，无污染，压条无错台、错位。同一房间同种面料花纹图案位置相同。

（b）单元尺寸正确，松紧适度，面层挺秀，棱角方正，周边弧度一致，填充饱满，平整，无皱折，无污染，接缝严密，图案拼花端正、完整、连续、对称。

（c）软包饰面与挂镜线、贴脸板、踢脚板、电气盒盖等交接处严密、顺直、无缝隙、无毛边。电气盒盖开洞尺寸套割正确，边缘整齐，方正。

（d）饰面板制作：尺寸正确、表面平直光滑，棱角方正，线条顺直，不露钉帽，无刨槎、刨痕、毛刺和锤印。

（e）饰面板安装：位置正确，割角整齐，交圈、接缝严密，平直通顺，与墙面紧贴，出墙尺寸一致。

3）允许偏差项目：

（2）质量验收记录用表见表4-36，饰面板安装工程检验批质量验收记录表见表4-37

质量验收记录表　　　　　　　　　　　　　表4-36

项次	项目	允许偏差(mm)	检验方法
1	上口平直	2	拉5m线检查，不足5m拉通线检查
2	表面垂直	2	吊线尺量检查
3	压缝条间距	2	尺量检查

饰面板安装工程检验批质量验收记录表 表 4-37

GB 50209—2002

单位(子单位)工程名称										
分部(子分部)工程名称										
施工单位							验收部位			
分包单位							项目经理			
施工执行标准名称及编号							分包项目经理			
施工质量验收规范的规定								施工单位检查评定记录		监理(建设)单位验收记录
主控项目	1	饰面板品种、规格、性能				第8.2.2条				
	2	饰面板孔、槽、位置、尺寸				第8.2.3条				
	3	饰面板安装				第8.2.4条				
一般项目	1	饰面板表面质量				第8.2.5条				
	2	饰面板嵌缝				第8.2.6条				
	3	湿作业施工				第8.2.7条				
	4	饰面板孔洞套割				第8.2.8条				
	5	允许偏差(mm)	项目	石材			瓷板	木材	塑料	金属	实测值(mm)
				光面	剁斧石	蘑菇石					
			立面垂直度	2	3	3	2	1.5	2	2	
			表面平整度	2	3	—	1.5	1	3	3	
			阴阳角方正	2	4	4	2	1.5	3	3	
			接缝直线度	2	4	4	2	1	1	1	
			墙裙、勒脚上口直线度	2	3	3	2	2	2	2	
			接缝高低差	0.5	3	—	0.5	0.5	1	1	
			接缝宽度	1	2	2	1	1	1	1	
施工单位检查评定结果			专业工长(施工员)					施工班组长		
			项目专业质量检查员:							年 月 日
监理(建设)单位验收结论			专业监理工程师: (建设单位项目专业技术负责人)							年 月 日

课题4　裱糊与软包类饰面构造与施工

4.1　裱糊工程构造与施工工艺

裱糊工程在我国有着悠久的历史。它是指采用壁纸、墙布等软质卷材裱贴于室内墙、柱、顶面及各种装饰造型构件表面的装潢饰面工程。壁纸、墙布色泽和凹凸图案效果丰富，装饰效果好；选用相应品种或采取适当的构造做法后还可以使之具有一定的吸声、隔声、保温及防菌等功能；施工和维护更新亦较为方便简易。因此，广泛使用于宾馆、酒店的标准房间及各种会议、展览与洽谈空间以及居民住宅卧室等。

4.1.1　裱糊工程基本知识

（1）裱糊工程材料

裱糊工程的材料包括饰面的各种卷材（壁纸、墙布）以及起粘结作用的各类胶粘剂。

1）卷材

（a）卷材品种：常用的卷材有壁纸、墙布、锦缎等，一般色彩、质感多样，装饰效果好，而且大多耐用、易清洗。壁纸的种类很多，分类方式也多种多样，按外观装饰效果分，有印花壁纸、压花壁纸、浮雕壁纸等；按施工方法分，有现场刷胶裱糊、背面预涂压敏胶直接铺贴的。在习惯上一般将壁纸分为三类，即普通壁纸、发泡壁纸和特种壁纸，常见的壁纸和墙布品种、特点及适用范围见表4-38和表4-39。

常用壁纸的品种特点　　　　　　　　　　　　　表4-38

类别		说明	特点	适用范围
普通壁纸	单色压花壁纸	纸面纸基壁纸，有大理石、各种木纹及其他印花等图案	花色品种多，适用面广、价格低。可制成仿丝绸、织锦等图案	居住和公共建筑内墙面
	印花壁纸		可制成各种色彩图案，并可压出立体感的凹凸花纹	
发泡壁纸	低发泡 中发泡 高发泡	发泡壁纸，亦称浮雕壁纸。是以 $100/m^2$ 的纸作基材，涂塑 $300\sim400/m^2$ 掺有发泡剂的聚氯乙烯（PVC）糊状料，印花后，再经加热发泡而成。壁纸表面呈凹凸花纹	中、高档次的壁纸，装饰效果好，并兼有吸声功能，表面柔软，有立体感	卫生间浴室等墙面
特种壁纸	耐水壁纸	耐水壁纸是用玻璃纤维毡作基材	有一定的防水功能	卫生间浴室等墙面
	防火壁纸	选用 $100\sim200/m^2$ 的石棉纸作基材，并在PVC涂塑材料中掺有阻燃剂	有一定的阻燃防火性能	防火要求较高的室内墙面
	彩色砂粒壁纸	彩色砂粒壁纸是在基材表面上撒布彩色砂粒，再喷涂胶粘剂，使表面具有砂粒毛面	具有一定的质感，装饰效果好	一般室内局部装饰
	聚氯乙烯壁纸（PVC塑料壁纸）	以纸或布为基材，PVC树脂为涂层，经复合印花、压花、发泡等工序制成	具有花色品种多样，耐磨、耐折、耐擦洗，可选性强等特点，是目前产量最大，应用最广泛的一种壁纸。经过改进的、能够生物降解的PVC环保壁纸，无毒、无味、无公害	各种建筑物的内墙面及顶棚

续表

类别	说明	特点	适用范围
织物复合壁纸	将丝、棉、毛、麻等天然纤维复合于纸基上制成	具有色彩柔和、透气、调湿、吸声、无毒、无味等特点,但价格偏高,不易清洗	饭店、酒吧等高级墙面点缀
金属壁纸	以纸为基材,涂覆一层金属薄膜制成	具有金碧辉煌,华丽大方,不老化、耐擦洗,无毒、无味等特点。金属箔非常薄,很容易折坏,基层必须非常平整洁净,应选用配套胶粉裱糊	公共建筑的内墙面、柱面及局部点缀
复合纸质壁纸	将双层纸(表纸和底纸)施胶、层压、复合在一起,再经印刷、压花、表面涂胶制成	具有质感好、透气、价格较便宜等特点	各种建筑物的内墙面

常用墙布类别及特点　　　　　　　　　　表 4-39

类别	说明	特点	适用范围
玻璃纤维墙布	以中碱玻璃纤维为基材,表面涂以耐磨树脂。印上彩色图案而成	色彩鲜艳,花色繁多,室内使用不褪色、不老化;防火、防潮。耐洗性好、强度高;施工简单、粘贴方便。盖底能力差。涂层磨损后散出少量纤维	适用招待所、旅馆饭店、宾馆、展览馆、会议室、餐厅、工厂净化车间、居室等的内墙装饰
无纺墙布	采用棉、麻等天然纤维或涤等合成纤维,经成型、上树脂、印花而成	色彩鲜艳,图案雅致,表面光洁;有弹性、不易折断、能擦洗不褪色;纤维不老化、不散失,对皮肤无刺激;有一定的透气性和防潮性,铺贴方便	适用于高级宾馆和高级住宅
化纤装饰墙布	以化纤布为基材,经一定处理后印花而成	无毒、无味、透气、防潮、耐磨、无分层等优点	各级宾馆、旅馆、办公室、会议室和居室
纯棉装饰墙布	以纯棉平布经过处理、印花、涂层而制成	强度大、耐擦洗、静电小无光、吸声、无毒、无味;花型色泽美观大方	用于宾馆、饭店、公共建筑和较高级民用建筑内墙
高级墙布	锦缎墙布、丝绸墙布	无毒、无味、透气、吸声、花型色泽美观	宾馆、饭店、廊厅等

(b) 卷材规格:卷材的规格可分为大卷、中卷、小卷,其具体尺寸规格见表 4-40。卷壁纸的每卷段数及段长见表 4-41。其他规格尺寸由供需双方协商或以标准尺寸的倍数供应。

壁纸规格　　　表 4-40

规格	幅宽(mm)	长(m)	每卷面积(m^2)
大卷	920~1200	50	40~90
中卷	760~900	25~50	20~45
小卷	530~600	10~12	5~6

卷壁纸的每卷段数及段长　　　表 4-41

级别	每卷段数(不多于)	每小段长度(不小于)
优等品	2 段	10m
一等品	3 段	3m
合格品	6 段	3m

(c) 性能要求:壁纸的外观质量与物理性能应符合表 4-42。壁纸的有害物质含量应符合表 4-43。

壁纸、墙布性能国际通用标志如图 4-81 所示。

塑料壁纸的外观质量与物理性能　　　　　　　　　　　　　　　表 4-42

缺陷名称			优等品	一等品	合格品
	色差		不允许有	不允许有明显差异	允许有差异,但不影响使用
	伤痕和皱褶		不允许有	不允许有	允许基纸有明显折痕,但壁纸表面不许有死折
	气泡		不允许有	不允许有	不允许有影响外观的气泡
	套印精度偏差		偏差不大于0.7mm	偏差不大于1mm	偏差不大于2mm
	露底		不允许有	不允许有	允许有2mm的露底,但不允许密集
	漏印		不允许有	不允许有	不允许有影响外观的漏印
	污染点		不允许有	不允许有目视明显的污染点	允许有明显的污染点,但不允许密集
物理性能	褪色性(级)		≥4	≥4	≥3
	耐磨擦色牢度试验(级)	干磨擦 纵向	≥4	≥4	≥3
		湿磨擦 横向			
	遮蔽性(级)		4	≥3	≥3
	湿润拉伸负荷	纵向	≥2.0	≥2.0	≥2.0
		横向			
	粘合剂可拭性[①]	横向	20次无外观上的损伤和变化	20次无外观上的损伤和变化	20次无外观上的损伤和变化

① 可拭性是指施工操作中粘贴壁纸的粘合剂（胶粘剂）附在壁纸的正面,在其未干时,应有可能用湿布或海绵拭去,而不留下明显痕迹。

注：根据目前的裱糊工程实践,宜采用与壁纸墙布产品相配套的裱糊胶粘剂,或采用裱糊材料生产厂家指定的胶粘剂品种；尤其是金属壁纸等特殊品种的壁纸墙布裱糊,应采用专用壁纸胶粉。此外,胶粘剂使用时,应按规范规定先涂刷基层封闭底胶。

壁纸中的有害物质限量值（mg/kg）　　　　　　　　　　　　表 4-43

有害物质名称		限量值	有害物质名称		限量值
重金属(或其他)元素	钡	≤1000	重金属(或其他)元素	汞	≤20
	镉	≤25		硒	≤165
	铬	≤60		锑	≤20
	铅	≤90	氯乙烯单体		≤1.0
	砷	≤8	甲醛		≤120

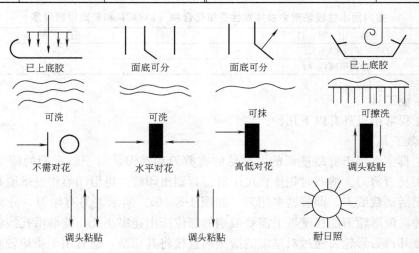

图 4-81　壁纸、墙布性能国际通用标志

2) 胶粘剂

(a) 成品胶粘剂：用于壁纸、墙布裱糊的成品胶粘剂，按其基料分，有聚乙烯醇、纤维素醚及其衍生物、聚醋酸乙烯乳液和淀粉及其改性聚合物等；按物理形态分，有粉状、糊状和液状三种；按用途分，有适用于普通纸基壁纸裱贴的胶粘剂，以及具有高湿粘性、高干强性而适用于各种基底和材质的壁纸墙布裱糊胶粘剂。

根据国家标准《胶粘剂产品包装、标志、运输和贮存的规定热熔胶粘剂开放时间的测定》HG/T 3075—2003、HG/T 3716—2003，成品胶粘剂在其标志中应注明产品标记和粘料，选用时可明确鉴别。成品胶的贮存温度一般为 5～30℃，有效贮存期通常为 3 个月，但不同生产厂的不同产品会有一定差别，选用时应注意具体产品的使用说明。

(b) 现场调制的胶粘剂：现场自制裱糊胶粘剂的常用材料为聚醋酸乙烯乳液、羧甲基纤维素，以及传统材料配制的面粉糊等（为克服淀粉面糊容易发霉的缺陷，配制时需加入适量的明矾、酚醛或硼酸等作为防腐剂）。掺加定量羧甲基纤维素水溶液可提高胶液的保水性，使胶液稠滑方便涂刷而补粘刷具，同时可使胶液避免流淌并增强粘结力，使用时要将适量羧甲基纤维素先与水搅拌均匀，放置隔夜后再与聚醋酸乙烯乳液等胶料混合配制。现场调制的胶粘剂配方见表 4-44，胶粘剂中的有害物质含量应符合表 4-45。

裱糊工程常用胶粘料现场调制配方 表 4-44

材料组成	配合比（重量比）	适用壁纸墙布	备注
白乳胶：2.5%羧甲基纤维素：水	5：4：1	无纺墙布或PVC壁纸	可经试验调整
白乳胶：2.5%羧甲基纤维素溶液	6：4	玻璃纤维墙布	基层颜色较深时可掺入10%白色乳胶漆
SJ-801胶：淀粉糊	1：0.2		
面粉（淀粉）：明矾：水	1：0.1：适量	普通壁纸 复合纸基壁纸	调配后煮成糊状
面粉（淀粉）：酚醛：水	1：0.0002：适量		
面粉（淀粉）：硼酸：水	1：0.002：适量		
成品裱糊胶粉或化学糯糊	加水适量	墙毡、锦缎	胶粉按使用说明

室内用水性胶粘剂中总挥发性有机化合物（TVOC）和游离甲醛限量 表 4-45

测定项目	限量
TVOC(g/L)	≤50
游离甲醛(g/kg)	≤1

(2) 裱糊工具

裱糊工程常用机具有以下几种：

1) 剪裁工具

剪裁工具主要用于剪裁壁纸的，常见的有剪刀和裁刀。对于较重型的壁纸或纤维墙布，宜采用长刃剪刀。剪裁时先依直尺用剪刀背划出印痕，再沿印痕将壁纸墙布剪断。而裁刀多采用活动裁纸刀，即普通多用刀，如图 4-82 (a) 所示。另有轮刀，分为齿形轮和刀形轮两种，齿形轮刀能在壁纸上需要裁割的部位压出连串小孔，能够沿孔线将壁纸很容易地整齐扯开；刀形轮刀通过对壁纸的滚压而直接将其切断，适宜用于质地较脆的壁纸墙布的裁割。

2) 刮涂工具

刮涂工具主要用来刮涂、嵌补腻子，修补墙面。常用的有刮板和油灰铲刀。刮板主要用于刮抹基层腻子及刮压平整裱糊操作中的壁纸墙布，可用薄钢片、塑料板或防火胶板自制，外形如图 4-82（b）所示，要求有较好的弹性且不能有尖锐刃角，以利于抹压操作但不致损伤壁纸表面。而油灰铲刀主要用于修补基层表面的裂缝、孔洞及剥除旧裱糊面上的壁纸残留，如油漆涂料工程中的嵌批铲刀。

3) 刷具

刷具主要用于涂刷裱糊胶粘剂，其刷毛可以是天然纤维或合成纤维（后者较易于用毕清洗），宽度一般为 15～20cm。此外，涂刷胶粘剂较适宜的是排笔。另有裱糊刷（或称墙纸刷）是专用于在裱糊操作中将壁纸墙布与基面扫（刷）实、压平、粘牢，如图 4-82（c）所示，其刷毛有长短之分，短刷毛适宜扫（刷）压重型壁纸墙布，长刷毛适宜刷抹压平金属箔等较脆弱类型的壁纸。

4) 滚压工具

滚压工具主要是辊筒，如图 4-82（d）所示，在裱糊工艺中有三种作用：一是使用绒毛辊筒以滚涂胶粘剂、底胶或壁纸保护剂；二是采用橡胶辊筒以滚压铺平、粘实、贴牢壁纸墙布；三是使用小型橡胶轧辊或木制轧辊，通过滚压而迅速压平壁纸墙布的接缝和边缘部位，滚压时在胶粘剂干燥前作短距离快速滚压，特别适用于重型壁纸墙布的拼缝压平、贴严。

对于发泡型、绒絮面或较为质脆的裱糊材料，则适宜采用海绵块以取代辊筒类工具进行压平操作，避免裱糊饰面的滚压损伤。

5) 其他工具及设备

主要有抹灰、基层清理及弹线工具、托线板和线坠、水平尺、量尺、钢尺、针筒、合金直尺、砂纸机，以及裁纸工作台与水槽等，如图 4-82（e）、（f）、（g）所示。

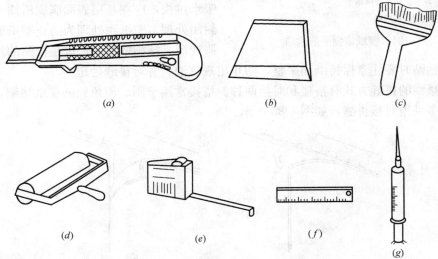

图 4-82 裱糊工程常用工具
(a) 活动裁纸刀；(b) 刮板；(c) 裱糊刷；(d) 辊筒；
(e) 卷尺；(f) 钢板尺；(g) 针筒

4.1.2 裱糊工程构造与施工工艺

（1）裱糊饰面设计与构造

裱糊工程可以整面墙铺设，也可以与其他材料一起配合装饰墙面，丰富墙面的装饰效果，如图4-83所示。

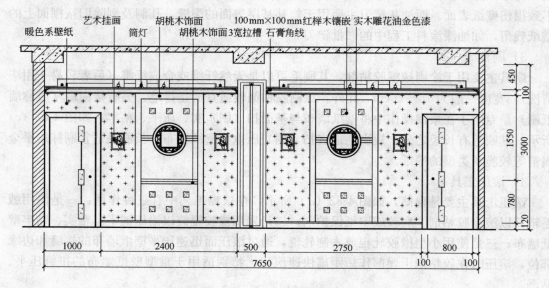

图4-83 墙面裱糊装饰立面图

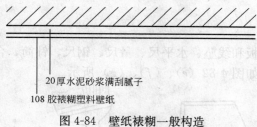

图4-84 壁纸裱糊一般构造

壁纸裱糊的构造如图4-84所示，一般包括基层清理、壁纸预处理、裱糊壁纸等工序。基层处理要求使表面平整、光洁、干净，不疏松掉粉，有一定强度，为避免基层吸水过快，应在基层表面满刷清漆一遍进行封闭处理。壁纸预处理为防止壁纸遇水后膨胀变形。裱糊壁纸的关键是裱贴的过程和拼缝技术。粘贴时要注意保持纸面平整，防止出现气泡，并对拼缝处压实。

壁纸裱糊的拼缝方式有搭接和对接两种。搭接常用于阴、阳角处的壁纸裱糊，而一般的墙面则多采用对接拼缝，如图4-85所示。

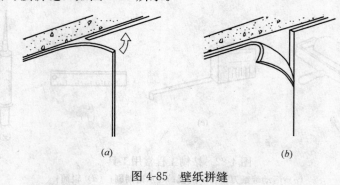

图4-85 壁纸拼缝
(a) 搭接；(b) 对接

(2) 裱糊工程施工工艺

裱糊工程的工艺流程为：

基层处理→弹线分块→卷材预处理→涂刷胶粘剂→裱糊卷材→细部处理。

1) 基层处理

裱糊的基层表面都应垂直方正，故在裱糊前都应清除基层表面的污垢、尘土，结合基层实际情况，采取局部刮腻子或满刮数遍腻子。每遍腻子干后，用砂纸磨平，并用抹布擦净表面灰粒。见表 4-46。

裱糊基层处理　　　　　　　　　　表 4-46

类　　别	基层处理方法
混凝土基层处理	1. 对于混凝土面、抹灰面(水泥砂浆、水泥混合砂浆、石灰砂浆等)基层,应满刮腻子一遍并用砂纸磨平 2. 如基层表面有气孔、麻点、凸凹不平时,应增加满刮腻子和磨砂纸的遍数。刮腻子之前,须将混凝土或抹灰面清扫干净。刮腻子时要用刮板有规律地操作,一板接一板,两板中间再顺一板,要衔接严密,不得有明显接槎和凸痕。宜做到凸处薄刮,凹处厚刮,大面积找平。腻子干后打磨砂纸、扫净 3. 需要增加满刮腻子数的基层表面,应先将表面的裂缝及坑洼部分刮平,然后打磨砂纸、扫净,再满刮腻子和打扫干净,特别是阴阳角、窗台下、散热器包、管道后及踢脚板连接处等局部,需认真检查修整
抹灰基层处理	1. 对于整体抹灰基层,应按高级抹灰的工艺施工,操作工序为:阴阳角找方,设置标筋,分层赶皮,修整表面压光 2. 如果基层表面抹灰质量较差,在裱糊墙纸时,要想获得理想的装饰效果,必须增加基层刮腻子的工作量 3. 在抹灰层的质量方面,最主要的是表面平整度,用 2m 靠尺检查,应不大于 2mm 4. 基层抹灰如果是麻刀灰、纸筋灰、石膏灰一类的罩面灰,其熟化时间不应少于 30d,同时也须注意面层抹灰的厚度,经赶平压实后,麻刀石灰厚度不得大于 3mm,纸筋石灰、石灰膏的厚度不得大于 2mm,否则易产生收缩裂缝 5. 罩面灰基层,在阳角部位宜用高标号砂浆做成护角,以防磕碰,否则局部被损需大面积变换壁纸。比较麻烦
木质基层	1. 木基层要求接缝不显接槎,不外露钉头。接缝、钉眼须用腻子补平并满刮腻子一遍,用砂纸磨平 2. 如果吊顶采用胶合板,板材不宜太薄,特别是面积较大的厅、堂吊顶,板厚宜在 5mm 以上,以保证刚度和平整度,有利于墙纸裱糊质量 3. 木料面基层在墙纸裱糊之前应先涂刷一层涂料,使其颜色与周围裱糊面基层颜色一致
石膏板基层	1. 在纸面石膏板上裱糊塑料墙纸,其板面先用油性石膏腻子找平,其板材的面层接缝处,应使用嵌缝石膏腻子及穿孔纸带(或玻璃纤维网格胶带)进行嵌缝处理 2. 对于在无纸面石膏板上作墙纸裱糊,其板面应先刮一遍乳胶石膏腻子,以保证石膏板面与墙纸的粘结强度
旧墙基	旧墙基层裱糊墙纸,对于凹凸不平的墙面要修补平整,然后清理旧有的浮松油污、砂浆粗粒等。对修补过的接缝、麻点等,应用腻子分 1～2 次刮平,再根据墙面平整光滑的程度决定是否再满刮腻子 对于墙基层最基本的要求是平整、洁净、有足够的强度并适宜与墙纸牢固粘贴。必须清除一切脏污、飞刺、麻点和砂粒,以防止裱糊面层出现凸泡与脱胶等质量弊病;同时要避免基层颜色不一致,否则将影响易透底的墙纸粘贴后的装饰效果

对于纸面石膏板及其他轻质板材或胶合板基层表面的接缝处，必须采取接缝技术措施处理合格，常用粘贴牛皮纸带、玻纤网格胶带等做防裂处理。各种造型基面板上的钉眼，

应用油性腻子填补,防止隐蔽的钉头生锈时锈斑透出而影响裱糊外观。

基层处理经工序检验合格后,应采用喷涂或刷涂的方法施涂封底涂料或底胶,基层封闭处理不少于两遍。封底涂刷不宜过厚,要均匀一致。

封底涂料的选用,可采用涂饰工程使用的成品乳胶底漆。亦可根据装饰部位、设计要求及环境情况采用,见表4-47。

封底涂料选用表　　　　表4-47

配合比	适用范围
酚醛清漆或光油：200号溶剂汽油＝1：3(重量比)	相对湿度较大的南方地区或室内易受潮部位
适度稀释的聚醋酸乙烯乳液刷涂于基层	干燥地区或室内通风干燥部位

2) 基层弹线

为了使裱糊饰面横平竖直、图案端正,每个墙面第一幅壁纸墙布都要挂垂线找直,作为裱糊的基准标志线,自第二幅起,先上端后下端对缝依次裱糊,以保证裱糊饰面分幅一致并防止累积歪斜。

对于图案形式鲜明的壁纸墙布,为保证做到整体墙面图案对称,应在窗口横向中心部位弹好中心线,由中心向两边分线;如果窗口不在中间位置,为保证窗间墙的阳角处图案对称,可在窗间墙弹中心线,然后由此中心线向两侧分幅弹线。对于无窗口的墙面,可以选择一个距离窗口墙面较近的阴角,在距壁纸墙布幅宽50mm处弹垂线,如图4-86所示。

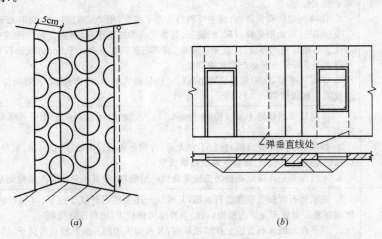

图4-86　基层吊垂直、弹线示意图
(a) 用线坠找垂直；(b) 弹线分格示意

对于壁纸墙布裱糊墙面的顶部边缘,如果墙面有挂镜线或顶棚阴角装饰线时,即以此类线脚的下缘水平线为准,作为裱糊饰面上部的收口;如无此类顶部收口装饰,则应弹出水平线以控制壁纸墙布饰面的水平度。

3) 壁纸与墙布的处理

(a) 裁割下料：墙面或顶棚的大面裱糊工程,原则上应采用整幅裱糊。对于细部及其他非整幅部位需要进行裁割时,要根据材料的规格及裱糊面的尺寸统筹规划,并按裱糊顺序进行分幅编号。壁纸墙布的上下端宜各自留出50mm的修剪余量；对于花纹图案较为具体的壁纸墙布，要事先明确裱糊后的花饰效果及其图案特征，应根据花纹图案和产品的边部情况，确定采用对口拼缝或是搭口裁割拼缝的具体拼接方式，应保证对接无误。

裁割下刀（剪）前，尚需认真复核尺寸有无出入；裁割后的材料边缘应平直整齐，不得有飞边毛刺。下料后的壁纸墙布应卷起平放，不能立放。

(b) 浸水润纸：对于裱糊壁纸的事先湿润，传统称为闷水，主要是针对纸胎的塑料壁纸，因为这类壁纸遇水或胶液浸湿后随即膨胀，约5～10min胀足，干燥后自行收缩，掌握和利用这一特性是保证塑料壁纸裱糊质量的重要环节。如果将未经润纸处理的此类壁纸直接上墙裱贴，由于壁纸虽然被胶固定但其继续吸湿膨胀，因而裱糊饰面就会出现难以消除的大量气泡、皱折，不能成活。

对于玻璃纤维基材及无纺贴墙布类材料，遇水无伸缩，故无需进行湿润；而复合纸质壁纸则严禁进行闷水处理。

不同品种的壁纸闷水处理做法见表4-48。

闷水处理的一般做法表 表4-48

壁纸名称	施 工 工 艺
聚氯乙烯塑料壁纸	塑料壁纸置于水槽中浸泡2～3min，取出后抖掉多余的水，再静置10～20min，然后再进行裱糊操作
金属壁纸	在裱糊前也需适当进行润纸处理，但闷水时间较短。将其浸入水槽1～2min即可取出，取出后抖掉明水，静置5～8min，然后再上墙裱糊
复合纸基壁纸	湿强度较差，严禁进行裱糊前的浸湿处理。为达到软化此类壁纸以益于裱糊的目的，可在壁纸背面均匀涂刷胶粘剂，然后将其胶面对胶面自然对折静置5～8min，即可上墙裱糊
带背胶的壁纸	应在水槽中浸泡数分钟，取出后，由底部开始图案面朝外卷成一卷，静置1min，再进行裱糊
纺织纤维壁纸	不能在水中浸泡，可先用洁净的湿布在其背面稍作擦拭，然后即可进行裱糊操作

4) 涂刷胶粘剂

壁纸墙布裱糊胶粘剂的涂刷，应薄而均匀，不得漏刷；墙面阴角部位应增刷胶粘剂1～2遍。对于自带背胶的壁纸，则无需再使用胶粘剂。

根据壁纸、墙布的品种特点，胶粘剂的施涂分为在壁纸墙布的背面涂胶、在被裱糊基层上涂胶，以及在壁纸墙布的背面和基层上同时涂胶。基层表面的涂胶宽度，要比壁纸、墙布宽出20～30mm；胶粘剂不要施涂过厚而裹边或起堆，以防裱贴施胶液溢出太多而污染裱糊饰面，但也不可涂刷过少，涂胶不能均匀到位会造成裱糊面起泡、离壳、粘结不牢。相关品种的壁纸、墙布背面涂胶后，宜将其胶面对胶面自然对叠（金属壁纸除外）

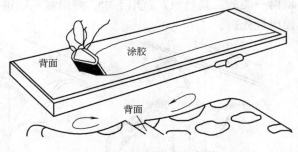

图4-87 壁纸涂胶示意图

使之正、背面分别相靠平放，可以避免胶液过快干燥及造成图案面污染，同时也便于拿起上墙裱糊，如图4-87所示。

不同品种的壁纸、墙布涂刷胶粘剂做法见表 4-49。

壁纸、墙布涂刷胶粘剂做法表　　　　　　　表 4-49

壁纸名称	施 工 工 艺
聚氯乙烯塑料壁纸	其背面可以不涂胶粘剂，只在被裱糊基层上施涂胶粘剂。当塑料壁纸裱糊于顶棚时，基层和壁纸背面均应涂刷胶粘剂
纺织纤维壁纸化纤贴墙布	为了增强其裱贴粘结能力，材料背面及装饰基层表面均应涂刷胶粘剂
复合纸基壁纸	采用于纸背涂胶进行静置软化后，裱糊时其基层也应涂刷胶粘剂
玻璃纤维墙布无纺贴墙布	要求选用粘结强度较高的胶粘剂，只需将胶粘剂涂刷于裱糊面基层上，而不必同时在布的背面涂胶。这是因为玻璃纤维墙布和无纺贴墙布的基材分别是玻璃纤维及合成纤维，本身吸水极少，又有细小孔隙，如果在其背面涂胶会使胶液浸透表面而影响饰面美观
金属壁纸	质脆而薄，在其纸背涂刷胶粘剂之前，应准备一卷未开封的发泡壁纸或一个长度大于金属壁纸宽度的圆筒，然后一边在已经浸水后阴干的金属壁纸背面刷胶，一边将刷过胶的部分向上卷在发泡壁纸卷或圆筒上
锦缎	涂刷胶粘剂时，由于其材质过于柔软，传统的做法是先在其背面衬糊一层宣纸，使之略有挺韧平整，而后在基层上涂刷胶粘剂进行裱糊

5）裱糊

裱糊的基本顺序为：先垂直面，后水平面；先细部，后大面；先保证垂直，后对花拼缝；垂直面先上后下，先长墙面，后短墙面；水平面是先高后低。裱糊饰面的大面，尤其显著部位，应尽可能采用整幅壁纸墙布，不足整幅者应裱贴在光线较暗或不明显处。与顶棚阴角线、挂镜线、门窗装饰包框等线脚或装饰构件交接处，均应衔接紧密，不得出现亏纸而留下残余缝隙。裱糊时，应根据分幅弹线和壁纸墙布的裱糊顺序编号，从距离窗口处较近的一个阴角部位开始，依次至另一个阴角收口。

对于无图案的壁纸墙布，接缝处可采用搭接法裱糊。相邻的两幅在拼连处，后贴的一幅搭压前一幅，重叠 30mm 左右，然后用钢尺或合金铝直尺与裁纸刀在搭接重叠范围的中间将两层壁纸墙布割透，随即把切掉的多余小条扯下，如图 4-88 所示。此后用刮板从上向下均匀地赶胶，排出气泡，并及时用洁净的湿布或海绵擦除溢出的胶液。对于质地较厚的壁纸墙布，需用胶辊进行滚压赶平。但对于发泡壁纸及复合纸基壁纸不得采用刮板或辊筒一类的工具赶压，宜用毛巾、海绵或毛刷进行压敷，以避免把花型赶平或是使裱糊饰面出现死折。

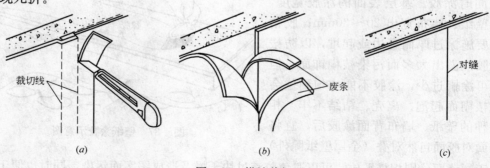

图 4-88　搭缝裁切
(a) 搭接裁切；(b) 揭去废条；(c) 复位对缝

对于有图案的壁纸墙布，为确保图案的完整性及其整体的连续性，裱糊时可采用拼接法。先对花，后拼缝，从上至下图案吻合后，用刮板斜向刮平，将拼缝处赶压密实；拼缝处挤出的胶液，及时用洁净的湿毛巾或海绵擦除。

对于需要重叠对花的壁纸墙布，可将相邻两幅对花搭叠，待胶粘剂干燥到一定程度时（约为裱糊后20~30min）用钢尺或其他工具在重叠处拍实，用刀从重叠搭口中间自上而下切断，随即除去切下的余纸并用橡胶刮板将拼缝处刮压严密平实。注意用刀切割时下力要匀，应一次直落，避免出现刀痕或拼缝处起丝。

6）细部处理

阴阳角处理：为了防止在使用时由于被碰、划而造成壁纸墙布开胶，裱糊时不可在阳角处甩缝，应包过阳角不小于20mm，如图4-89（a）所示。阴角处搭接时，应先裱糊压在里面的壁纸或墙布，再裱贴搭在上面者，一般搭接宽度为20~30mm；搭接宽度尺寸不宜过大，否则其褶痕过宽会影响饰面美观，如图4-89（b）所示。主要装饰面造型部位的阳角采用搭接时，应考虑采取其他包角、封口形式的配合装饰措施，由设计确定。

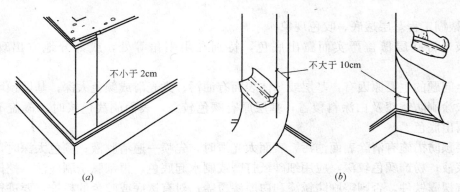

图4-89 阴阳角处理
(a) 阳角贴法；(b) 阴角贴法

与顶棚交接（或与挂镜线及顶棚阴角线条交接）处应划出印痕，然后用刀、剪修齐或用轮刀切齐；以同样方法修齐下端与踢脚板或墙裙等的衔接收口处边缘。

墙面凸出物部分处理：遇有基层卸不下的设备或附件，裱糊时可在壁纸墙布上剪口。方法是将壁纸或墙布轻糊于裱贴面凸出物件上，找到中心点，从中心点往外呈放射状剪裁，如图4-90所示，再使壁纸墙布舒平，用笔描出物件的外轮廓线，轻手拉起多余的壁纸墙布，剪去不需要的部分，如此沿轮廓线套割贴严，不留缝隙。

(3) 施工质量通病及防治

1）腻子产生裂纹

刮抹在裱糊基层表面的腻子，部分或大面积出现小裂纹，特别是在凹陷坑洼处裂纹较严重，甚至脱落。

产生的原因主要为：腻子胶性较小，太稠，失水快，

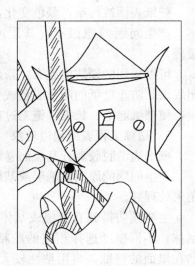

图4-90 开关盒处壁纸裱糊方式示意

腻子面层出现裂纹；凹陷坑洼处表面不干净导致粘接不牢；凹陷坑洼处刮抹腻子有半眼、蒙头等缺陷，或一次刮抹太厚，形成裂纹。

预防措施可以为：调制腻子时加适量胶液，稠度适合；清除基层或基体表面灰尘、隔离剂、油污，先涂刷一层胶粘剂，再刮腻子，每遍腻子不宜太厚；对于裂纹较大且已经脱离基层的腻子，要铲除干净，基层处理干净后重新刮抹一遍腻子，对于孔洞处的半眼、蒙头腻子必须挖出，处理后分层刮腻子直至孔洞饱满平整。

2）腻子翻皮现象

在混凝土或抹灰基层刮腻子时，出现腻子翘起或呈鱼鳞皱结的现象。

产生的原因主要有：腻子太稠；基层表面有灰尘、隔离剂、油污；基层表面过于光滑或有冰霜；在表面温度较高时刮抹腻子；基层干燥，腻子刮抹的太厚。

可以采取的预防措施有：调制腻子时加适量胶液，稠度适合；对孔洞凹陷处要注意清除灰尘、隔离剂、油污及半眼；在光滑或清除油污的表面涂刷一层胶粘剂后再刮腻子；每遍腻子不宜刮抹的太厚；不在光滑、有冰霜、干燥及温度高的情况下刮抹腻子。

3）裱糊工程基层透底、咬色现象

浆膜未将基层覆盖严实而露出底色，特别在阴阳角等处，或部分地方出现颜色改变。

产生问题的主要原因有：基层或基体表面有油污、太光滑或颜色太深；基层预埋件未处理或未涂刷防锈漆及白涂料覆盖；基层原有颜色较深，表面刷浅色浆时，覆盖不住底色，显露出底色。

主要预防措施有清除表面油污，表面太光滑时，先喷一遍清胶液；颜色太深时，先涂刷一遍浆液；粉饰颜色较深，应用细砂纸打磨或刷水起底色，再刮腻子刷底油；挖掉基层或基体有裸露铁件，否则需刷防锈漆和白厚漆覆盖；对有透底或咬色的粉饰，要进行局部修补，再喷1~2遍面浆覆盖。

4）裱糊工程污染变色、起泡、长霉现象

壁纸表面被污染，颜色变化，出现发霉现象。

产生问题的原因有：基层或基体表面的含碱层未被封闭；房间湿冷、糨糊干燥缓慢。

可以采用的预防措施有：新建筑物的混凝土或抹灰基层墙面在刮腻子前应涂刷抗碱封闭底漆。防止壁纸的印色脱色或变色；施工环境温度不应低于15℃，避免胶粘剂干燥过慢，使壁纸起泡、长霉。施工过程中和干燥前应防止穿堂风。

5）裱糊工程表面翘边现象

壁纸边沿脱胶离开基层而卷翘起来。

产生问题的原因是基层或基体不清洁，表面干燥或潮湿；壁纸与胶粘剂不匹配；阴阳角未处理好。

主要预防措施有基层或基体表面清除干净，控制含水率，表面凸凹不平时，用腻子刮抹；不同壁纸选择相应的胶粘剂，在施工前最好做样板间试贴；阴角接缝时，先裱贴在里面的壁纸，再用粘性较大的胶粘剂粘贴面层，搭接宽度3cm，纸边搭在阴角处，保持垂直无毛边；严禁阳角接缝，壁纸应裹过阳角2cm，包角须用粘结性强的胶粘剂，并压实,不得有气泡;如翘边已坚硬,应加压,待粘牢平整后才能去掉压力或撕掉重裱。

6) 裱糊工程壁纸脱落、卷边、幅面间对花不齐现象

壁纸粘贴不牢靠,发生脱落、卷边的现象,花纹未对接整齐。

产生问题的原因有基层或基体不洁净;基层或基体孔隙过多,粘结剂多被吸收,使裱糊层粘结差;防水部位未处理好;裱糊面的晶化作用,降低粘结剂的粘结性,使壁纸变色及起化学作用;刷胶方法不正确,使壁纸浸泡不够或过度,粘结性下降。

主要预防措施将基层或基体清洁干净,并按要求处理基层或基体;做好卫生间墙面防水处理,注意浴缸下扣处及穿墙管部位,防止局部渗水;胶粘剂在规定时间内用完,否则重新配制;刷胶要均匀,不得有遗漏或重复,壁纸刷胶后放置一定时间,使壁纸浸泡张力均匀,粘结性适宜。

7) 表面产生空鼓(气泡)现象

壁纸表面出现小块凸起,用手按压时,有弹性和与基层附着不实的感觉,敲击时有鼓声。

产生的原因有基层或壁纸背面胶粘剂涂刷不均匀;基层或基体含有潮气或空气;房间湿冷;粘贴壁纸时,赶压不当,使胶液干结失去粘结作用,或赶压力量太小,多余胶液未能赶压出去,形成胶囊,或未将壁纸内空气赶压出去形成气泡。

主要预防措施有胶粘剂涂刷需厚薄均匀,避免漏刷,为了防止不均,涂刷后可用刮板刮一遍,刮板由里向外刮抹,将气泡和多余胶液赶出;基层或基体含有潮气或空气,应用刀子割开壁纸,放出潮气或空气,或者用注射器将空气抽出,再注射胶液贴压平实,壁纸内多余胶液时也可用注射器吸出胶液后再压实,如图4-91所示。

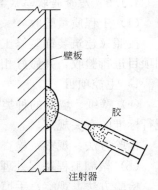

图4-91 鼓泡注胶法

8) 裱糊工程中产生壁纸离缝或亏纸现象

相邻壁纸间的连接缝隙超过允许范围称为离缝,壁纸的上口与挂镜线(无挂镜线时,为弹的水平线),下口与踢脚线连接不严,显露基面为亏纸。

产生的原因裱糊前未认真试拼、下料;第1张壁纸裱糊后,在裱糊第2张时,未连接准确就压实,或连接准确赶压底胶不实,壁纸内留有气泡;或连接准确赶压底胶用力过猛使壁纸伸张,在干燥过程中回缩,造成离缝或亏纸;搭接裱糊时壁纸裁切的接缝不是一刀裁切到底,在中途换刀刃方向或钢尺偏移,造成壁纸有离缝或亏纸现象。

主要预防措施有壁纸裁前应复核墙面实际尺寸,裁切时要手用劲均匀,一气呵成,不得中间停顿或变换持刀方向,壁纸尺寸可比实际尺寸略长1~3cm,裱糊后上下口压尺分别裁割多余的壁纸;裱糊的壁纸与前一张连接要准确无缝隙,在赶压胶液时由拼缝处横向往外赶压,不得斜向或由两侧向中间赶压;离缝或亏纸轻微的壁纸,可用同色的乳胶漆点描在缝隙内,对于较严重的部位可用相同的壁纸补贴或撕开重贴。

9) 裱糊工程裱贴产生不垂直现象

相邻两张壁纸的接缝不垂直,阴阳角处壁纸不垂直;或者壁纸的接缝虽垂直,但花纹

不与纸边平行，造成花饰不垂直等现象。

产生的原因壁纸的花纹与纸边不平行；裱糊前弹线不准确，第一幅壁纸粘贴不垂直；阴阳角裱糊不符合要求。

主要预防措施采用接缝法裱贴画饰壁纸时，先检查壁纸的花饰与纸边是否平行，如不平行，应裁割后方可裱贴；第二张与第一张壁纸的拼接，采用接缝法时，应注意将壁纸放在案子上，根据尺寸大小、规格要求和花饰对称等裁割，在裱糊时对接起来。采用搭缝法时，对于一般无花纹的壁纸，应注意使壁纸间的拼缝重叠 2～3cm，对于有花饰的壁纸，可使两张壁纸花纹重叠，对花准确后，在准备拼缝的部位用钢直尺将重叠处压实，由上而下一刀裁割，将切去的余纸撕掉；裱糊前对每一墙面应先弹一垂线，裱贴第一幅壁纸需紧贴垂线边缘，检查垂直无偏差后，方可裱贴第二幅；裱贴 2～3 张后，用吊锤在接缝外检查垂直度，出现问题及时纠正。

10) 裱糊工程产生表面粗糙、有疙瘩现象

表面有凸起或颗粒，不光洁。

产生的原因有基层表面不清洁，凸起部分没有打磨平整；操作现场有粉尘或异物污染裱糊材料，未能及时清理干净；基层表面干燥，施工温度过高。

主要预防措施有基层表面一定要清理干净，尤其是混凝土流坠的灰浆或接槎棱印，须打磨光滑；使用的材料要过筛，保持施工现场的环境和工具材料的洁净，避免污染；施工环境要保持一定湿度及温度。

4.1.3 质量验收与成品保护

(1) 工程质量验收

按照《建筑装饰装修工程质量验收规范》GB 50210—2001 要求，对裱糊工程应按下列项目进行验收，并做好相应的记录。

1) 主控项目

(a) 壁纸、墙布的种类、规格、图案、颜色和燃烧性能等级必须符合设计要求及国家现行标准的有关规定。

检验方法：观察；检查产品合格证书、进场验收记录和性能检测报告。

(b) 裱糊工程基层处理质量应符合本规范第 11.1.5 条的要求。

检验方法：观察；手摸检查；检查施工记录。

(c) 裱糊后各幅拼接应横平竖直，拼接处花纹、图案应吻合，不离缝，不搭接，不显拼缝。

检验方法：观察；拼缝检查距离墙面 1.5m 处正视。

(d) 壁纸、墙布应粘贴牢固，不得有漏贴、补贴、脱层、空鼓和翘边。

检验方法：观察；手摸检查。

2) 一般项目

(a) 裱糊后的壁纸、墙布表面应平整，色泽一致，不得有波纹起伏、气泡、裂缝、皱折及斑污，斜视时应无胶痕。

检验方法：观察；手摸检查。

(b) 复合压花壁纸的压痕及发泡壁纸的发泡层应无损坏。

检验方法：观察。

(c) 壁纸、墙布与各种装饰线、设备线盒应交接严密。

检验方法：观察。

(d) 壁纸、墙布边缘应平直整齐，不得有纸毛、飞刺。

检验方法：观察。

(e) 壁纸、墙布阴角处搭接应顺光，阳角处应无接缝。

检验方法：观察。

(2) 成品保护

运输和贮存时，所有壁纸、墙布均不得日晒雨淋；压延壁纸和墙布应平放；发泡壁纸和复合壁纸则应竖放。裱糊后的房间应及时清理干净，尽量封闭通行，避免污染或损坏，因此应将裱糊工序放在最后一道工序施工。

塑料壁纸施工过程中，严禁非操作人员随意触摸壁纸饰面。电气箱等其他设备在进行安装时，应注意保护已经裱糊好的壁纸饰面，以防止污染或损坏。在修补油漆、涂刷浆时，要注意做好壁纸保护，防止污染、碰撞与损坏。完工后白天应加强通风，但要防止穿堂风劲吹。夜间应关闭门窗，防止潮气侵袭。

(3) 安全措施

凳上操作时，单凳只准站一人、双凳搭跳板，两凳间距不超过 2m，准站二人。梯子不得缺档，不得垫高，横档间距以 30cm 为宜，梯子底部绑防滑垫；人字梯两梯夹角 60°为宜，两梯间要拉牢。

4.2 软包工程构造与施工工艺

软包饰面是指用织物、皮革等做墙面饰面材料，里面填充泡沫塑料等弹性多孔材料。软包饰面具有柔软、吸声、色彩丰富、营造温馨氛围等特点。一般用于会议厅、录音室、娱乐厅等墙面和门的装饰饰面。

4.2.1 软包工程的基本知识

软包材料

1) 芯材材料

(a) 软质聚氯乙烯泡沫塑料板：聚氯乙烯泡沫塑料具有质轻、导热系数低、不吸水、不燃烧、耐酸碱、耐油及良好的保温、隔热、吸声、防震等性能。

软质聚氯乙烯泡沫塑料板的产品规格及技术性能见表 4-50。

软质聚氯乙烯泡沫塑料板产品规格、性能   表 4-50

规格	表观密度 (kg/m³)	抗张强度 (MPa)	体积收缩率 (%)	吸水性 (kg/m³)	导热系数 [W/(m·K)]
450×450×17 500×500×55	10.0	≥0.1	≤15	≤1	0.054

注：另有厚 20、30mm，长、宽根据需要加工的产品。

(b) 矿渣棉：矿渣棉俗称矿棉，是利用工业废料矿渣为主要原料制成的棉丝状无机纤维，其具有质轻、导热系数低、不燃、防蛀、价廉、耐腐蚀、化学稳定性强、吸声性能好等特点。

矿渣棉软板和中硬板的规格及技术性能见表 4-51。

矿渣棉制品规格、性能 表 4-51

产品名称	规格	技术性能					
		表观密度 (kg/m³)	导热系数 [W/(m·K)]	吸湿率 (%)	使用温度 (℃)	沥青含量 (%)	胶含量 (%)
矿棉半硬板	1000×700× (40~70)	80~120	<0.041	2	<400		2.5~3.5
矿棉软板		<120	<0.37		<400		

2) 面层材料

(a) 织物：作软包饰面材料的纺织品的种类繁多。一般来说，有纯棉装饰墙布，有人造纤维及人造纤维与棉、麻混纺的经一定处理后而得到功能不同，外观各异的装饰布，如平绒、灯芯绒、提花、呢绒、织锦缎等。

纯棉装饰墙布具有强度大、静电小、蠕变性小、无毒、无味以及对施工和用户无害的特点，但是用于歌舞厅等公共场所需进行阻燃处理。

人造纤维装饰布及混纺装饰布具有质轻、美观、无毒无味、透气、易清洗、耐用、强度大、耐酸碱腐蚀等特点，但有的面料因人造纤维本身的特性而易起静电吸灰，本身不具有防火难燃性能的人造纤维织物和混纺织物需进行难燃处理。

(b) 人造革（皮革）：人造革（皮革）可以因需要加工出各种厚薄和色彩的制品。其柔韧而富有弹性，有令人快适的触感，且耐火性、耐擦洗、清洁性较好。

3) 木骨架、木基层材料

木龙骨、木基层板、木条等木材的树种、规格、等级、防潮、防蛀腐蚀等处理，均应符合设计图纸要求和国家有关规范的技术标准。

木龙骨料一般用红、白松烘干料，含水率不大于 12%，不得有腐朽、节疤、劈裂、赫等疵病。其规格应按设计要求加工，并预先经过防腐、防火、防蛀处理。

木基层板一般采用胶合板，颜色、花纹要尽量相似或对称，含水率不大于 12%，厚度不大于 20mm。要求纹理顺直、颜色均匀、花纹近似，不得有节疤、扭曲、裂缝、变色等疵病。胶合板进场后必须抽样复验，其有害物质含量应符合国家相关规定。

4.2.2 软包工程构造与施工工艺

(1) 软包设计与构造

在设计软包时可以采用竖向分格、横向分格、小块拼装、艺术风格等多种形式，一般应和其他材料搭配使用，其装饰效果如图 4-92 所示。

当采用分块软包拼装时，可以根据具体要求，采用正向或斜向拼制，如图 4-93 所示。

软包一般由骨架、木基层、软包层等组成，如图 4-94 所示。

骨架一般采用 30mm×50mm~50mm×50mm 断面尺寸的木方条，木龙骨钉于预埋防腐木砖或钻孔打入的木楔上。木砖或木楔的位置，亦即龙骨排布的间距尺寸，可在 400~600mm 单向或双向布置范围调整，按设计图纸的要求进行分格安装，龙骨应牢固地钉装于木砖或木楔上。

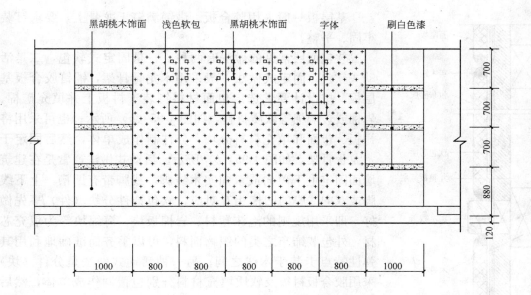

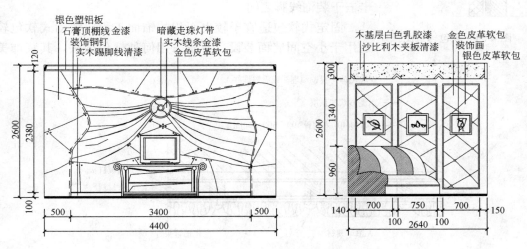

图 4-92 软包的设计形式

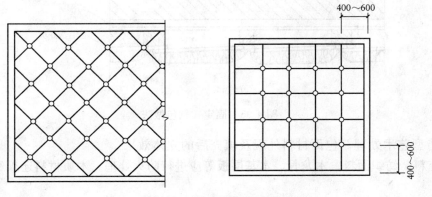

图 4-93 软包的设计样式

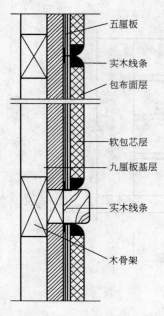

图 4-94 软包构造图

基层板一般采用胶合板。满铺满钉于龙骨上,要求钉装牢固、平整。

软包面层常见的做法有两种,一是固定式软包,二是活动式软包。固定式做法一般采用木龙骨骨架,铺钉胶合板基层板,按设计要求选定包面材料钉装于衬板上并填充矿棉、岩棉或玻璃棉等软质材料,如图 4-95（a）所示;也可采用将衬板、包面和填充材料分块、分件制作成单体,然后固定于木龙骨骨架,如图 4-95（b）所示。活动式做法通常是在建筑墙面固定上下单向或双向实木线脚,线脚带有凹槽,上下线脚或双向线脚的凹槽相互对应,软包饰件分块（件）事先做好,即采用规则的泡沫塑料、岩棉板块、海绵块等为填充芯材,外包装饰布之类的织物面料,可以整齐而准确地利用其弹性特点卡装于木线之间;另一种活动式做法是分件（块）采用胶合板衬板及软质填充材料分别包覆制作成单体,然后卡嵌于装饰线脚之间。

固定式软包适宜于较大面积的饰面工程,活动式软包较适用于小空间墙面装设。不论采用何种软包做法,其装饰美

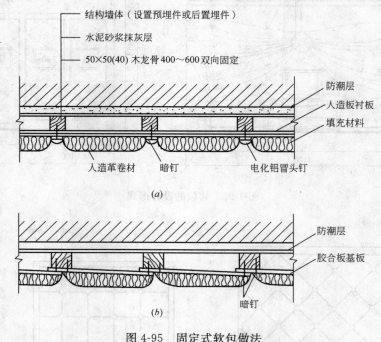

图 4-95 固定式软包做法

感重在造型艺术处理、包面材料外观及填充后的立体效果。

填充料、纺织面料、木龙骨、木基层板等应进行防火处理。木质材料还须经防腐、防蛀处理。

（2）软包施工工艺

1) 固定式软包

（a）弹线、预制木龙骨架：用吊垂线法、拉水平线及尺量的办法，借助50cm水平线，确定软包墙的厚度、高度及打眼位置等，采用凹槽榫工艺，制作成木龙骨框架。木龙骨架的大小，可根据实际情况加工成一片或几片拼装到墙上。做成的木龙骨架应刷涂防火漆。

（b）钻孔、打入木楔：孔眼位置在墙上弹线的交叉点，孔距600mm左右，孔深60mm，用冲击钻头钻孔。木楔经防腐处理后，打入孔中，塞实塞牢。

（c）防潮层：在抹灰墙面涂刷冷底子油或在砌体墙面、混凝土墙面铺沥青油毡或油纸做防潮层。涂刷冷底子油要满涂、刷匀，不漏涂；铺油毡、油纸，要满铺，铺平、不留缝。

（d）装钉木龙骨：将预制好的木龙骨架靠墙直立，用水准尺找平、找垂直，用钢钉钉在木楔上，边钉边找平，找垂直。凹陷较大处应用木楔垫平钉牢。

（e）铺钉胶合板：木龙骨架与胶合板接触的一面应刨光，使铺钉的三合板平整。用气钉枪将三合板钉在木龙骨上。钉固时从板中向两边固定，接缝应在木龙骨上且钉头设入板内，使其牢固、平整。三合板在铺钉前，应先在其板背涂刷防火涂料，涂满、涂匀。

（f）在木基层上铺钉九厘板。依据设计图在木基层上划出墙、柱面上软包的外框及造型尺寸线，并按此尺寸线锯割九厘板拼装到木基层上，九厘板围出来的部分为准备做软包的部分。钉装造型九厘板的方法同钉三合板一样。

（g）按九厘板围出的软包的尺寸，裁出所需的泡沫塑料块，并用建筑胶粘贴于围出的部分。

（h）从上往下用软包面层材料覆泡沫塑料块。先裁剪织锦缎和压角木线，木线长度尺寸按软包边框裁制，在90°角处按45°割角对缝，软包面层材料应比泡沫塑料块周边宽50～80mm。将裁好的织锦缎连同作保护层用的塑料薄膜覆盖在泡沫塑料上，用压角木线压住织锦缎的上边缘，展平、展顺软包面层材料以后，用气枪钉钉牢木线。然后拉将展平软包面层材料钉软包面层材料下边缘木线。用同样的方法钉左右两边的木线。压角木线要压紧、钉牢，软包面层材料面应展平不起皱。最后用裁刀沿木线的外缘（与九厘板接缝处）裁下多余的软包面层材料与塑料薄膜。

2) 活动式软包

木基层的做法与在木基层上直接做软包相同，下面我们主要介绍软包块的制作和拼装。

（a）按软包分块尺寸裁九厘板，并将四条边用刨刨出斜面，刨平。

（b）以规格尺寸大于九厘板50～80mm的织物面料和泡沫塑料块置于九厘板上，将织物面料和泡沫塑料沿九厘板斜边卷到板背，在展平顺后用钉固定。定好一边，再展平铺顺拉紧织物面料，将其余三边都卷到板背固定，为了使织物面料经纬线有顺，固定时宜用码钉枪打码钉，码钉间距不大于30mm，备用。

（c）在木基层上按设计图划线，标明软包预制块及装饰木线（板）的位置。

（d）将软包预制块用塑料薄膜包好（成品保护用），镶钉在墙、柱面做软包的位置。用气枪钉钉牢。每钉一颗钉用手抚扯一下织物面料，使软包面既无凹陷、起皱现象，又无钉头挡手的感觉。连续铺钉的软包块，接缝要紧密，下凹的缝应宽窄均匀一致且顺直（塑料薄膜待工程交工时撕掉)。

(e) 在墙面软包部分的四周用木压线条，盖缝条及饰面板等做装饰处理，这一部分的材料可先于装软包预制块做好，也可以在软包预制块上墙后制作。

(3) 质量通病与防止措施

1) 软包墙面或软包块不方正，边缘不直、不整齐。

其主要原因在于软包墙面或块板制作时不方正，板块边缘的木线条安装不直、接头错位。

所以软包部衬板下料尺寸要准确，板边木线条平直，接头顺畅。

2) 软包墙面或软包块安装不正确，安装不牢。

其主要原因在于软包墙面板块拼接安装时气钉间距较大，固定不准确。

防止措施可以是安装板块过程中气钉的间距控制在300mm，并且钉帽要陷入面料内，不得凸出。

3) 软包布不平整、出现皱折。

其主要原因在于软包布在张铺过程中没有展平就固定；软包布的填充料（海绵）没有粘贴在基层衬板上，操作过程中不平整就贴面层布料。

基层板含水率较大，造成板变形。

防止措施可以是软包的板块制作一定要展开平整，从一端向另一端展平后固定；软包的填充料要用胶将其粘在基层衬板上展平；基层木板的含水率必须控制在8%左右。

4) 软包墙面拼接花纹不对接、填充不饱满。

其主要原因在于软包的布料有花纹时，在软包的制作过程中没有认真核对花纹的方向、和纹理的方向；软包的填充料没有认真填满。

防止措施可以是施工过程中一定提前对布料的花纹和纹理进行检查，确定好进行下料和制作；对软包的填充料检查饱满后做面层。

5) 软包布墙面和板块细部交圈不合理。

其主要原因在于软包板块细部没有处理好，以至于与其他装饰面交圈不合理。

一般在软包的边缘收边要仔细，特别是四角的布料要做好。

4.2.3 质量验收与成品保护

(1) 工程质量验收

按照《建筑装饰装修工程质量验收规范》GB 50210—2001要求，对裱糊工程验收时按下列项目进行检验，并做好相应的记录。

1) 主控项目

(a) 软包面料、内衬材料及边框的材质、颜色、图案、燃烧性能等级和木材的含水率应符合设计要求及国家现行标准的有关规定。木材含水率太高，在施工后的干燥过程中，会导致木材翘曲、开裂、变形，直接影响到工程质量。故应对其含水率进行进场验收。

检验方法：观察；检查产品合格证书、进场验收记录和性能检测报告。

(b) 软包工程的安装位置及构造做法应符合设计要求。

检验方法：观察；尺量检查；检查施工记录。

(c) 软包工程的龙骨、衬板、边框应安装牢固，无翘曲，拼缝应平直。

检验方法：观察；手扳检查。

（d）单块软包面料不应有接缝，四周应绷压严密。如不绷压严密，经过一段时间，软包面料会因失去张力而出现下垂及皱折；单块软包上的面料的本色，其色泽和木纹如相差较大，均会影响到装饰效果。

检验方法：观察；手摸检查。

2）一般项目

（a）软包工程表面应平整、洁净，无凹凸不平及皱折；图案应清晰、无色差，整体应协调美观。

检验方法：观察。

（b）软包边框应平整、顺直、接缝吻合。其表面涂饰质量应符合本规范第10章的有关规定。

检验方法：观察；手摸检查。

（c）清漆涂饰木制边框的颜色、木纹应协调一致。

检验方法：观察。

3）软包工程安装的允许偏差和检验方法应符合表4-52规定。

软包工程安装的允许偏差和检验方法　　　　　　表4-52

项次	项　目	允许偏差（mm）	检　验　方　法
1	垂直度	3	用1m垂直检测尺检查
2	边框宽度、高度	0；-2	用钢尺检查
3	对角线长度差	3	用钢尺检查
4	裁口、线条接缝高低差	1	用钢直尺和塞尺检查

（2）成品保护

软包后的房间应及时清理干净，尽量封闭通行，避免污染或损坏。软包施工过程中，严禁非操作人员随意触摸软包饰面。电气和其他设备在进行安装时，应注意保护已经包好的饰面，以防止污染或损坏。已经包好的饰面上严禁剔眼打洞。如因设计变更，应采取相应的措施，施工时要小心保护，施工完要及时认真修复，以保证饰面完整美观。在修补油漆、涂刷浆时，要注意做好饰面保护，防止污染，碰撞与损坏。

（3）安全措施

站在凳上进行软包操作时，单凳只准站一人、双凳搭跳板，两凳间距不超过2m，准站二人。梯子不得缺档，不得垫高，横档间距以30cm为宜，梯子底部绑防滑垫；人字梯两梯夹角60°为宜，两梯间要拉牢。

课题5　金属装饰板构造与施工

在现代建筑装饰中，金属装饰板的使用越加广泛。这是因为经过处理后的金属板具有良好的装饰效果。同时金属装饰板质量轻、抗震性能好、加工方便、安装快捷、易于成型，可根据设计要求任意变换断面形式，易满足造型要求。再者金属装饰板具有耐磨、耐用、耐腐蚀及能满足防火要求等优点。所以在宾馆饭店、歌舞厅、展览馆、会展中心等建筑物及室内装修（包括门面、门厅、雨篷、墙面、柱面、顶棚、局部隔断及造型面等）中被广泛采用。

5.1 金属装饰板种类、规格及性能

5.1.1 常用金属装饰板的种类

(1) 金属装饰板按材料可分为单一材料板和复合材料板两种

1) 单一材料板：单一材料板为一种质地的材料，如钢板、铝板、铜板、不锈钢板等。

2) 复合材料板：复合材料板是由两种或两种以上质地的材料组成，如铝合金板、搪瓷板、烤漆板、镀锌板、色塑料膜板、金属夹心板等。

(2) 按板面形状分类

金属装饰板按板面形状可分为光面平板、纹面平板、压型板、波纹板、立体盒板等，如图 4-96 所示。

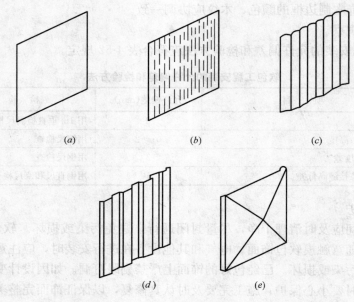

图 4-96 金属装饰板
(a) 光面平板；(b) 纹面平板；(c) 波形板；(d) 压型板；(e) 盒板

常用的金属装饰板有：铝合金装饰板、不锈钢装饰板、复合铝板、涂色钢板等。

5.1.2 常用金属装饰板的性能及规格

(1) 铝合金装饰板

铝合金装饰板是建筑物墙面的一种高档次装饰材料，装饰效果别具一格，目前在设计中广泛应用。

1) 铝合金装饰板特点

铝及铝合金板是最常用的金属板材，它具有质量轻（仅为钢材质量的 1/3）、易于加工（可切割、钻孔）、强度高、刚度好，经久耐用（露天可用 20 年不需检修），便于运输和施工，表面光亮，可反射太阳光及防火、防潮、耐腐蚀的特点。此外，铝合金装饰板还有一个独特的优点，即可以采用化学的方法、阳极氧化的方法或喷漆处理所需要的各种漂

亮的颜色。

2) 材料规格及性能

工程中常用的铝合金板，从表面处理方法上可分为：阳极氧化膜、氟碳树脂喷涂、烤漆处理等；从板材构造特征上分为：单层铝板、复合铝板、蜂窝铝板数种；从几何尺寸上分为：条形板、方形板及异形板；从常用的色彩分，有银白色、古铜色、暖灰色、金色等。常用铝合金板的主要规格及性能见表4-53。

常用铝合金板规格及性能 表4-53

板材类型	构造特点及性能	常用规格	技术指标
单层铝板	表面采用阳极氧化膜或氟碳树脂喷涂。多为纯铝板或铝合金板。为隔声保温，常在其后面加矿棉、岩棉或其他发泡材料	厚度3～4mm	1. 弹性模量E：$0.7×10^5$MPa； 2. 抗弯强度：84.2MPa； 3. 抗剪强度：48.9MPa； 4. 线膨胀系数：$2.3×10^5$/℃
复合铝板	内外两层0.5mm厚铝板中间夹2～5mmPVC或其他化学材料，表面滚涂氟碳树脂，喷涂罩面漆。其颜色均匀，表面平整，加工制作方便	厚度3～8mm	1. 弹性模量E：$0.7×10^5$MPa； 2. 抗弯强度：≥15MPa； 3. 抗剪强度：≥9MPa； 4. 延伸率：≥10%； 5. 线膨胀系数：$24×10^5$～$28×10^5$/℃
蜂窝板	两块厚0.8～1.2mm及1.2～1.8mm铝板夹在不同材料制成的蜂窝状芯材两面制成，芯材有铝箔芯材、混合纸芯材等。表面涂树脂类金属聚合物着色涂料，强度较高，保温、隔声性能较好	总厚度：10～25mm 蜂窝形状有：波形、正六角形、扁六角形、长方形、十字形等	1. 弹性模量E：$0.7×10^5$MPa； 2. 抗弯强度：84.2MPa； 3. 抗剪强度：48.9MPa； 4. 线膨胀系数：$2.3×10^5$/℃

(a) 单层铝板：在国外多用纯铝板制成，板厚为3～4mm，而在我国多采用铝板，铝板厚度为2.5mm，虽然厚度比纯铝板减薄，但板面强度仍大于纯铝板强度，并且板的质量减轻。

对于大面积的单层铝板由于刚度不足，往往在其背面加肋增强，加强肋一般用同样的合金铝带或角铝制成，宽度一般为10～25mm，厚度一般为2～2.5mm。铝板与肋的连接一般可采用三种方法：①在铝板背面用接触焊焊上螺栓，再与肋固接连接；②用ZE2000胶将肋粘于铝板背面；③采用3M强力双面胶带粘贴。从上述三种方法来看，②的效果较好。无论何种墙板都必须经过结构计算，强度、刚度必须满足载荷要求。

单层铝板的表面处理，不能用阳极氧化，由于每批铝板材质成分、氧化槽液均有差异，氧化后铝板表面色差较大。一般采用静电喷涂，静电喷涂分为粉末喷涂和氟碳喷涂。粉末喷涂原料为聚氨酯、环氧树脂等原料配以高性颜料，可得到几十种不同颜色，粉末喷涂层厚度一般为20～30μm，用该粉末喷涂料喷涂的铝板表面，耐碰撞，耐磨擦，在50kg重物撞击下，铝板不变形，且喷涂层无裂纹，惟一缺点是在长期阳光中的紫外线照射下会逐渐褪色。氟碳喷涂是用氟碳聚合物树脂，做金属罩面漆，一般为三涂戒四涂。漆在铝板表面厚度为40～60μm，经得起腐蚀，能抗酸雨和各种空气污染物，不怕强烈紫外线照射，耐极热极冷性能好，可以长期保持颜色均匀，使用寿命长。惟一不足之处，漆层硬度、耐碰撞性、耐磨擦性能比粉末喷涂差。

(b) 铝合金复合板：铝合金复合板也称铝塑板，是以铝合金板（或纯铝板）为面层，以聚乙烯（PE）、聚氯乙烯（PVC）或其他热塑性材料为芯层复合而成，是墙体装饰装修中用得最多的一种金属板。它主要具有以下几个特点：

① 经久耐用，表面涂层华丽美观。这种复合板的表面涂有氟化碳涂料，具有光亮度好、附着力强、耐冷热、耐腐蚀、耐衰变、耐紫外线照射和不褪色等特点。

② 色彩多样性。这种板可根据客户要求，提供各种所需颜色。

③ 板体强度高、质量轻。由于这种板是由薄铝板和热塑性塑料复合而成，所以质量轻，而且抗弯曲、抗挠曲等性能都较好，可以保持其平整度长久不变，并有效地消除凹陷和波折。

④ 容易加工成形。这种板材可以准确无误地完成建筑设计要求的各种弧形、反弧形、圆弧拐角、小半径圆角等，使建筑物的外观更加精美。

⑤ 安装方便。可用传统的方法进行安装，开槽、反折、铆钉、螺钉紧固，可用结构胶加固。

⑥ 防火性能好。这种复合板的面板及芯层材料都为难燃性物质，防火性能较好。另外，加工生产时也将薄铝板通过连续生产设备粘合在耐火芯材上，形成良好的防火型板材。

铝合金复合板的尺寸允许偏差应符合表4-54的规定。板的外观应整洁，涂层不得有漏涂或穿透涂膜厚度的损伤，其装饰面不得有明显压痕、印痕和凹凸等残迹。板材外观缺陷不应超过表4-55允许的范围。板的物理力学性能应符合表4-56的规定。

铝合金复合板尺寸允许偏差 表4-54

项次	项目	允许偏差值	项次	项目	允许偏差值
1	长度(mm)	±3	4	对角线差(mm)	≤5
2	宽度(mm)	±2	5	边沿不直度(mm/m)	≤1
3	厚度(mm)	0.2	6	翘曲度(mm/m)	≤5

铝合金复合板材外观缺陷允许范围 表4-55

缺陷名称	缺陷规定	允许范围	
		优等品	合格品
波纹		不允许	不明显
鼓泡	≤100mm	不允许	不超过1个/m²
疵点	≤3mm	不超过3个/m²	不超过10个/m²
划伤	总长度	不允许	≤100mm/m²
擦伤		不允许	≤300mm/m²
划伤、擦伤总面积		不允许	≤4处
色差			色差不明显；若用仪器测量，$\Delta E \leq 2$

(c) 铝合金蜂窝板：铝合金蜂窝板，或称蜂窝结构铝合金墙板、蜂巢铝复合板。是在两块铝板中间加不同材料制成的各种蜂窝形状夹层，一般外层铝板厚为1.0～1.5 mm，内侧板厚0.8～1.0 mm。夹层为铝箔、玻璃纤维或纸质材料的蜂窝芯，蜂窝形状有正六角形、长方或正方形、交叉折弯六角形等，以正六角形的蜂窝芯应用最多，六角形的边长为3～7mm。蜂窝芯用结构胶与铝合金表层板粘结复合，板块表面涂装树脂类金属聚合物

铝合金复合板的物理性能　　　　　　　　　表 4-56

项　目		技　术　指　标	
		外墙板	内墙板
涂层厚度(μm)		≥25	≥16
光泽度偏差		光泽度≥70时,极限值的误差≤5 光泽度<70时,极限值的误差≤10	
铅笔硬度		≥HB	
涂层柔韧性(T)		≤2	≤3
涂层附着力		不次于1级	
耐冲击性		50kg·cm 不脱落、无裂痕	
耐磨耗性(L/μm)		≥5	
耐沸水性		无变化	
耐化学稳定性	耐沾污性	≤15%	
	耐酸性	无变化	
	耐碱性	无变化	
	耐油性	无变化	
	耐溶剂性	无变化	
	耐洗刷性	≥10000 次无变化	
耐人工候老化	色差	≤3.0	
	失光等级	不次于2级	
	其他老化性能	0级	
耐盐雾性		不次于2级	
面密度(kg/m²)		规定值±0.5	
弯曲强度(MPa)		≥100	≥60
弯曲弹性模量(MPa)		≥2.0×10⁴	≥1.5×10⁴
贯穿阻力(kN)		≥9.0	≥5.0
剪切强度(MPa)		≥28.0	≥20.0
180°剥离强度(N/mm)		≥7.0	≥5.0
耐温差性		无变化	
热膨胀系数(℃⁻¹)		≤4.00×10⁻⁵	
热变形温度(℃)		≥105	≥95

装饰膜。由于板块结构的特殊,此种板材的使用性能最为优异。其成品板材的厚度一般为 6～20mm,矩形板的常用规格为 2400mm×1200mm,超大规格的板或弧形、异型板产品的尺寸由供需双方协商订制。该类产品的基本结构形式如图4-97 示意。

(2) 不锈钢板

1) 材料类别及性能

不锈钢是含铬12%以上并含有镍、钼等其他合金元素,具有耐腐蚀性能的铁基合金。在建筑装饰工程中使用的多为一般不锈钢。由于不锈钢具有良好的抵抗大气腐蚀的特性,表面平滑便于保洁,所以在许多公共建筑,如办公楼、高级公寓、商厦和学校中已应用多年,尤其在我国南方沿海地区采用更加广泛。

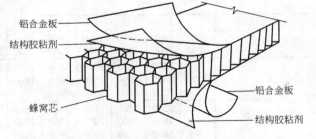

图 4-97　蜂窝板结构示意

在建筑装饰工程中,通常使用不锈钢板材和管材,对不锈钢没有很高的防化学腐蚀和强度要求,而在轧制成品材过程中,要求材料具有良好的延伸性。装饰常用不锈钢的类别和牌号见表4-57。

装饰常用不锈钢的类别和牌号　　表 4-57

类　别	牌　号	备　注
奥氏体型	1Cr17Ni8	不锈钢的钢号前的数字表示平均含碳量的千分之几，合金元素仍以百分数表示。当含碳量≤0.03%及≤0.08%者，在钢号前分别冠以"00"或"0"如：0Cr13 钢的平均含碳量≤0.08%，铬≈13%；00Cr18Ni10 钢的平均含碳量≤0.03%，铬≈18%，镍≈10%
奥氏体型	1Cr18Ni9	^
铁素体型	1Cr17	^
铁素体型	1Cr17M0	^
铁素体型	00Cr17M0	^

2）装饰用不锈钢板类型及规格

装饰用不锈钢板不锈钢板根据表面的光泽程度，其反光率大小，常分为镜面板、亚光板和浮雕板三种类型，见表 4-58、表 4-59：

（a）镜面板：表面平滑光亮，光线照射后反射率达到 90% 以上，表面可以映像，像镜子一样，但没有玻璃镜那样清晰。此种板常用于柱面、墙面反光率比较高的部位。

（b）亚光板：不锈钢板反光率在 50% 以下者称为亚光板，其光线柔和，不刺眼，在室内装饰中有一种很柔和的艺术效果。亚光不锈钢板根据反射率的不同，又分为多种级别。通常使用的钢板，反光率为 24%～28%，最低的反射率为 8%，比墙面壁纸反射率略高一点。

不锈钢板力学指标　　表 4-58

牌　号	力学性能			硬度			备　注
	屈服强度 σ_{02}（MPa）	拉伸强度（MPa）	伸长率（%）	HB	HRB	HV	
1Cr17Ni8	≥21	≥58	≥45	≤187	≤90	≤200	经固溶处理的奥氏体型钢
1Cr17Ni9	≥21	≥53	≥40	≤187	≤90	≤200	经固溶处理的奥氏体型钢
1Cr17	≥21	≥46	≥22	≤183	≤88	≤200	经退火处理的铁素体型钢
1Cr17Mo	≥21	≥46	≥22	≤183	≤88	≤20	经退火处理的铁素体型钢
00Cr17Mo	≥25	≥42	≥20	≤217	≤96	≤230	经退火处理的铁素体型钢

不锈钢板（冷轧）尺寸规格（mm）　　表 4-59

钢板厚度	钢板宽度											
	500	600	700	750	800	850	900	950	1000	1100	1250	1400	1500
	钢板长度											
0.2, 0.3		1200	1420	1500	1500	1500							
0.3, 0.4	1000 1500	1800 2000	1800 2000	1800 2000	1800 2000	1800 2000	1500 1800		1500 2000				
0.5, 0.55, 0.6	1000 1500	1200 1800 2000	1420 1800 2000	1500 1800 2000	1500 1800 2000	1500 1800 2000	1500 1800		1500 2000				
0.7, 0.75	1000 1500	1200 1800 2000	1420 1800 2000	1500 1800 2000	1500 1800 2000	1500 1800 2000	1500 1800		1500 2000				
0.8, 0.9	1000 1500	1200 1800 2000	1420 1800 2000	1500 1800 2000	1500 1800 2000	1500 1800 2000	1500 1800 2000		2000 2000	2000 2000	2000 2000		
1.0, 1.1, 1.2, 1.4	1000 1500	1200 1800	1420 1800	1500 1800	1500 1800	1500 1800	1800		2000	2000	2000	2800 3000	2800 3000
1.5, 1.6, 1.8, 2.0, 2.2, 2.5, 2.8, 3.0, 3.2, 3.5, 3.8, 4.0	2000 500 1000 1500 2000	2000 600 1200 1800 2000	2000 1420 1800 2000	2000 1500 1800 2000	2000 1500 1800 2000	2000 1500 1800 2000	2000 1800		2000 2000	2500	3500	3500	3500

(c) 浮雕钢板：表面不仅具有光泽，而且还有立体感的浮雕装饰。它是经辊压、特研特磨，腐蚀或雕刻而成。一般腐蚀雕刻深度为 0.015～0.5mm。钢板在腐蚀雕刻前，必须先经过正常的研磨和抛光，比较费工，所以价格也比较高。

3）镜面不锈钢板的规格

常用规格有：宽×长为 400mm×400mm、500mm×500mm、600mm×600mm、600mm×1200mm；厚度为：0.3～0.6mm；进口 304（8K）镜面不锈钢板 1220mm×2440mm×1mm、1220mm×3000mm×1mm。

(3) 彩色不锈钢板

彩色不锈钢板系在不锈钢板上进行技术和艺术加工，使其成为各种色彩绚丽的不锈钢板。采用彩色不锈钢板装饰墙面，不仅坚固耐用，美观新颖，而且具有强烈的时代气息。

1）彩色不锈钢板的特点

彩色不锈钢板具有抗腐蚀性能和良好的机械性能等特点。其颜色有蓝、灰、紫、红、青、绿、金黄、橙及茶色等。色泽随光照角度不同会产生变幻的色调效果。彩色下层能耐 200℃的温度。耐盐雾腐蚀性能超过一般不锈钢。温度达到 90℃时彩色层不会损坏（分层、裂纹），并且彩色层经久不褪色。

2）彩色不锈钢板的规格及性能（见表 4-60、表 4-61）

彩色不锈钢板规格及性能 表 4-60

板材类型	构造特点及性能	常用规格	技术指标
不锈钢板	具有优异耐蚀性；优越的成型，不仅光亮夺目，还经久耐用	厚度 0.75～3.0mm	1. 弹性模量 E：2.1×10^5 MPa； 2. 抗弯强度：≥ 180MPa； 3. 抗剪强度：100MPa； 4. 线膨胀系数：1.2×10^5～1.8×10^5/℃

彩色不锈钢板的各种表面装饰加工 表 4-61

表面装饰加工符号	摘　要
NO_2D	冷轧后，热处理，施加酸洗或者按酸洗处理后的表面装饰加工品。另外，包括用消光压辊最后轻轻冷轧的加工品
ND_2B	冷轧后，施加处理，酸洗或者按酸洗处理后，为得到适当的光泽进行程度的冷轧的表面装饰加工品
NO_1	用 JIS R6001（研磨料的粒度）的 100～120 号进行研磨表面装饰加工品
NO_4	用 JIS R6001（研磨料的粒度）的 150～180 号进行研磨表面装饰加工品
BA	冷轧后，旋加光亮热处理的式品
HL	用适当粒度的研磨料产生连续抛光纹的研磨装饰加工品

(4) 彩色涂层钢板

彩色涂层钢板，也叫彩色涂层钢板或称塑料金属板、塑钢板，如图 4-98 所示。是在热板或镀锌钢板的原板上采用涂布法或贴膜法覆以 0.2～0.4mm 的 PVC 薄膜或聚氯乙烯塑料薄膜或其他树脂表层，同时配以各种色泽和花纹，使之既具有金属板材的强度和刚度，又具有塑料类装饰材料表面的美观效果及其优良的抗腐蚀等性能。

彩色涂层钢板的技术性能见表 4-62。

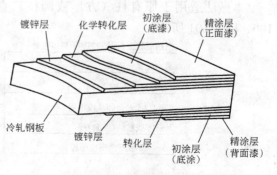

图 4-98 彩色涂层钢板

彩色涂层钢板的技术性能		表 4-62
技术性能	说 明	
耐腐蚀及耐水性能	可以耐酸、碱、油、醇类的侵蚀。但对有机溶剂耐腐蚀性差,耐水性好;线胀系数:$1.2×10^5/℃$	
绝缘、耐磨性能	良好	
剥离强度及涤冲性能	塑料与钢板间的剥离强度≥0.2MPa。当杯突试验深度不小于 6.5mm 时,覆合层不发生剥离,当冷弯 180°时,覆合层不分离开裂;弹性模量 $E=2.1×10^5$MPa	
加工性能	具有普碳钢板所具有的功数据、弯曲、深冲、钻孔、铆接、胶合卷边等加工性能,因此,用途极为广泛。加工温度以 20～40℃最好,常用规格 0.35～2.0mm	
使用温度	在 10～60℃可以长期使用,短期可耐 120℃	

(5) 彩色压型钢板复合墙板

同彩色涂层钢板一样的基板,表面涂各种防腐耐蚀涂层与彩色烤漆。以波形彩色压型钢板为面板的复合墙板是在面板内加入轻质保温材料。具有质轻、保温、立面美观、施工速度快等特点。

彩色压型钢复合板的尺寸,可根据压型板的长度、宽度以及保温设计要求和选用保温材料制作不同长度、宽度、厚度的复合板。

如图 4-99 所示,复合板的接缝构造基本有两种:一种是在墙板的垂直方向设置企口边,这种墙板看不到接缝,整体性好;一种是不设企口边。按保温材料分,可选用聚苯乙烯泡沫或者矿渣棉板、玻璃棉板、聚氨酯泡沫塑料制成的不同芯材的复合板。

图 4-99 复合板的接缝构造
(a) 带企口边板;(b) 无企口边板
1—压型钢板;2—保温材料;3—企口边

5.2 金属饰面板柱面构造与施工

5.2.1 金属饰面板包柱构造

金属饰面板包柱是采用不锈钢、铝合金、铜合金、钛合金等金属做包柱饰面材料,构造做法有柱面板直接粘贴法、钢架贴板法、木龙骨贴板法。

(1) 金属饰面板直接粘贴法包柱

本做法适用于原有柱(方形或圆柱)直接装饰装修为金属柱,其基本构造如图 4-100、图 4-101 所示。

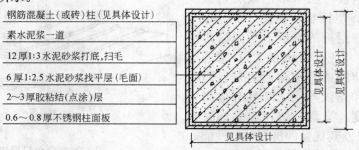

图 4-100 不锈钢板包方柱直接粘贴法构造做法平面图

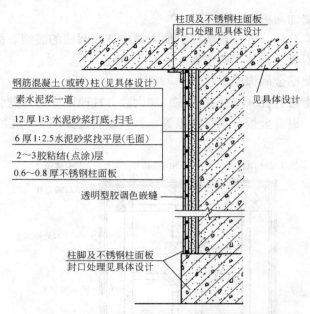

图 4-101　不锈钢板包方柱直接粘贴法构造做法剖面图

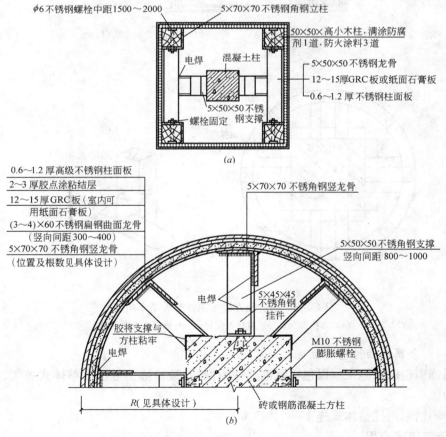

图 4-102　钢架贴不锈钢板包柱基本构造
(a) 方柱加大；(b) 方柱改圆柱

(2) 钢架贴金属饰面板法包柱

本做法适用于原有柱（方柱或圆柱）加大或方柱改圆柱的装饰装修。钢架用轻钢、角钢焊接或螺栓连接而成。其基本构造如图4-102所示。

(3) 木龙骨骨架贴金属饰面板包柱

本做法适用于将原有柱（方柱或圆柱）加大或方柱改圆柱。木龙骨用方木制成，金属饰面板用不锈钢板、铝合金板、铜合金板等，其基本构造如图4-103所示。

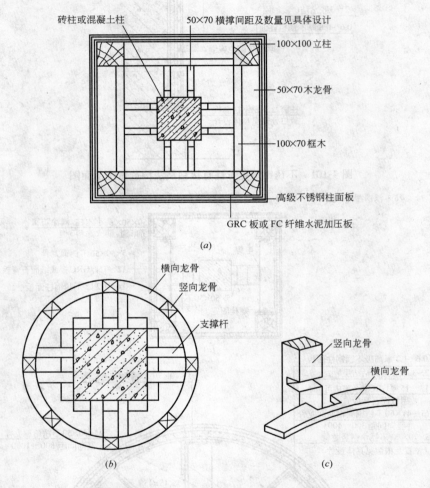

图 4-103 不锈钢方柱木龙骨贴板基本构造
(a) 方柱加大；(b) 方柱改圆柱；(c) 纵横木龙骨连接

5.2.2 金属饰面板包圆柱施工工艺

金属饰面包圆柱施工（以包不锈钢圆柱为例），装修施工方法有整体式施工、平缝式施工两种。

(1) 不锈钢圆柱整体式施工

1) 施工工艺流程：

2) 施工要点：

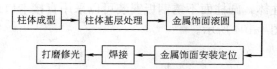

(a) 柱体成型（以钢筋混凝土为例）：在混凝土浇筑的同时，预埋固定钢质或铜质垫板。当所采用的不锈钢板的厚度≤0.75mm 时，可在混凝土柱的一侧埋设垫板；当不锈钢板的厚度＞0.75mm 时，宜在混凝土柱体的两侧埋设垫板。当没有条件预埋垫板时，应通过抹灰层（或其他办法）将垫板固定在柱子上。同时，在施工过程中，应结合周围环境，将垫板位置尽量放在次要视线上，以使包柱的接缝不很显眼。

(b) 柱面的修整：在未安装金属饰面板之前，并不因其表面是坚硬光洁的金属饰面板而放松了对柱面的修整。必须加强对柱体的垂直度、平整度和圆度的检查与修整。因以下三方面的原因：一是因为不锈钢板面是一种反光作用既强又灵敏的薄板紧贴式构造，柱子基体的任何缺陷，都会通过面板的变形而反映出来。二是由于柱子基体的不平整造成不锈钢板面的不平，最终导致板面焊接区的接触不良。三是柱子基体的不平整会引起焊缝处间隙大小不一，造成焊接的困难。

(c) 不锈钢板的滚圆：将不锈钢板加工成所需要的圆柱，是不锈钢包柱制作中的关键环节。常用的两种方法是手工滚圆和卷板机滚圆。对于厚度不同钢板可采用不同的加工方法。一般当板厚≤0.75mm 时，可用手工滚圆法，即利用木榔头、钢管和支撑架来制圆，当然用卷板机质量更好。当板厚＞0.75mm，宜用三轴式卷板机，一般不宜滚成一完整的柱面，而且先滚成二个标准半圆，再焊接成一个圆柱面。

(d) 不锈钢板的安装和定位：安装时应注意以下三点：一是钢板的接缝位置应与柱子基体上预埋的冷却垫板的位置相对应；二是在焊缝两侧的不锈钢板不应有高低差；三是焊缝间隙尺寸的大小应符合焊接规范要求（0～1mm），也应尽可能矫正板面的不平，并调整焊缝间距，保证焊缝处有良好的接触。最后可以用点焊的方式或其他方法将板固定。

(e) 焊接：①焊缝接口：对于厚度在 2mm 以下的不锈钢板的焊接，考虑到钢板筒体并不承受太大的荷载，故一般均不开坡口，而采用平坡口对接焊接。当要开坡口时，应在不锈钢板的安装之前进行。②焊缝区的清除：为了保证焊缝金属能够很好地附着，并使焊接金属的耐腐蚀性不受损失，无论是平剖口还是坡口焊缝，都必须进行彻底的脱脂和清洁。脱脂一般采用三氯代乙烯、汽油、苯、中性洗涤剂或其他化学药品来完成。焊缝区的清洁通常是用不锈钢丝制成的细毛刷对焊接工作表面进行刷洗，必要时，还应采用砂轮机进行打磨，以使金属表面露出来。③固定铜质（或钢质）压板：在焊接前，为了防止不锈钢板的变形，应在焊缝的两侧固定铜质（或钢质）压板。④焊接方法会直接影响到不锈钢板面的质量及焊接的可靠性。目前以选择焊条电弧焊和气焊为宜，气焊适用于厚度 1mm 以下的焊接，尤其是奥氏体系的。焊条电弧焊用于不锈钢薄板的焊接，但应采用较细的焊条及较小的焊接电流进行焊接。焊接时应用不锈钢焊条，采用氩弧焊。

(f) 打磨修光：当焊缝表面没有太大的凹痕及粗大的焊渣时，可直接抛光。否则应先来磨平修整，再用抛光机处理。

(2) 不锈钢圆柱平缝式施工

用骨架做成的圆柱体，圆柱面不锈钢板安装可以采用直接卡口式和嵌槽压口式进行镶贴。其常用构造，如图4-104所示。

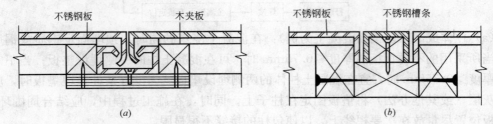

图4-104 不锈钢圆柱平缝构造
(a) 直接卡入式安装；(b) 嵌槽压口式安装

不锈钢圆柱平缝式施工准备与不锈钢圆柱整体式施工基本相同。

1) 施工工艺流程为：

检查柱体→修整柱体基层→不锈钢板加工成曲面板→不锈钢板安装→表面抛光处理。

2) 施工要点：

(a) 检查及修整柱体：安装前，对柱体的平整度和圆度、垂直度进行检查和修整。

(b) 不锈钢板的加工：一个圆柱面一般都由二片或三片不锈钢曲面板组成。曲面板加工是在卷板机上加工，即将不锈钢板放在卷板机上卷板，加工时，应用圆弧样板检查曲面板的弧度是否符合要求。

(c) 不锈钢板安装：不锈钢板的安装关键在于钢片与钢片间的对口处理。安装对口的方法主要有直接卡口式和嵌槽压口式两种。

直接卡口式安装：在两片不锈钢板对口处，安装一个不锈钢卡口槽，该卡口槽用螺钉固定于柱体骨架的凹部。安装钢板时，将钢板一端的弯曲部，勾入卡口槽内，再用力推按钢板的另一端，利用不锈钢本身的弹性，使其卡入另一卡口槽内。

嵌槽压口式安装：先把不锈钢板在对口处的凹部用螺钉（或钢钉）固定，再把一条宽度小于凹槽的木条固定在凹槽中间，两边空出大小相等的间隙约1mm左右。在木条上涂刷万能胶，等胶面不粘手时，向木条上嵌入不锈钢槽条（之前用汽油或酒精洗擦槽内，并涂一薄层胶液）。

(d) 注意事项：①安装卡口槽及不锈钢条槽时，尺寸要准确，不能产生歪斜现象。②在木条安装前，应先与不锈钢试配，木条的高度一般大于不锈钢槽内的深度0.5mm。③如柱体为方柱时，应根据圆柱断面的尺寸确定圆形木结构"柱胎"外圆直径和柱高，然后用木龙骨和胶合板在混凝土方柱支设圆形柱，再做不锈钢饰面施工。

5.3 金属板幕墙构造与施工工艺

5.3.1 金属板幕墙的发展和特点

(1) 金属幕墙的发展

金属板幕墙，它是由工厂定制的折边金属薄板作为外围护墙面，与窗一起组合成幕墙，形成闪闪发光的金属墙面，另外，金属饰面的质感，简捷而挺拔，具有独特的艺术风韵，在一些考究的公共建筑中广泛得到应用。

最近几年在国内出现和应用的单层铝板幕墙是诸多幕墙形式中的一种，它的出现，更加丰富了幕墙的艺术表现力，完善了幕墙的功能。到目前为止，我国已建成的高层建筑和超高层建筑已采用了单层铝板幕墙的工程有：81层的深圳地王商业大厦；80层的广州中天广场大厦；63层的广州国际大厦；50层的深圳国际贸易中心；46层的上海新锦江大厦；43层的深圳发展中心大厦等，还有许多在建的高层建筑和超高层建筑都准备采用单层铝板幕墙。因而，其应用前景是广阔的，是不可估量的。

氟碳树脂喷涂单层铝板除了作幕墙装饰板外，还可以在幕墙框、门窗框、立柱、天花板、装饰铁栅及室内装饰等展示其独特的魅力。它能够满足业主对高层次建筑物高标准、高质量外装饰的需求。随着中国经济的飞速发展，大量高档建筑的兴建，氟碳树脂喷涂单层铝板幕墙将有更加广阔的应用前景。因此，氟碳树脂喷涂单层铝板幕墙，被誉为21世纪幕墙装饰发展的新潮流。

(2) 单层铝板幕墙的特点

1) 耐候性强

单层铝板幕墙表面喷涂的是含KYNAR-500达70%的氟碳聚合物树脂，经过这种氟碳喷涂的铝板表面，能够达到目前国际上建筑业公认的美国AAMA605.2.92质量标准。其表现在抗酸雨、抗腐蚀、抗紫外线能力极强，保证涂层20年以上不褪色、不龟裂、不脱落、不变色。

2) 装饰性好

单层铝板幕墙多为亚光，表面光泽，高雅气派；色彩丰富，表现力强；电脑调色，任意配制，为建筑设计和创意提供了先决条件。色质均匀，无色差，克服了其他天然装饰材料的不足。另外，可加工性强，方、圆、柱、角均可按图加工制作，能充分体现设计师和业主的意念和构想，使建筑完全表现出个性。

3) 安全性高

防锈合金铝板轻质，每平方米质量约8.13kg（厚度为3mm）；有较高强度，其抗拉强度达200N/mm^2；铝板延伸度高，相对延伸率大于10%，能承受高度弯折而不破裂。单层铝板幕墙结构设计，采用了不锈钢螺栓连接，如铝板不与钢铁接触，50年不会脱落和腐蚀，与建筑物寿命相匹配。单层铝板幕墙遇火不燃，符合城市高层建筑消防要求，又是一种非常理想的防火材料。

4) 安装简捷

由于单层铝板幕墙是工厂化生产，到施工现场已是成品，不需二次加工，只需按图组合安装，这样既方便简单，又省工快捷，缩短工期。

5) 维护方便

单层铝板幕墙的平常维护也是比较容易的，由于板材表面光滑，涂层本身尘垢附着力极低，一般不易积污尘，定期维护只需使用普通清洁剂擦洗、水冲就可以了。

5.3.2 单层铝板的规格及技术性能

(1) 氟碳铝单板的生产工艺

1) 生产工艺流程

2) 单层铝板的生产工序过程

图4-105所示生产工艺流程，单层铝板的生产工序过程可分为以下五个工序过程：

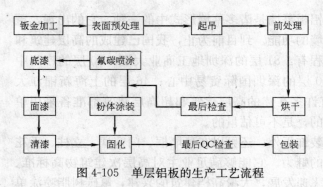

图 4-105 单层铝板的生产工艺流程

(a) 钣金加工：按设计要求运用数控机械加工设备对铝板进行剪切、折弯、滚弯、氩弧焊、螺柱焊，表面打磨等加工。

(b) 表面预处理：将成型的铝板，进行清洗和化学处理，以产生转化膜，增加涂层与金属表面的结合力和防氧化能力，有利于延长漆膜的使用年限。

(c) 氟碳喷涂：这是单层铝板生产的关键工序。单层铝板具有如此超强卓越的功能，关键在于表面涂层材料的高品质喷涂工艺及高新技术设备。一般采用多层喷涂方式，有二层喷涂和三层喷涂等。国内以三层喷涂为主，即底漆、面漆、清漆。其质量控制严格按美国 AAMA605.2.90 标准执行。

(d) 烘干固化：将经喷涂的单层铝板送到恒温在 230～250℃的烘干房（道），再经 15～20min 烘干固化。

(e) 检验包装：这是产品出厂前的最后工序，包括漆膜测试，百格附着力破坏测试，色差目测，表面疵点检查等，最后将合格产品逐件包扎装箱。

(2) 氟碳涂装质量检测标准

氟碳单层铝板涂装质量检测标准，我国目前采用的是美国建筑业协会 AAMA605.2.90 标准，见表 4-63。

氟碳涂装质量检测标准　　　　　　　　　　　　　　　表 4-63

测试项目	测试要求及标准
最小涂膜厚度	用 ASTM DI400 测得底漆 10～15μm，面漆至少 20μm，透明漆不少于 10μm
稳定度	用 ASTM D3363 检测，无色差
硬度	使用 Berol Eagle Turquois 铝笔达到 F 级
光泽表面	用 ASTM 0523 测 60°光泽值：高>80、中 20～79、低<19
表面附着力	在足离 1/6 英寸方格（横纵各 11 条）上用 Permale199 胶带覆盖划线表面并按规定角度从测试面上扯下，干/湿涂层均无脱落或浮泡，每方格的损失率<10%
温度抵抗力	38℃,100%相对湿度,3000 h 后，最大为 6 号的少数气泡出现
冲击抵抗力	用 5/8 英寸直径圆形筒碰撞测试表面，把胶带覆盖在标本上，用一定压力除去空气泡，并把胶带按规定角度从测试物表面扯下，没有漆脱落痕迹
磨损抵抗力	用垂喷砂测试法，在有胶表面的磨损系数是少为 40
酸性抵抗力	10 滴 10%HCl 滴于表面，无气泡，用肉眼观察表面无变
砂浆抵抗力（耐碱性）	75g 石灰和蒽 225g 干少一起经第 10 筛孔，加水 100g，混合成团放于铝板表面 100%相对湿度,38℃下曝晒 24h，无表面附着力损失，肉眼看不出异样变化
硝酸抵抗力	将铝板置于 70%ACS 试液硝酸瓶口 30min，用清水洗样，经 1h 后观察，颜色变化不超过 5%
洗涤剂抵抗力	浸泡于 3%,38℃清洁剂中 72h 后观察，无附着力损失，无浮泡，用肉眼看不出表面的明显变化
盐溶液抵抗力	5%的 38℃盐水 3000 h 后，最大面积 1/16 英寸表面脱落
耐候性测试	暴晒在美国佛罗里达洲南纬 27°，北纬 45°面向南方保留 5 年，最多有 5%颜色变化
白垩抵抗力	上述同样地点保留时间，白垩不超过第 8 等级
腐蚀抵抗力	上述同样地点保留时间，表面损失不超过 10%

(3) 产品规格及技术性能

1) 规格尺寸

厚度：单层铝板厚 2~4mm，设计时，根据建筑物的高度及结构形式等综合选用合适厚度。一般钢筋混凝土框架外墙结构，最好选用 2.5~3mm。

宽度：在我国，一般厂家可供货的最大宽度为 1600mm，但是也可按设计要求规格加工。

长度：在我国，一般厂家可供货的最大长度为 6000mm，但是也可按业主和施工单位的要求加工。

为了使铝板达到最佳平直度，铝板厚度选择可参考以下：铝板宽度<500mm，最少厚度 2mm；500~900mm，最少厚度 2.5mm；>900mm，最少厚度 3mm。建筑设计中的异型幅面及构件均可按图加工，能够完全满足需要，充分体现设计师的意念和构想。

2) 技术性能

LF21（3003）单层铝板的主要物理性能指标见表 4-64。

LF21（3003）单层铝板的主要物理性能指标　　表 4-64

性能	单位	数值	性能	单位	数值
密度	kg/m	2730	伸长率	%	6~10
导热率	W/(m·K)	159	热胀系数	1/℃	23.2×10^{-6}
抗拉强度	MPa	147~219	弹性模量	MPa	71000
抗剪强度	MPa	95			

5.3.3 金属板幕墙安装施工工艺

(1) 确定施工工艺流程

金属板幕墙的施工工艺流程如图 4-106 所示。

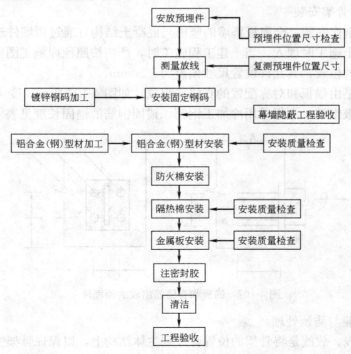

图 4-106　施工工艺流程图

(2) 施工准备

1) 设计图纸及现场核查

(a) 金属饰面应有详细的施工图设计文件,其内容包括饰面板安装工程的预埋件(或后置埋件)、连接件的数量、规格、位置、连接方法和防腐处理,后置埋件的现场拉拔强度等。

(b) 详细核查施工图纸和现场实测尺寸,以确保设计加工的完善。

(c) 对照金属板幕墙的骨架设计,复检主体结构的质量。特别是墙面垂直度、平整度的偏差,将会影响整个金属幕墙的安装。

2) 测量放线

(a) 根据土建单位提供基准线(50线)及轴线控制点,对所有预埋件打出并复测其位置尺寸。

(b) 根据轴线和中线确定一立面的中线,用经纬仪向上引数条垂线,以确定幕墙转角位和立面尺寸。

(3) 型材加工与安装

按设计要求准确提出所需材料的规格及各种配件的数量,以便于加工订做。

1) 型材骨架加工技术要求

(a) 各种型材下料长度尺寸允许偏差为±1mm;横梁的允许偏差为±0.5mm;竖框的允许偏差为±1.0mm;端头斜度的允许偏差为－15mm。

(b) 各加工面须去毛刺、飞边,截料端头不应有加工变形,毛刺不应大于0.2mm。

(c) 螺孔尺寸孔位允许偏差±0.5mm;孔距允许偏差±0.5mm;累计偏差不应大于±1.0mm。

(d) 螺栓孔应由钻孔和扩孔两道工序完成。

2) 幕墙型材骨架安装

(a) 预埋件制作安装:金属板幕墙的竖框与混凝土结构宜通过预埋件连接,预埋件应在主体结构混凝土施工时埋入。当土建工程施工时,严格按照预埋施工图安放预埋件,通过放线确定埋件的位置,其允许位置尺寸偏差为±20mm。

预埋件通常是由锚板和对称配置的直锚筋组成,如图4-107所示。受力预埋件的锚板宜采用Ⅰ级或Ⅱ级钢筋,不得采用冷加工钢筋。锚固钢筋的锚固长度见表4-65、表4-66。

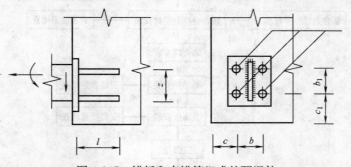

图4-107 锚板和直锚筋组成的预埋件

(b) 钢码安装与防锈处理。

(c) 定位放线。放线是将骨架的位置弹线到主体结构上,以保证骨架安装的准确性。

(d) 型材骨架安装技术要求。

锚固钢筋的锚固长度 L_a (mm) 表 4-65

钢 筋 类 型	混凝土强度等级	
	C25	≥C30
Ⅰ级钢	30d	25d
Ⅱ级钢	40d	35d

注：1. 当螺纹钢筋 d≤25mm 时，L_a 可以减少 5d；
　　2. 锚固长度不应小于 250mm。

竖框和横档允许偏差值 表 4-66

项次	项　　目		允许偏差(mm)	检查方法
1	幕墙垂直度	幕墙高度>30m、<60m	15	激光仪或经纬仪
		幕墙高度<90m	20	
		幕墙高度>90m	25	
2	竖直构件线度		3	3m 靠尺、塞尺
3	横向构件	水平度>2000m	2	水平仪
		水平度<2000m	3	
4	同高度相邻两根横向构件高度差		1	钢板尺、塞尺
5	分格框对角线差	对角线长<2000m	3	3m 钢卷尺
		对角线长>2000m	3.5	
6	拼缝宽度（与设计值比）		2	卡尺

注：1. 1～4 项按抽样根数检查，5～6 项按抽样分格数检查；
　　2. 垂直于地面的幕墙，竖向构件垂直度包括幕墙平面内及平面外的检查；
　　3. 竖向构件的直线度包括幕墙平面内及平面外的检查；
　　4. 在风力小于 4 级时测量检查。

（4）其他构造层设施安装

1）保温防潮层。若在金属板幕墙的设计中，既有保温层又有防潮层，应先在墙体上安装防潮层，然后再在防潮层上安装保温层。如果设计中只有保温层，则将保温层直接安装到墙体上。

2）防火棉安装。在防火分区位置，应使防火棉连续地密封于楼板与金属板之间的空位上，形成一道防火带，中间不得有空隙。防火棉耐火极限要达到有关部门要求。

3）防雷保护设施。幕墙设计时，应考虑使整片幕墙框架具有有效的电传导性，并可按设计要求提供足够的防雷保护接合端。

（5）金属饰面板加工制作

金属饰面板一般是在工厂加工后运至工地安装。铝塑复合板组合件一般在工地制作、安装。常用金属板品种很多，但用得最多的、效果最好的在我国当属单层铝板、复合铝塑板及铝合金蜂窝板等。现以铝单板、铝塑复合板、蜂窝铝板为例说明加工制作的要求。

1）单层铝板

单层铝板在弯折加工时弯折外圆弧半径不应小于板厚的 1.5 倍，以防出现折裂纹和集中应力。板上加劲肋的固定可采用电栓钉，但应保证铝板外表面不变形、不褪色，固定应牢固。单层铝板的折边上要做耳子用于安装，如图 4-108 所示。耳子中心间距一般为 300mm 左右，角端为 150mm 左右。表面和耳子的连接可用焊接、铆接或在铝板上直接冲压而成。铝单板组合件的四角开口部位凡是未焊接成形的，必须用硅酮密封胶密封。

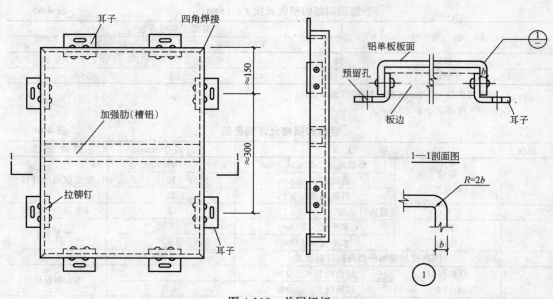

图 4-108 单层铝板

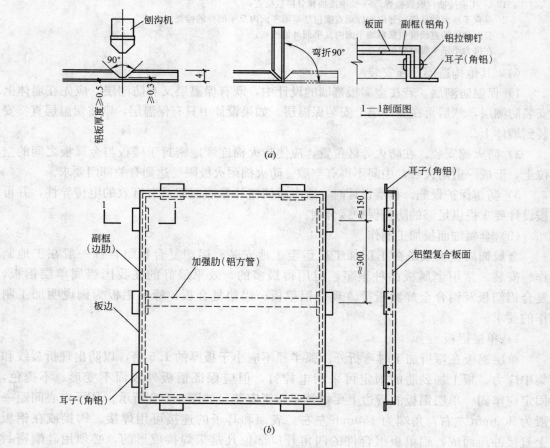

图 4-109 铝塑复合板
(a) 铝塑复合板的折边；(b) 铝塑复合板

2) 铝塑复合板

铝塑复合板面有内外两层铝板，中间复合聚乙烯塑料。在切割内层铝板和聚乙烯塑料时，应保留不小于0.3mm厚的聚乙烯塑料，并不得划伤外层铝板的内表面，如图4-109所示。打孔、切口后外露的聚乙烯塑料及角缝应采用中性的硅酮密封胶密封，防止水渗漏到聚乙烯塑料内。加工过程中铝塑复合板严禁与水接触，以确保质量。其耳子材料用角铝。

3) 蜂窝铝板的加工

根据组装要求决定切口的尺寸和形状。在去除铝芯时不得划伤外层铝板的内表面，各部位外层铝板上，应保留0.3～0.5mm的铝芯。直角部位的加工，折角应弯成圆弧，角缝应采用硅酮密封胶密封。边缘的加工，应将外层铝板折合180°，并将铝芯包封。

(6) 金属板幕墙安装及技术要求

1) 金属饰面板的粘结式安装

最常用的施工方法为：采用预埋防腐木砖或在无预埋的基层上钻孔打入木楔，用木螺钉或普通圆钢钉将木龙骨（木方龙骨或厚夹板条龙骨）固定在基层上，在龙骨上固定胶合板或硬质纤维板等基面板，然后，在基层表面及板块背面满涂建筑胶粘剂，将金属饰面板粘贴于基面板上。如图4-110示意。主要适用于室内墙面的小型饰面工程，特别是包覆圆柱的贴面装饰工程。要求基体表面必须坚固、平整、干燥、洁净，无油污和浮尘等，且基层的材质必须与胶粘剂及饰面板产品的使用要求相符合。

2) 金属装饰墙板的钉接式安装

作为较大面积建筑外墙饰面的轻金属墙板，根据其应用特点和方便固定的要求，一般都将其边部折弯加工出安装边，或另行加设金属成型件作安装连接件，称为挂耳，如图4-108、图4-109所示；施工时，

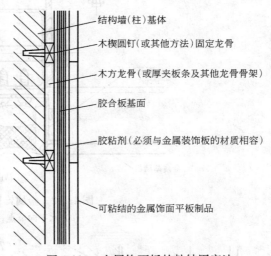

图4-110 金属饰面板的粘结固定法

可采用自攻螺钉或抽芯铆钉等紧固件较方便地将板材固定于墙体金属龙骨上，板材背面的空腔内可按设计要求填充保温隔热材料。如图4-111、图4-112所示。

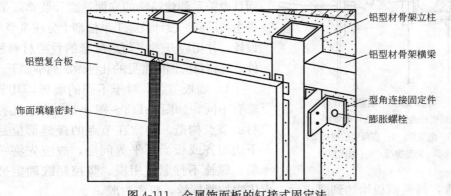

图4-111 金属饰面板的钉接式固定法

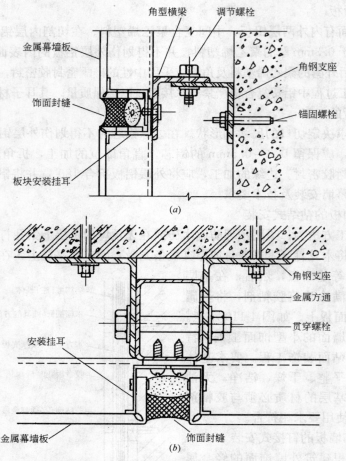

图 4-112 金属饰面板安装节点法
(a) 水平向节点；(b) 竖向节点

(7) 节点构造和收口处理

金属板幕墙节点构造设计、水平部位的压顶、端部的收口、伸缩缝的处理、两种不同材料交接部位的处理等不仅对结构安全与使用功能有着较大的影响，而且也关系到建筑物的立面造型和装饰效果。因此，各生产厂商、设计及施工单位都十分注重节点的构造设计，并相应开发出与之配套的骨架材料和收口部件。现将目前国内常见的几种做法列举如下。

1) 墙板节点。对于不同的墙板，其节点处理略有不同，如图 4-113～图 4-116 表示几种不同板材的节点构造。通常在节点的接缝部位易出现上下边不齐或板面不平等问题，故应先将一侧板安装，螺栓不拧紧，用横、竖控制线确定另一侧板

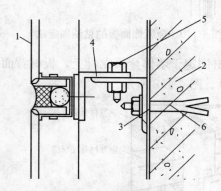

图 4-113 单层铝板或铝塑板节点构造（一）
1—单层铝板或铝塑板；2—承重柱（或墙）；
3—角支撑；4—直角型铝材横梁；
5—调整螺栓；6—锚固螺栓

安装位置，待两侧板均达到要求后，再依次拧紧螺栓，打密封胶。

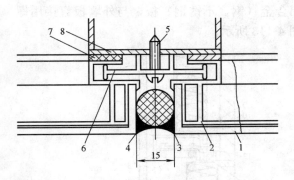

图 4-114 单层铝板或铝塑板节点构造（二）
1—单层铝板或铝塑板；2—副框；3—密封胶；
4—泡沫胶条；5—自攻钉；6—压片；
7—胶垫；8—主框

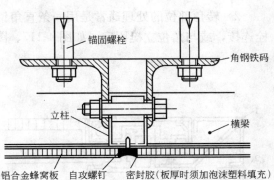

图 4-115 铝合金蜂窝板节点构造（一）

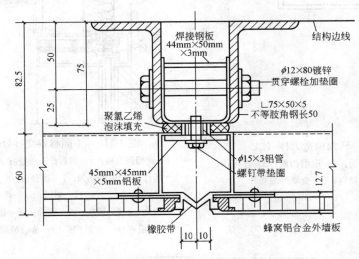

图 4-116 铝合金蜂窝板节点构造（二）

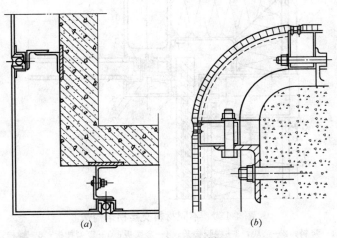

图 4-117 转角构造大样（一）
(a) 直角剖面；(b) 圆角剖面

2）转角部位的处理通常是用一条直角铝合金（钢、不锈钢）板，与外墙板直接用螺栓连接，或与角位立梃固定。如图4-117、图4-118所示。

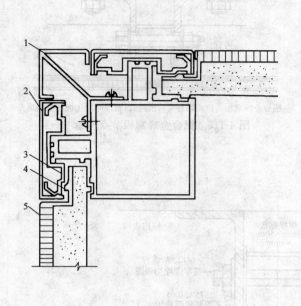

图4-118 转角构造大样（二）
1—定型金属转角板；2—定型扣板；3—连接件；
4—保温材料；5—金属外墙板

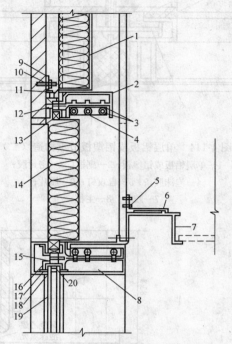

图4-119 不同材料交接处构造大样
1—定型保温板；2—横料；3—螺栓；4—码件；5—空心铆钉；6—定型铝角；7—铝扣板；8—横料；9—石材板；10—固定件；11—铝码；12—螺栓；13—密封胶；14—金属外墙板；15—螺栓；16—铝扣件；17—铝扣板；18—密封胶；19—幕墙玻璃；20—胶压条

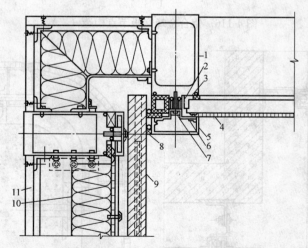

图4-120 不同材料交接拐角构造
1—竖料；2—垫块；3—橡胶垫条；4—金属板；5—定型扣板；6—螺栓；
7—金属压盖；8—密封胶；9—外挂石材；10—保温板；11—内墙石膏板

3）不同种材料的交接通常处于有横、竖料的部位，否则应先固定其骨架，再将定型收口板用螺栓与其连接，且在收口板与上下（或左右）板材交接处加橡胶垫或注密封胶。如图4-119、图4-120所示。

4）女儿墙上部及窗台等部位均属水平部位的压顶处理，即用金属板封盖，使之能阻挡风雨侵透。如图4-121、图4-122所示。

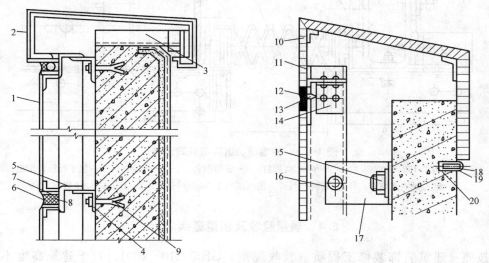

图4-121 幕墙顶部构造图
1—铝合金板；2—顶部定型铝盖板；3—角钢支撑；4—角钢支撑；5—角铝；6—密封材料；
7—支撑材料；8—圆头螺钉；9—预埋锚固或螺栓；10—紧固铝角；11—蜂窝板；
12—密封胶；13—自攻螺钉；14—连接角铝；15—拉爆螺钉；16—螺栓；
17—角钢；18—木螺钉；19—垫板；20—膨胀螺栓

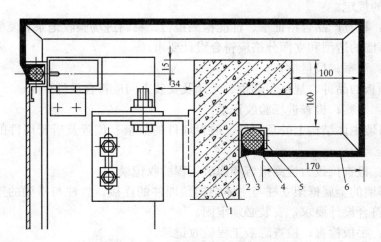

图4-122 金属板幕墙上部封修节点
1—女儿墙；2—角码；3—密封胶；4—泡沫条；5—角码；6—复合板

5）变形缝的处理，其原则应首先满足建筑物伸缩、沉降的需要，同时亦应达到装饰效果。另外，该部位又是防水的薄弱环节，其构造点应周密考虑。其通常采用异形金属板与氯丁橡胶带体系，如图4-123所示。

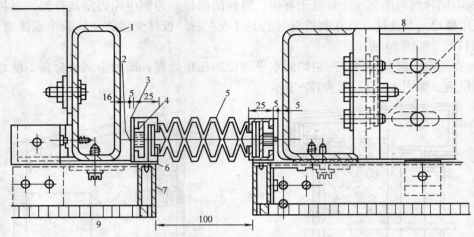

图 4-123 伸缩缝、沉降缝处理示意

1—方管构架 152×50.8×4.6；2—ϕ6×20 螺钉；3—成形钢夹；4—ϕ15 铝管材；5—氯丁橡胶伸缩缝；
6—聚乙烯泡沫填充，外边用胶密封；7—模压成型 1.5mm 厚铝板；8—150×75×6 镀锌钢件

5.4 质量验收及质量通病防治

按照《建筑装饰装修工程质量验收规范》GB 50210—2001。对于建筑高度不大于 150m 的金属幕墙工程的质量验收。

5.4.1 工程质量验收标准

（1）主控项目

1）金属幕墙工程所使用的各种材料和配件，应符合设计要求及国家现行产品标准和工程技术规范的规定。

检验方法：检查产品合格证书、性能检测报告、材料进场验收记录和复验报告。

2）金属幕墙的造型和立面分格应符合设计要求。

检验方法：观察；尺量检查。

3）金属面板的品种、规格、颜色、光泽及安装方向应符合设计要求。

检验方法：观察；检查进场验收记录。

4）金属幕墙主体结构上的预埋件、后置埋件的数量、位置及后置埋件的拉拔力必须符合设计要求。

检验方法：检查拉拔力检测报告和隐蔽工程验收记录。

5）金属幕墙的金属框架立柱与主体结构预埋件的连接、立柱与横梁的连接、金属面板的安装必须符合设计要求，安装必须牢固。

检验方法：手扳检查；检查隐蔽工程验收记录。

6）金属幕墙的防火、保温、防潮材料的设置应符合设计要求，并应密实、均匀、厚度一致。

检验方法：检查隐蔽工程验收记录。

7）金属框架及连接件的防腐处理应符合设计要求。

检验方法：检查隐蔽工程验收记录和施工记录。

8）金属幕墙的防雷装置必须与主体结构的防雷装置可靠连接。

检验方法：检查隐蔽工程验收记录。

9）各种变形缝、墙角的连接节点应符合设计要求和技术标准的规定。

检验方法：观察；检查隐蔽工程验收记录。

10）金属幕墙的板缝注胶应饱满、密实、连续、均匀、无气泡，宽度和厚度应符合设计要求和技术标准的规定。

检验方法：观察；尺量检查；检查施工记录。

11）金属幕墙应无渗漏。

检验方法：在易渗漏部位进行淋水检查。

(2) 一般项目

1）金属板表面应平整、洁净、色泽一致。

检验方法：观察。

2）金属幕墙的压条应平直、洁净、接口严密、安装牢固。

检验方法：观察；手扳检查。

3）金属幕墙的密封胶缝应横平竖直、深浅一致、宽窄均匀、光滑顺直。

检验方法：观察。

4）金属幕墙上的滴水线、流水坡向应正确、顺直。

检验方法：观察；用水平尺检查。

5）每平方米金属板的表面质量和检验方法应符合表 4-67 的规定。

6）金属幕墙安装的允许偏差和检验方法应符合表 4-68 的规定。

每平方米金属板的表面质量和检验方法 表 4-67

项次	项目	质量要求	检验方法
1	明显划伤和长度＞100mm 的轻微划伤	不允许	观察
2	长度≤100mm 的轻微划伤	≤8 条	用钢尺检查
3	擦伤总面积	≤500mm	用钢尺检查

金属幕墙安装的允许偏差和检验方法 表 4-68

项次	项目		允许偏差(mm)	检验方法
1	幕墙垂直度	幕墙高度≤30m	10	用经纬仪检查
		30m＜幕墙高度≤60m	15	
		60m＜幕墙高度≤90m	20	
		幕墙高度＞90m	25	
2	幕墙水平度	层高≤3m	3	用水平仪检查
		层高＞3m	5	
3	幕墙表面平整度		2	用 2m 靠尺和塞尺检查
4	板材立面垂直度		3	用垂直检测尺检查
5	板材上沿水平度		2	用 1m 水平尺和钢直尺检查
6	相邻板材板角错位		1	用钢直尺检查
7	阳角方正		2	用直角检测尺检查
8	接缝直线度		3	拉 5m 线,不足 5m 拉通线,用钢直尺检查
9	接缝高低差		1	用钢直尺和塞尺检查
10	接缝宽度		1	用钢直尺检查

5.4.2 质量通病防治

金属板幕墙涉及工种较多,工艺复杂,施工难度大,故也比较容易出现质量问题。通常表现在以下几个方面:

(1) 板面不平整,接缝不平齐

其原因为:连接码件固定不牢,产生偏移;码件安装不平直;金属板本身不平整等。

防治方法:确保连接件的固定,并在码件固定时放通线定位,且在上板前严格检查金属板质量。

(2) 密封胶开裂,产生气体渗透或雨水渗漏

其原因为:注胶部位不洁净;胶缝深度过大,造成三面粘结;胶在未完全粘结前受到灰尘沾染或损伤等。

防治方法:充分清洁板材间缝隙(尤其是粘结面),并加以干燥;在较深的胶缝中充填聚氯乙烯发泡材料(小圆棒),使胶形成两面粘结,保证其嵌缝深度小于缝宽度;注胶后认真养护,直至其完全硬化。

(3) 预埋件位置不准致使横、竖料很难与其固定连接

其原因为:预埋件安放时偏离安装基准线;预埋件与模板、钢筋的连接不牢,使其在浇筑混凝土时位置变动。

防治方法:预埋件放置前,认真校核其安装基线,确定其准确位置;采取适当方法将预埋件模板、钢筋牢固连接(如绑扎、焊接等)。

补救措施:若结构施工完毕后已出现较大的预埋偏差或个别漏放,则需及时进行补救。

其方法为:

1) 预埋件面内凹入超出允许偏差范围,采用加长钢码补救。

2) 预埋件向外凸出超出允许偏差范围,采用缩短钢码或剔去原预埋件,改用膨胀螺栓将钢码紧固于混凝土结构上。

3) 预埋件向上或向下偏移超出允许偏差范围,则修改立柱连接孔或采用膨胀螺栓调整连接位置。

4) 预埋件漏放,采用膨胀螺栓连接或剔出混凝土后重新埋设。

以上修补方法需经设计部门认可。

(4) 胶缝不平滑充实,胶线不平直

其原因为:打胶时,挤胶用力不匀,胶枪角度不正确,刮胶时不连续。

防治方法:连续均匀挤胶,保持正确的角度,将胶注满后用专用工具将其刮平,表面应光滑无皱纹。

(5) 成品污染

其原因为:金属板安装完毕后,未及时保护,使其发生碰撞变形、变色、污染、排水管堵塞等现象。

防治措施:施工过程中要及时清除板面及构件表面的粘附物;安装完毕后立即从上向下清扫,并在易受污染破坏的部位贴保护胶纸或覆盖塑料薄膜,易受磕碰的部位设护栏。

课题6 玻璃饰面构造与施工

6.1 玻璃饰面的基本知识

6.1.1 玻璃饰面常用的材料

(1) 常用的饰面玻璃

1) 平板玻璃

平板玻璃是用"引上法"生产的,该法使熔融的玻璃液被垂直向上卷拉,经快冷后切割而成。此法生产的玻璃内部容易产生玻筋,表面也容易出现玻纹,这样物象透过玻璃会歪曲变形,故常须经过机械研磨和抛光后才能使用。所以现在基本上被浮法玻璃所取代。

2) 浮法玻璃

利用浮法工艺生产出的平板玻璃称之为浮法玻璃。浮法玻璃生产原理是利用玻璃液与锡液的密度不同,玻璃液能漂浮在锡液的表面上,在重力和液体表面张力的共同作用,玻璃液在锡液表面上自由展平,从而成为表面平整、厚度均匀的玻璃液带,其生产流程如图4-124所示。

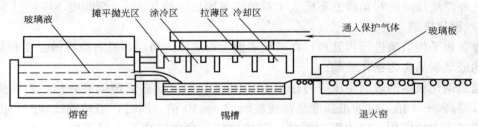

图4-124 浮法玻璃工艺示意图

浮法玻璃厚度均匀性好,纯净透明。经过锡面的光滑作用和火焰抛光作用,玻璃表面平滑整齐,平面度好,具有极好的光学性能。浮法玻璃的装饰特性是透明、明亮、纯净,室内光线明亮,视野广阔,可应用于普通建筑门、窗,是建筑天然采光的首选材料,几乎应用于一切建筑,在建筑玻璃中用量最大,也是玻璃深加工行业中的重要原片。

浮法玻璃的尺寸允许偏差、厚度允许偏差、外观质量应分别符合表4-69~表4-71规定。

尺寸允许偏差 (mm)　　　　　　　　　　　　　　　表4-69

厚度	尺寸允许偏差	
	尺寸小于3000	尺寸3000~5000
2,3,4	±2	—
5,6		±3
8,10	+2,-3	+3,-4
12,15	±3	±4
19	±5	±5

允许偏差应符合 (mm)　　　　　　　　　　　　　　表4-70

厚度	厚度允许偏差	厚度	厚度允许偏差
2,3,4,5,6	±0.12	15	±0.6
8,10	±0.3	19	±1.0
12	±0.4		

建筑级浮法玻璃外观质量　　　　　　表 4-71

缺陷种类	质量要求			
气泡	长度及个数允许范围			
	长度 L 0.5mm≤L≤1.5mm	长度 L 1.5mm<L≤3.0mm	长度 L 3.0mm<L≤5.0mm	长度 L L>5.0mm
	5.5×S 个	1.1×S 个	0.44×S 个	0
夹杂物	长度及个数允许范围			
	长度 L 0.5mm≤L≤1.0mm	长度 L 1.0mm<L≤2.0mm	长度 L 2.0mm<L≤3.0mm	长度 L L>3.0mm
	5.5×S 个	1.1×S 个	0.44×S 个	0 个
点状缺陷密集度	长度大于 1.5mm 的气泡和长度大于 1.0mm 的夹杂物；气泡与气泡、夹杂物与夹杂物或气泡与夹杂物的间距应大于 300mm			
线道	按 5.3.1 检验肉眼不应看见			
划伤	长度和宽度允许范围及条数			
	宽 0.5mm，长 60mm，3×S，条			
光学变形	入射角：2mm 40°；3mm 45°；4mm 以上 50°			
表面裂纹	按 5.3.1 检验肉眼不应看见			
断面缺陷	爆边、凹凸、缺角等不应超过玻璃板的厚度			

注：S 为以平方米为单位的玻璃板面积，保留小数点后两位。气泡、夹杂物的个数及划伤条数允许范围为各系数与 S 相乘所得的数值，应按 GB/T 8170 修约至整数。

此外浮法玻璃的对角线差不应大于对角线平均长度的 0.2%。弯曲度不应超过 0.2%。

3）钢化玻璃

对普通平板玻璃进行再处理，在玻璃表面上形成压应力层，具有高机械强度和热冲击性能的玻璃制品称为钢化玻璃。

通常钢化玻璃的表面耐压应力在 95MPa 以上，强度比普通玻璃高数倍，弯曲强度表征可以提高 3～4 倍，抗冲击强度是普通玻璃的 5～10 倍。同时，当玻璃破碎时，由于受到内部张应力的作用，应力瞬时释放，整块玻璃完全破碎成细小的颗粒，这些颗粒质量轻，不含尖锐的锐角，极大地减少了玻璃碎片对人体产生的伤害可能性。另外，钢化玻璃耐急冷急热的性能也提高了 2～3 倍，一般可以承受 150℃以上的温差，大大改善了玻璃热炸裂性能，也提高了使用安全性。

钢化玻璃一旦制成，就不能再进行任何冷加工处理，因此玻璃的成型、打孔，必须在钢化前完成，钢化前尺寸为最终产品尺寸。

钢化玻璃边长的允许偏差、厚度允许偏差、孔径的允许偏差及外观质量要求应分别符合表 4-72～表 4-75 的规定。

尺寸及其允许偏差（mm）　　表 4-72

允许偏差＼边长 玻璃厚度	L≤1000	1000<L≤2000	2000<L≤3000
4	+1 −2	±3	±4
5			
6			
8	+2 −3		
10			
12			
15	±4	±4	
19	±5	±5	±6

厚度及其允许偏差（mm）　　表 4-73

名称	厚度	厚度允许偏差
钢化玻璃	4.0	±0.3
	5.0	
	6.0	
	8.0	±0.6
	10.0	
	12.0	±0.8
	15.0	
	19.0	±1.2

孔径及允许偏差（mm） 表 4-74

公称孔径(d)	允许偏差	公称孔径(d)	允许偏差
4~50	±1.0	>100	供需双方商定
51~100	±2.0		

外观质量 表 4-75

缺陷名称	说 明	允许缺陷数 优等品	允许缺陷数 合格品
爆边	每片玻璃每米边长上允许长度不超过10mm，自玻璃边部向玻璃板表面延伸深度不超过2mm，自板面向玻璃厚度延伸深度不超过厚度三分之一的爆边	不允许	1个
划伤	宽度在0.1mm以下的轻微划伤，每平方米面积内允许存在条数	长≤50mm 4	长≤100mm 4
划伤	宽度大于0.1mm以下的轻微划伤，每平方米面积允许存在条数	宽0.1~0.5mm 长≤50mm 1	宽0.1~1mm 长≤100mm 4
夹钳印	夹钳中心与玻璃边缘的距离	玻璃厚度≤0.5mm ≤13mm	玻璃厚度>9.5mm ≤19mm
结石、裂纹、缺角	均不允许存在		
波筋(光学变形)、气泡	优等品不得低于GB 11614一等品的规定 合格品不得低于GB 4871一等品的规定		

此外平钢化玻璃的弯曲度，弓形时应不超过0.5%，波形时应不超过0.3%。

抗冲击性取6块钢化玻璃试样进行试验，试样破坏数不超过1块为合格，多于或等于3块为不合格。破坏数为2块时，再另取6块进行试验，6块必须全部不被破坏为合格。

其碎片状态性能，按照规范要求取4块钢化玻璃试样进行试验，每块试样在50mm×50mm区域内的碎片数必须超过40个，且允许有少量长条形碎片，其长度不超过75mm，其端部不是刀状，延伸至玻璃边缘的长条形碎片与边缘形成的角不大于45°。

散弹袋冲击性能按照规范要求取4块平面钢化玻璃试样进行试验，必须符合下列①或②中任意一条的规定。①玻璃破碎时，每试样的最大10块碎片质量的总和不得超过相当于试样65m² 面积的质量。②散弹袋下落高度为1200mm时，试样不破坏。

钢化玻璃的透射比由供需双方商定。

4）压花玻璃

压花玻璃又称滚花玻璃。采用压延法，在双辊压延机的辊面上雕刻有所需要的花纹，当玻璃带经过压辊时即被压延成压花玻璃。压花玻璃种类繁多，按照压花面可将其划分成单面压花玻璃和双面压花玻璃。按照颜色可将其划分为白色、黄色、蓝色、红色、橄榄色等。按照花纹图案可将其划分为植物图案，如梅花、菊花、葵花、松花、海棠、葡萄、芙蓉、竹叶等；装饰图案，如夜空、银河、条纹、布纹等。

压花玻璃透光不透明，这是由于压延法生产的压花玻璃表面凹凸不平，当光线通过产生漫射而失去透明性。由于花纹的作用，降低了透光率，一般压花玻璃的透光率在60%~70%之间。压花玻璃的装饰特性是图案、花纹繁多，颜色丰富，透光而不透视，室内光线柔和而朦胧，所以具有强烈的装饰效果，广泛应用于宾馆、办公楼、会议室、浴室、厕所等现代建筑的装修工程中，使之富丽堂皇。

压花玻璃长度和宽度尺寸允许偏差、厚度允许偏差和外观质量要求应分别符合表4-76～表4-78规定。

长度和宽度尺寸允许偏差（mm） 表4-76

厚 度	尺寸允许偏差
3	±2
4	±2
5	±2
6	±2
8	±3

厚度允许偏差（mm） 表4-77

厚 度	尺寸允许偏差
3	±0.3
4	±0.4
5	±0.4
6	±0.5
8	±0.6

外观质量要求 表4-78

缺陷类型	说明	一等品			合格品		
图案不清	目测可见	不允许					
气泡	长度范围 m	$2 \leqslant L < 5$	$5 \leqslant L < 3$	$L \geqslant 10$	$2 \leqslant L < 5$	$5 \leqslant L < 15$	$L \geqslant 15$
	允许个数	$6.0 \times S$	$3.0 \times S$	0	$9.0 \times S$	$4.0 \times S$	0
杂物	长度范围 m	$2 \leqslant L < 3$		$L \geqslant 3$	$2 \leqslant L < 3$		$L \geqslant 3$
		$1.0 \times S$		0	$2.0 \times S$		0
线条	长宽范围 m	不允许			长度 $100 \leqslant L \leqslant 200$，宽度 $W < 0.5$		
	允许条数				$3.0 \times S$		
皱纹	目测可见	不允许			边不 50mm 以内轻微的允许存在		
压痕	长度范围 m	不允许			$2 \leqslant L < 5$		$L \geqslant 5$
	允许个数				$2.0 \times S$		0
划伤	长宽范围 m	不允许			长度 $L \leqslant 60$，宽度 $W < 0.5$		
	允许条数				$3.0 \times S$		
裂纹	目测可见	不允许					

注：1. 上表中 L 表示相应缺陷的长度，W 表示其宽度，S 是以平方米为单位的玻璃板的面积，气泡、杂物、压痕和划伤的数量允许上限值是以 S 乘以相应系数所得的数值，此数值应按 GB/T 8170 修约至整数。
2. 对于 2mm 以下的气泡，在直径为 100mm 的圆内不允许超过 8 个。
3. 破坏性的杂物不允许存在。

此外，压花玻璃对角线差应小于两对角线平均长度的 0.2%。压花玻璃的弯曲度不应超过 0.3%。对有特殊要求的压花玻璃由供需双方商定。

5) 镭射玻璃

镭射（英文 Laser 的音译）玻璃是国际上十分流行的一种新型建筑装饰材料。它是以平板玻璃为基材，采用高稳定性的结构材料，经特殊工艺处理，从而构成全息光栅或其他图形的几何光栅。在同一块玻璃上可形成上百种图案。

镭射玻璃的特点在于，当它处于任何光源照射下时，都将因衍射作用而产生色彩的变化；而且，对于同一受光点或受光面而言，随着入射光角度及人的视角的不同，所产生的光的色彩及图案也将不同。五光十色的变幻给人以神奇、华贵和迷人的感受。其装饰效果是其他材料无法比拟的。

镭射玻璃大体上可分为两类：一类是以普通平板玻璃为基材制成的，主要用于墙面、窗户和顶棚等部位的装饰；另一类是以钢化玻璃为基材制成的，主要用于地面装饰。此外，还有专门用于柱面装饰的曲面镭射玻璃，专门用于大面积幕墙的夹层镭射玻璃以及镭射玻璃砖等。

镭射玻璃的技术性质十分优良。镭射钢化玻璃地砖的抗冲击、耐磨、硬度等性能均优于大理石，与花岗石相近。镭射玻璃的耐老化寿命是塑料的 10 倍以上。在正常使用情况下，其寿命大于 50 年。镭射玻璃的反射率可在 10%～90% 的范围内任意调整，因此可最大限度地满足用户的要求。

目前国内生产的镭射玻璃的最大尺寸为 1000mm×2000mm。在此范围内有多种规格的产品可供选择。

镭射玻璃常用于宾馆、饭店、电影院等文化娱乐场所以及商业空间，也适用于民用住宅的顶棚、地面、墙面及封闭阳台等的装饰。此外，还可用于制作家具、灯饰及其他装饰性物品。

6）釉面玻璃

釉面玻璃是在玻璃表面通过丝网印制一层彩色易熔性色釉，在焙烧炉中加热到色釉的熔融温度，使色釉与玻璃表面牢固地粘结在一起，经过退火或钢化等不同后处理方式制成。

玻璃基体可以采用普通平板玻璃、压延玻璃、磨光玻璃或玻璃砖等。退火釉面玻璃的力学性能与平板玻璃相同，可以切裁加工，但是钢化釉面玻璃不能进行切裁加工。

建筑用彩釉钢化玻璃分为采光型和遮蔽型两种。

采光型彩釉钢化玻璃是将釉料通过丝网印制各种镂空图案。光线透过玻璃未覆盖釉料的区域而达到采光的目的。印制的图案如印边部区域（如地铁屏蔽门）、线条、圆点。采光型彩釉钢化玻璃应用于采光天棚或幕墙窗部，不但有很好的装饰作用、采光作用，而且能减少阳光热量进入室内，减少空调负荷。

遮蔽型彩釉钢化玻璃指透光率很低或几乎不透光的彩釉钢化玻璃，主要应用于玻璃幕墙的窗间墙部位（该部位集中大量管线和建筑构件），同时又保持幕墙颜色的一致性。

釉面玻璃色彩多样，装饰性能强，同时具有耐酸、耐碱、耐磨和不吸水等特点，可以用于建筑物内外墙装饰、防腐、防污要求较高部位的装修。

7）微晶玻璃

微晶玻璃由晶相和残余玻璃相组成的质地致密、无孔、均匀的混合体。

微晶玻璃具有高机械强度、高化学稳定性、质地细密、不透气、不吸水、耐热性好、低电导率、低膨胀率、良好的机械加工性。

微晶玻璃装饰板中比较著名的是玻璃大理石和矿渣微晶玻璃。将玻璃粉末烧结成整体，然后再加热成流体，之后析晶生长，可以制出玻璃大理石，外观与大理石相似，具有与大理石相同的装饰效果，但性能优于大理石，特别适合于卫生间、大堂等建筑物的装饰，用以铺设地面，光可鉴人，用以嵌装立柱，气派非凡。

8）其他装饰玻璃

（a）冰花玻璃：冰花玻璃又叫冰裂玻璃，是表面具有冰花图案的平板玻璃，属于漫射玻璃。一般是在磨砂玻璃的表面均匀地涂布骨胶水溶液，经自然干燥或人工干燥后，胶溶液脱水收缩而均裂，从玻璃表面脱落。由于骨胶和玻璃表面之间的强大粘接力，骨胶在脱落时使一部分玻璃表层剥落，从而在玻璃表面形成不规则的冰花图案。胶液浓度越高，冰花图案越大，反之则小。

冰花玻璃具有强烈的装饰效果，集玻璃的透光性、表面图案多样性于一身，主要用于建筑物门、窗、屏风、隔断和灯具等。

(b) 泡沫玻璃：泡沫玻璃是通过将玻璃粉或其他粉状基础原料与发泡剂按一定比例混合，置于模具中，送入发泡窑，加热到发泡温度，在其内部充满无数微小开口或闭口而制成的多孔玻璃。气孔率高达80%～95%。孔径一般在0.1～5mm左右，也有小到几微米的。

根据发泡剂或基础玻璃颜色的不同，可制得各种颜色的泡沫玻璃，而且不会褪色。具有良好的装饰性，兼有吸声性。

根据气孔的种类可以划分为：闭口气孔多，热导率低，即为隔热泡沫玻璃；开口气孔多，吸声系数高，即为吸声泡沫玻璃。根据基础玻璃原料的不同，可以划分为：普通泡沫玻璃、石英泡沫玻璃、熔岩泡沫玻璃等。

泡沫玻璃具有良好的隔热、吸声、难燃、高强度等优点，可以进行锯、割、开孔、钉钉子、黏结等加工，可以用作轻质隔墙、框架结构填充墙、保温材料、剧院的吸声材料、防火材料等。泡沫玻璃作为装饰材料也逐渐多起来了，一般作为墙面贴面材料，其装饰性能具有多色性和透光性。

(c) 磨砂玻璃：将平板玻璃的一面或者双面用金刚砂、硅砂、石榴石粉等磨料对其进行机械研磨或手工研磨，制成均匀粗糙的表面，也可以用氢氟酸溶液对玻璃表面进行腐蚀加工，所得产品称为磨砂玻璃。用压缩空气将细砂喷至平板玻璃表面上进行研磨，所得产品称为喷砂玻璃。依照预先在玻璃表面设计好的图案进行加工，即可制出磨花玻璃。

因玻璃表面被处理成均匀粗糙毛面，使透入光线产生漫射，具有透光而不透视的特点，所以磨砂玻璃的装饰特性是使室内光线柔和而不刺目。

磨砂玻璃主要用于需要透光而不透明、隐秘而不受干扰的部位，如建筑物的厕所、浴室、办公室门、窗、间隔墙等，可以隔断视线，柔和光环境。磨砂玻璃也可用于室内装饰，磨花玻璃可以根据用户设计的图案进行加工，图案清晰、美观雅洁，具有强烈的艺术装饰效果。可以用来制作隔断、屏风、桌面、家具、装饰墙面等。

(d) 彩绘玻璃：带有彩绘图案的玻璃称为彩绘玻璃。彩绘玻璃的原片可以是透明玻璃，也可以是玻璃镜。彩绘玻璃的制作分为两个步骤：其一是在玻璃表面上绘制图案；其二是涂布颜色涂料，一般是手工工艺。其装饰特性是色彩艳丽、极具立体感。可用于饭店、舞厅、商场、酒吧、教堂等建筑的窗、门、顶棚、隔断及屏风等。

(e) 光致变色玻璃：在通常条件下，玻璃是透明的。对于有些玻璃，在紫外或可见光的照射下，可产生可见光区域的光吸收，使玻璃发生透光率降低或产生颜色变化，并且在停止光照后又能自动恢复到原来的透明状态，称之为光致变色玻璃。

一般说来是在普通的玻璃成分中引入光敏剂生产光致变色玻璃。常用的普通玻璃有铝硼硅酸盐玻璃、硼硅酸盐玻璃、硼酸盐玻璃、磷酸盐玻璃等，常用的光敏剂包括卤化银、卤化铜等。通常光敏剂以微晶状态均匀地分散在玻璃中，在日光照射下分解，降低玻璃的透光率。当玻璃在暗处时，光敏剂再度化合，恢复透明度。玻璃的着色和退色是可逆的、永久的。

光致变色玻璃的装饰特性是玻璃的颜色和透光率随日照强度自动变化。日照强度高，玻璃的颜色深，透光率低。反之，日照强度低，玻璃的颜色浅，透光率高。利用光致变色玻璃装饰建筑，即使室内光线柔和、色彩多变，又使建筑色彩斑斓、变幻莫测，与建筑的日照环境协调一致。一般用于建筑物门窗、幕墙等。

(2) 其他材料

玻璃密封胶常采用硅酮系列密封胶，该胶一般采用管状，使用时用特制的胶枪注入间隙中，常用的有醋酸型硅酮胶和中性硅酮密封胶。

定位垫块常用氯丁橡胶，是具有弹性的成型品。

固定定位的材料还有木压条、金属压条和不锈钢广告钉等，其中木压条和金属压条的形式可以自行设计、定制。广告钉为成型品。

6.1.2 玻璃的加工工艺

(1) 玻璃的冷加工

玻璃的冷加工是指在常温状态下，用机械的方法改变玻璃的外形和表面状态的操作过程。玻璃冷加工的常见方法有：

1) 研磨抛光

玻璃的研磨就是用硬度比玻璃大的磨料，如金刚石、刚玉、石英砂等，将玻璃表面粗糙不平的地方和玻璃成型时残留的部分磨掉，使其满足所需的形状和尺寸，从而获得平整的表面。玻璃在研磨时，首先用粗磨料进行粗磨，然后再用细磨料进行细磨和精磨，最终用抛光材料（如氧化铁、氧化铈和氧化铬等）进行抛光，从而使玻璃的表面变得光滑明亮。

2) 喷砂

喷砂是利用压缩空气通过喷嘴时形成高速气流，高速气流中夹带石英砂或金刚砂等硬粒，高速运行的颗粒冲击玻璃的表面，在玻璃表面留下一定深度的凹痕，从而使玻璃形成一层粗糙程度比较均匀的毛面层。喷砂可用来制作毛面玻璃或者在玻璃的表面形成各种光滑面和毛面相互交织的装饰图案。

3) 切割

玻璃的切割是利用玻璃的脆性和玻璃内部应力分布不均易产生裂缝的特性进行加工的。一般是在玻璃的切割部位划出一道刻痕，这样玻璃刻痕处的应力较为集中，因而此处玻璃极易折断。

玻璃裁割应根据不同的玻璃品种、厚度、外形尺寸采用不同的操作方法。

(a) 平板玻璃的裁割：对于厚度在 8mm 以下的玻璃可用玻璃刀进行裁切。具体方法是用 12mm×12mm 细木条直尺，量出裁割尺寸，再在直尺上定出所划尺寸（要考虑留空档和刀口尺寸）操作时将直尺上的小钉紧靠玻璃一端，玻璃刀紧靠直尺的另一端，一手握小钉按住玻璃边口使之不松动，另一手握刀笔直向后退划，然后扳开。若为厚玻璃，需要在裁口上刷煤油，一可防滑，二可使划口渗油，容易产生应力集中，易于裁开。裁割厚度较大的玻璃时，也可先用电热丝在所需切割的部位进行加热，然后再用水或冷空气在玻璃的受热处急冷，玻璃在此处产生了很大的局部应力，形成裂口后再进行切割。厚度更大的玻璃则用金刚石锯片或碳化硅锯片进行切割。

(b) 压花玻璃裁割：裁割压花玻璃时，压花面应向下，裁割时应认清刀口，握稳刀头，用力比裁割一般玻璃要大，速度相应要快，保证不致出现弯曲不直。

(c) 磨砂玻璃裁割：裁割磨砂玻璃时，毛面应向下，裁割方法与平板玻璃同，但向下扳时用力要大、要均匀。

4) 钻孔

玻璃表面的钻孔方法有研磨钻孔、钻床钻孔、冲击钻钻孔和超声波钻孔等，在装饰施工中研磨钻孔和钻床钻孔方法使用较多。

研磨钻孔就是用铜或黄铜棒压在玻璃上并转动，通过碳化硅等磨料和水的作用，在玻璃面形成所需要的孔洞，这种钻孔的加工孔径范围为 3～100mm。

钻床钻孔的操作方法与研磨钻孔相似，它是用碳化钨或硬质合金钻头进行钻孔，这种钻孔的速度较慢，钻孔时用松节油、水等进行冷却。

5）倒边

平板玻璃的边部是缺陷与裂纹的集中区，玻璃在裁切时由于切割工具的作用而使裁切部位存在大量的横向裂纹（与边线垂直）。在边部拉应力的作用下，这些裂纹会扩展从而造成玻璃的破坏，所以玻璃的边部一般要进行倒边研磨，以消除边部缺陷和裂纹，从而提高玻璃的强度。

玻璃的边部倒边加工按加工程度可分为粗磨、细磨和抛光三种。玻璃边部经过倒边抛光后，它的装饰性和增强效果最好，细磨的玻璃其次，粗磨的玻璃最差。

玻璃的边部倒边打磨可采用玻璃直线磨边机打磨。玻璃磨边机的加工不仅精度高，而且可加工各种形状的玻璃边线，使之具有很好的装饰性。

(2) 玻璃表面处理

在装饰工程中，玻璃表面的处理工艺有化学蚀刻、表面着色和表面镀膜等。

1）化学蚀刻

由于氢氟酸能够腐蚀玻璃，玻璃的化学蚀刻就是利用了氢氟酸这一特性。经氢氟酸腐蚀后的玻璃表面能形成一定的粗糙面和腐蚀深度，可使玻璃的表面具有一定的立体感。

玻璃化学蚀刻时，先在玻璃的表面均匀地浇注一层石蜡，然后将装饰图案部分的玻璃表面的蜡层清除掉，露出玻璃面层，再在露出的玻璃表面上根据蚀刻的深度浇注一定量的氢氟酸，最后把玻璃表面的石蜡和残余的氢氟酸等物清理干净。这样玻璃的表面就形成了具有一定立体感的图案和文字。

2）表面着色

玻璃的表面着色就是在高温状态下用含有着色离子的金属、熔盐、盐类的糊膏涂敷在玻璃的表面上，使着色离子与玻璃中的离子进行交换，使着色离子扩散到玻璃的表面中，从而使玻璃表面着色。

3）表面镀膜

表面镀膜工艺是利用各种生产方法使玻璃的表面覆盖一层性能特殊的金属薄膜。玻璃的镀膜工艺有化学法和物理法。化学法包括热喷射镀法、电浮法、浸镀法和化学还原法；物理法有真空气相沉积法和真空磁控阴极溅射法

(3) 玻璃热加工

玻璃的热加工利用了玻璃的黏度、表面张力等因素会随着玻璃温度的改变而产生相应变化的特点。玻璃的热加工方法有：

1）烧口

玻璃的烧口是用集中的高温火焰将玻璃的局部加热，依靠玻璃表面张力的作用使玻璃在接近软化点温度时变得圆滑光亮。

2）火焰切割与钻孔

玻璃的火焰切割与钻孔是用高速运动的火焰对玻璃制品进行局部集中加热，使受热处

的玻璃达到熔化流动状态，再用高速气流将玻璃制品切开。

3）火焰抛光

火焰抛光是利用高温火焰将玻璃表面存在波纹、细微裂缝等缺陷的地方进行局部加热，并使该处熔融平滑，玻璃表面的这些缺陷即可消除。

6.1.3 玻璃常用工具

（1）裁切工具

割刀是裁切玻璃用的最多的工具，常用的有金刚石割刀和轮式割刀，如图4-125（a）、（b）所示。夹钳是用来主要用于5mm以上玻璃的裁剪和扳脱玻璃边口的狭条，如图4-125（c）所示。

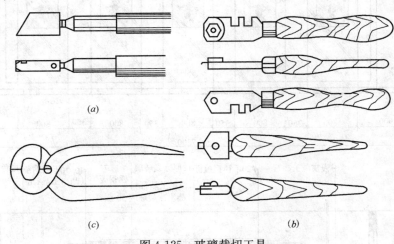

图4-125 玻璃裁切工具
（a）金刚石割刀；（b）轮式割刀；（c）夹钳

（2）安装工具

玻璃嵌缝枪是用于将密封胶挤入缝隙的工具，其形式如图4-126（a）所示。

真空吸盘是安装玻璃时，起承托作用的，有手动和机械两种，玻璃规格不大时可采用手动的，其形式如图4-126（b）所示。

其余常用的还有靠尺、卷尺、腻子刀等工具。

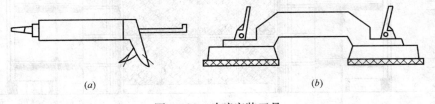

图4-126 玻璃安装工具
（a）嵌缝枪（b）玻璃吸盘

6.2 玻璃饰面构造与施工工艺

6.2.1 玻璃饰面表现形式与构造

（1）表现形式

玻璃经过各种加工后成为一种独特的富有艺术装饰效果的表现材料,将玻璃用在墙面装饰中,可以丰富室内的装饰表示形式,尤其通过与其他装饰材料配合使用,可以使室内空间变得开阔、同时做到虚实空间结合,使得空间层次感增强。用玻璃作为墙面饰面设计时可以分为大面积铺设和局部铺设两种,其表现形式分别如图4-127和图4-128所示。

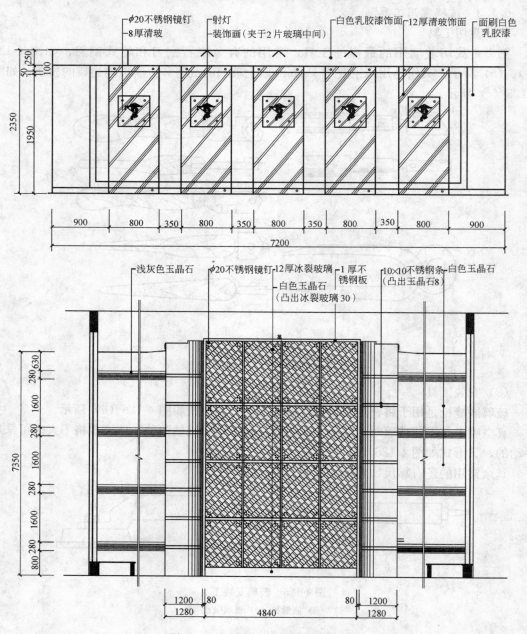

图 4-127 墙面大面积使用玻璃饰面

当大面积安装玻璃装饰墙面时,玻璃的铺设方式可以如图4-129所示,分为分块玻璃平行排列、分块玻璃棱角排列、大块玻璃和不规则玻璃排列等四种。

(2) 玻璃饰面的构造

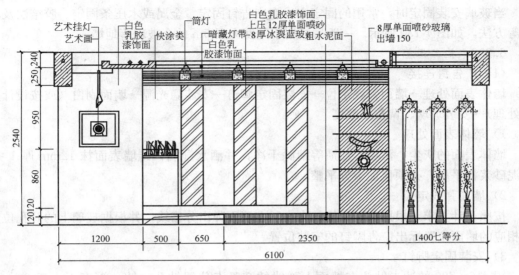

图 4-128 墙面局部使用玻璃饰面

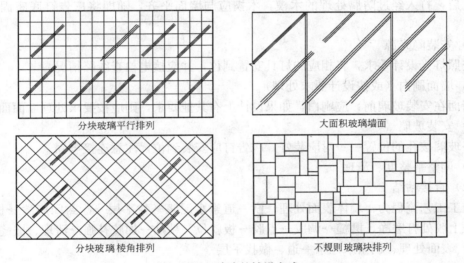

图 4-129 玻璃的铺设方式

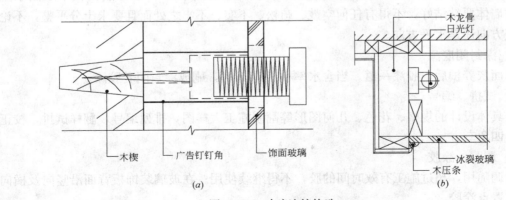

图 4-130 玻璃连接构造
(a) 广告钉连接构造；(b) 木压条固定构造

当玻璃安装固定时，常用的固定方式有广告钉固定、金属或木压条固定、胶结法及吊挂等方法，如图4-130所示。一般吊挂用于高度大于5m的全玻璃落地墙。

6.2.2　施工工艺

(1) 广告钉连接

墙体表面处理→墙面弹线定位→安装固定脚钉→安装隐光源→墙面刷白（或按设计要求处理）→安装玻璃、调整平整度。

1) 墙体表面处理

墙体表面的灰尘、污垢、油渍等清除干净，并洒水湿润，砖墙表面抹12mm厚1∶3水泥砂浆找平层，必须保证十分平整。

2) 墙面弹线定位

按照设计要求，根据玻璃分格的大小，在墙面弹出分格线，并根据玻璃上的开孔位置在相应的墙面位置标出广告脚钉的安装位置。

3) 安装固定脚钉

用$\phi16\sim\phi20$的冲击钻头在墙面上弹线的交叉点位置钻孔，钻孔深度不小于60mm，钻好孔后，打入经过防腐处理的木楔，木楔应与墙面平齐，随即将广告钉底座固定于木楔上。

4) 安装隐光源

按照灯光设计要求，将相应的灯具安置到位，并应接电检查线路情况。

5) 墙面刷白（或按设计要求处理）

墙面在安装玻璃前，应刷白，如果设计上有其他要求，则应按要求处理墙面面层。

6) 安装玻璃

将玻璃按孔的位置一一对应装好，广告钉应安装到位，注意连接牢固。

7) 调整平整度、清理

(2) 直接粘结

施工工艺流程为：墙体表面处理→刷一道素水泥浆→找平层→涂封闭底漆→板编号、试拼→上胶处打磨净、磨糙→调胶→点胶→板就位、粘贴→加胶补强→清理、嵌缝。

1) 表面处理、刷素水泥浆一道、做找平层

要求墙体砌得特别平整，刷素水泥浆时，为了粘结牢固，可以掺胶。找平层要求坚固，与墙体要粘结好，不得有任何空鼓、疏松、不实、不牢之处而且要求十分平整，不论在垂直方向还是水平方向。

2) 涂封闭底漆

罩面灰养护后，胶漆一道。当含水率小于10％时，刷或涂封闭乳胶漆。

3) 试拼、编号

按具体设计的规格、花色、几何图形等翻制施工大样图，排列编号，翻样试拼，校正尺寸，四角套方。

4) 调胶、涂胶

随调随用，超过施工有效时间的胶，不得继续使用。在玻璃装饰板背面沿竖向及横向龙骨位置点涂胶。

5) 玻璃装饰板就位、粘贴

按玻璃装饰板试拼的编号，顺序上墙就位，进行粘贴。利用玻璃装饰板背面的胶点及其他施工设备，使玻璃装饰板临时固定，然后迅速将玻璃板与相邻各板进行调平、调直。必要时可加用快干型大力胶涂于板边帮助定位。

6）加胶补强

粘贴后，对粘合点详细检查，必要时需加胶补强。

7）清理嵌缝

玻璃装饰板全部安装粘贴完毕后，将板面清理干净，板间是否留缝及留缝宽度应按具体设计办理。

（3）带骨架粘贴

墙体表面处理→抹砂浆找平层→安装贴墙龙骨→玻璃装饰板试拼、编号→上胶处打磨净、磨糙→调胶→涂胶→装饰玻璃板就位粘贴→加胶补强→清理嵌缝。

1）墙体表面处理

墙体表面的灰尘、污垢、油渍等清除干净，并洒水湿润。

2）找平层

砖墙表面抹12mm厚1∶3水泥砂浆找平层，必须保证十分平整。

3）安装贴墙龙骨

铝合金龙骨用射钉将龙骨与墙体固定。射钉间距一般为200～300mm，小段水平龙骨与竖龙骨之间应留25mm缝隙，竖龙骨顶端与顶层结构之间（如地面等）均应留缝隙。

内墙还可用木龙骨和轻钢龙骨。木龙骨或轻钢龙骨胶贴玻璃装饰板又分两种，一种是在木龙骨或轻钢龙骨上先钉一层胶合板，再将装饰板用胶粘剂贴于胶合板上。另外一种是将装饰板用胶粘剂直接贴于木龙骨或轻钢龙骨上。

墙体在钉龙骨之前，须涂5～10mm厚的防潮层一道，均匀找平，至少三遍成活，以兼做找平层之用。木龙骨应用30mm×40mm的龙骨，正面刨光，满涂防腐剂一道，防火涂料三道。

木龙骨与墙的连接，可以预埋防腐木砖，也可用射钉固定。轻钢龙骨只能用射钉固定。

如所用装饰板并非方形板或矩形板，则龙骨的布置，应另出施工详图，安装时应照具体设计的龙骨布置详图进行施工。

全部龙骨安装完结后，须进行抄平、修整。

4）其余做法与前直接粘贴相同

此外，玻璃装饰板与龙骨的固定，除采用粘贴之外，其与木龙骨的固定还可用玻璃钉锚固法，与轻钢龙骨的固定用自攻螺钉加玻璃钉锚固或采用紧固件镶钉做法。

6.2.3 质量验收与成品保护

（1）质量验收

玻璃饰面的验收应按下列项目进行：

1）玻璃板的品种、规格、颜色和性能应符合设计要求。

2）隐框玻璃及点支承玻璃应进行磨边处理，拼缝应横平竖直，均匀一致。

3）镜面玻璃表面应平整、光洁、映入景物应清晰、保真、无变形。

4）明框玻璃外框或压条应平整、顺直、无翘曲。

5）密封胶缝应横平竖直、深浅一致、宽窄均匀、光滑顺直。

6）玻璃板表面应平整、洁净；整幅玻璃应色泽一致；不得有污染和损坏。

(2) 成品保护

玻璃运输、存放保证按照要求进行，并派专人看管。玻璃安装完成后妥善保护，并在现场做好标识，以免不小心碰撞。严禁安装玻璃时其他专业施工人员交叉作业，工人施工小心操作。严格按照技术要求和相关规范执行。

6.3 玻璃栏板构造与施工工艺

玻璃栏板，又称玻璃栏河或玻璃护栏。它是用不同材质的固定结构，将大块的透明安全玻璃固定在结构设施和表面的基座上。由于大面积使用玻璃，通长透明的玻璃护栏，空间通透、简洁，使公众不会产生阻隔的感觉，其装饰效果别具一格。在公共建筑中的主楼梯、大厅、走廊、天井平台等部位得到了广泛的应用，也可用于剧院厢房、百货商场楼梯间、酒吧等场所。

常见的走廊和楼梯处玻璃栏板的装饰效果，如图4-131和图4-132所示。

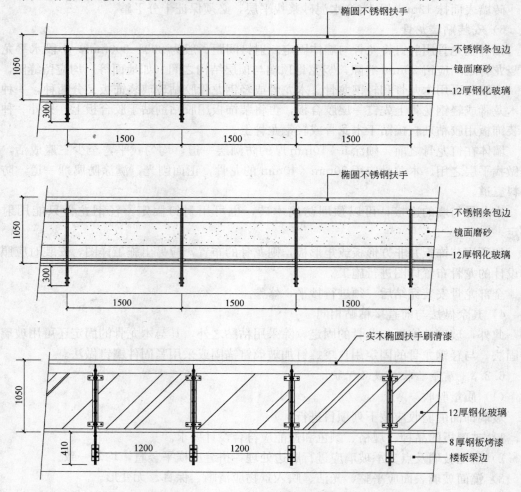

图 4-131 走廊玻璃栏板立面图

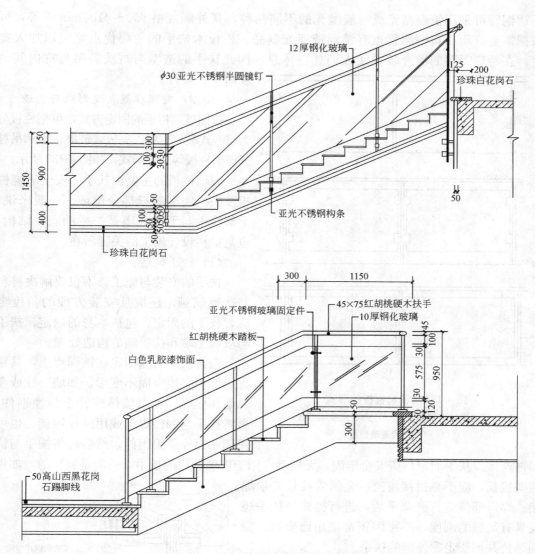

图 4-132 楼梯玻璃栏板立面图

6.3.1 玻璃栏板材料

(1) 玻璃

玻璃栏板应采用安全玻璃，因护栏多应用在人流较多的公共场所，所以玻璃在栏板构造中既是装饰构件又是受力构件，需具有防护功能及承受推、靠、挤等外力作用，还应能经受长期的高频率的使用要求。目前多使用钢化玻璃，单层钢化玻璃一般选用12mm厚的品种，因为钢化玻璃不能在施工现场进行裁割，所以应根据设计尺寸到厂家订制，须注意玻璃的排块合理，尺寸精准。楼梯玻璃栏板其单块尺寸一般采用1.5m宽；楼梯水平部位及跑马廊所用玻璃单块宽度，多为2m左右。

(2) 扶手材料

扶手是玻璃栏板的收口和稳固连接构件，其材质影响到使用功能和栏板的整体装饰效果。目前所使用的玻璃栏板扶手材料主要是不锈钢圆管、黄铜圆管及高级木料三种。

不锈钢管可采用镜面抛光或一般抛光的不同品种，其外圆规格 $\phi50\sim\phi100$mm 不等，可根据需要订购。黄铜圆管也有镜面或亚光制品。栏板木扶手的主要优点是可以加大宽度，在特殊需要的场合较方便人们凭栏休息。因此扶手的造型与材质需要与室内其他装饰一并设计。

6.3.2 玻璃栏板表现形式与构造

按照玻璃栏板的固定方式，可把栏板分为镶嵌式玻璃栏板、夹板式玻璃栏板和吊挂式玻璃栏板等三种形式，如图 4-133 所示。

玻璃栏板的主要由扶手、安全玻璃栏板及护栏底座等三部分组成。一般来说，上部扶手与下部底座是护栏的固定结构，也是护栏设计施工的关键所在。

（1）扶手构造

扶手的安装与施工，不仅要解决材料与造型问题，还应从安装方便的角度考虑，扶手的固定，包括本身的固定，扶手与玻璃上端和扶手端的构造处理。

应将扶手两端固定在锚固点上，其锚固点部位必须牢固不变形，如墙、柱或金属附加柱等。可以墙体或柱上预埋钢件，再将扶手与钢件焊牢或用螺栓连接。也可用膨胀螺栓锚固钢件，然后再将扶手与锚

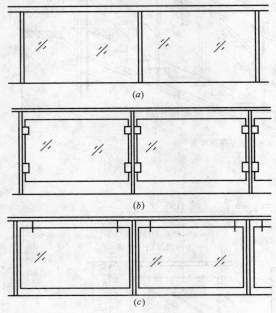

图 4-133 玻璃栏板的形式
（a）镶嵌式玻璃栏板；（b）夹板式玻璃栏板；
（c）吊挂式玻璃栏板

固件连接。扶手固定均应安全牢固，无松动。用于玻璃护栏的扶手，一般是通长的，如果需要接长，应不显拼接痕迹。金属管接长必须焊接。焊口部位应打磨修平后，进行抛光。扶手还应具有足够的刚度，不可因正常使用而变形。特别是公共场所走廊外侧的扶手。

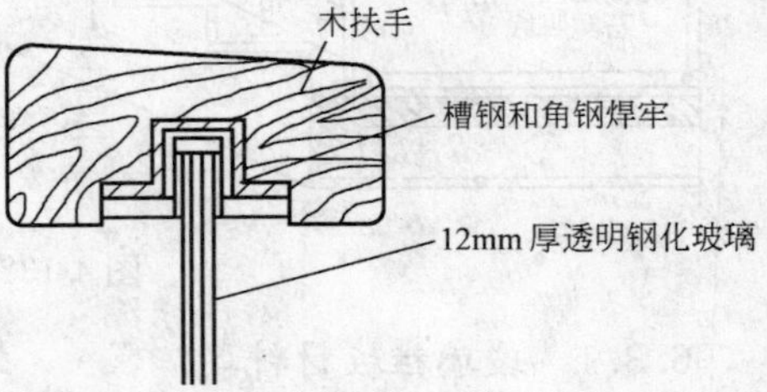

木扶手与玻璃栏板的构造如图 4-134 所示。

如果选用不锈钢、铜管一类作扶手，为降低费用，管壁不可能做得太厚。为了保证扶手刚度及安装玻璃栏板的需要，常在圆管内部，加设型钢，型钢与外表圆管焊成整体，如图 4-135 所示。金属圆管扶手，有的在成型时，即将镶嵌玻璃的凹槽一次加工成型。这便减少了现场的焊接工作量。

图 4-134 木扶手连接构造

（2）栏板构造

对于夹板式玻璃栏板与立柱的连接应通过专用的玻璃驳接件或通过玻璃上开孔用螺栓与外夹钢板连接牢固，如图 4-136 所示。

玻璃块之间，宜留出 8mm 的间隙。玻璃与其他材料相交部位，宜留出 8mm 间隙，以注入硅酮系列密封胶。密封胶的色彩应同玻璃色彩，以保持整个立面色调一致。玻璃与金属扶手，金属立柱相交处，所用的硅酮密封胶应为非醋酸型硅酮密封胶，以防其对金属的腐蚀。

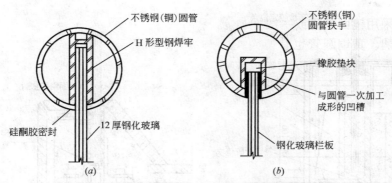

图 4-135 金属圆管扶手与玻璃栏板连接构造

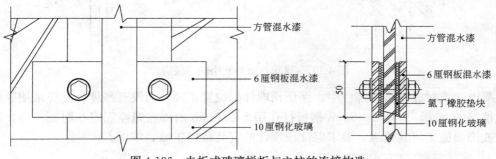

图 4-136 夹板式玻璃栏板与立柱的连接构造

（3）底座构造

玻璃护栏的底座，一是为解决立柱固定，更主要的是解决玻璃固定，和踢脚部位的饰面处理。其常用的构造做法如图 4-137（a）所示，在底座里，一侧用角钢，另一侧用一块同角钢长度相等的 6mm 钢板，然后在钢板钻两个孔，再套丝。在安装玻璃时，玻璃与钢板之间填上氯丁橡胶板，拧紧螺钉将玻璃固定，玻璃的下面，用氯丁橡胶块垫起，玻璃不能直接搁置在角钢上。另一种固定方法如图 4-137（b）所示，采用角钢焊成的连接钢件，考虑到玻璃的厚度。在两条角钢之间，留出适当的间隙。再加上每侧 3.5mm 的填缝间距。如果护栏是全玻璃无框结构，玻璃的厚度应在 12mm 以上，固定玻璃的钢件高度应大于 100mm，钢件的布置中距不宜大于 450mm，玻璃应垫起，切勿直接落在金属板上。玻璃两侧的间隙，用氯丁橡胶块夹紧，上面注入硅酮密封胶。踢脚板饰面处理包括材料、色彩、规格应按室内设计要求进行施工。

6.3.3 施工工艺

(1) 工艺流程

放线定位→安装预埋件→焊接钢骨架→安装栏板扶手→安装玻璃→清理成品保护。

(2) 施工过程

1) 放线定位

在结构施工过程中，按照设计确定的尺寸位置放线确定预埋件的位置，以便于预埋件的安装。如果没有提前做预埋件时应在结构面上放线定位出固定件的位置。

2) 预埋件安装

预埋件一般为 5~8mm 的钢板一面焊接 $\phi 6 \sim \phi 8$mm 的钢筋弯勾长度不小于 100mm，

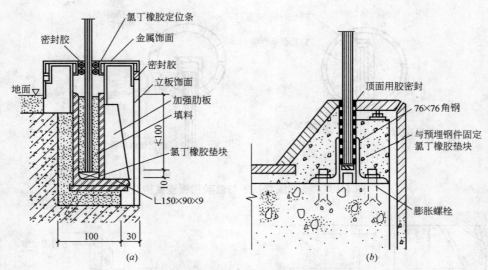

图 4-137 玻璃栏板与底座的连接构造

在混凝土浇筑时放在指定部位中，保证预埋件的位置正确。当没有预埋件时应采用膨胀螺栓或植筋的办法，应用5～8mm钢板打孔用8～10mm的膨胀螺栓固定在混凝土内，地面找平或饰面施工将其掩盖。要求保证预埋件的安装位置正确、牢固。

3）焊接骨架

用于栏板的骨架一般采用角钢、槽钢、扁钢等材料，角钢采用127m×76mm×10mm的角钢，100×80mm的槽钢，6mm厚的钢板。按照设计和构造要求将各部位的骨架焊接牢固，焊接时开始应固定几个点后进行满焊，否则将钢板等变形不利于安装玻璃。焊接完成后应在焊接部位刷上防锈漆，做完隐蔽工程检查记录。

4）安装扶手

安装扶手主要解决扶手本身的固定和扶手与玻璃上端的固定构造处理。扶手按照材质不同分为不锈钢管、木材等做成的，安装时应采用不同的连接方法。扶手两端是固定在锚固点上，锚固点应在不发生变形的牢固的部位，如墙、柱或金属附加柱等。对于墙柱上可以预先在主体结构上预埋钢件，然后将扶手与钢件焊牢或螺钉连接牢固。当扶手采用金属材料时，在接长处需要焊接，焊口部位打磨修补平后，再进行抛光，保证具有相当的刚度，不可因接长使用而发生变形。在不锈钢或黄铜圆管扶手内加设型钢，既可提高扶手的刚度，又便于玻璃栏板的安装。当采用木质材料时可以采用扁钢焊接成槽后与骨架和扶手连接，先与结构的钢骨架连接，而后用自攻螺钉与木扶手连接。

5）安装玻璃

玻璃安装主要解决玻璃固定，玻璃固定可按前面构造部分介绍的方法连接。不管采用哪种连接方式都要保证玻璃的安全性，即固定牢固，且凡是玻璃与钢板等接触的地方均采用氯丁橡胶垫垫起，并用硅酮密封胶封闭。

6）清理验收

当玻璃安装完成后，将玻璃上的灰尘、胶印等清理干净，并在玻璃上做标示。

6.3.4 质量验收与成品保护

（1）质量验收

按照《建筑装饰装修工程质量验收规范》GB 50210—2001 要求，玻璃栏板工程验收时按下列项目进行检验，并做好相应的记录。

1) 主控项目

（a）护栏和扶手制作与安装所使用材料的材质、规格、数量和木材、塑料的燃烧性能等级应符合设计要求。

检验方法：观察；检查产品合格证书、进场验收记录和性能检测报告。

（b）护栏和扶手的造型、尺寸及安装位置应符合设计要求。

检验方法：观察；尺量检查；检查进场验收记录。

（c）护栏和扶手安装预埋件的数量、规格、位置以及护栏与预埋件的连接节点应符合设计要求。

检验方法：检查隐蔽工程验收记录和施工记录。

（d）护栏高度、栏杆间距、安装位置必须符合设计要求。护栏安装必须牢固。

检验方法：观察；尺量检查；手扳检查。

（e）护栏玻璃应使用公称厚度不小于 12mm 的钢化玻璃或钢化夹层玻璃。当护栏一侧距楼地面高度为 5m 及以上时，应使用钢化夹层玻璃。

检验方法：观察；尺量检查；检查产品合格证书和进场验收记录。

2) 一般项目

护栏和扶手转角弧度应符合设计要求，接缝应严密，表面应光滑，色泽应一致，不得有裂缝、翘曲及损坏。

检验方法：观察；手摸检查。

3) 护栏和扶手安装的允许偏差和检验方法应符合表 4-79 的规定。

护栏和扶手安装的允许偏差和检验方法　　　　　　表 4-79

项次	项目	允许偏差(mm)	检 验 方 法
1	护栏垂直度	3	用 1m 垂直检测尺检查
2	栏杆间距	3	用钢直尺检查
3	扶手直线度	4	拉通线用钢直尺检查
4	扶手高度	3	用钢直尺检查

（2）成品保护

安装好的玻璃护栏应在玻璃表面涂刷醒目的图案或警示标识，以免因不注意而碰、撞到玻璃护栏。装好的木扶手应用泡沫塑料等柔软物包好、裹严，防止破坏、划伤表面。禁止以玻璃护栏及扶手作为支架，不允许攀登玻璃护栏及扶手。

（3）安全措施

安装前应设置简易防护栏杆，防止施工时意外摔伤。安装时应注意下面楼层的人员，适当时将梯井封好，免坠物砸伤下面的作业人员。

课题 7　玻璃幕墙构造与施工

随着科学的进步，外墙装饰材料和施工技术也在突飞猛进的发展，产生了玻璃幕墙、石材幕墙、金属饰面板幕墙等一大批新型外墙装饰形式，而且越来越向着环保、节能、智能化方向发展，使我们的建筑显出现代化的气息。

玻璃幕墙是由金属构件与玻璃板组成的悬挂在主体结构上，不承担结构荷载的将防风、遮雨、保温、隔热、防噪声、防空气渗透等使用功能与建筑装饰功能有机融合为一体的建筑外围护结构，也是当代建筑经常使用的一种装饰性很强的外墙饰面。

7.1 玻璃幕墙基本知识

7.1.1 玻璃幕墙的分类

玻璃幕墙有型钢框架、铝合金框架、彩色镀锌钢板型材框架等形式。型钢及彩板型材骨架需与铝合金框架配合、镶装玻璃而组成玻璃幕墙。应用最普遍的是铝合金型材框格式玻璃幕墙。

（1）按组合形式和构造方式分类

玻璃幕墙按其组合形式和构造方式的不同可分为有框玻璃幕墙和无框全玻璃幕墙。而有框玻璃幕墙又分为明框式玻璃幕墙、半隐框式玻璃幕墙和隐框式玻璃幕墙三种。无框全玻璃幕墙分全玻璃幕墙和点支承玻璃幕墙等。如图 4-138、图 4-139、图 4-140 所示。

将玻璃面板通过铝合金框架固定在建筑物外墙面上的玻璃幕墙称为有框式玻璃幕墙。

由玻璃板和玻璃肋制作的玻璃幕墙称为无框式玻璃幕墙。

（2）按幕墙的安装形式分类

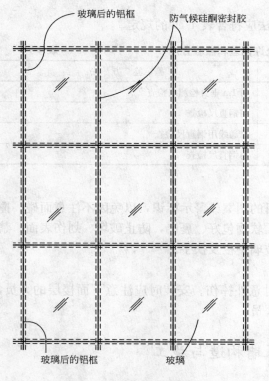

图 4-138 全隐框玻璃幕墙

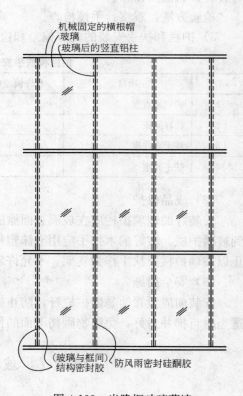

图 4-139 半隐框玻璃幕墙

幕墙按安装形式可分为散装幕墙、单元式幕墙、半单元式幕墙。

1）元件式幕墙：元件式幕墙又称散装幕墙，是用一根根元件（立梃、横档）安装在建筑物主框架上形成框格体系，再镶嵌玻璃，最终组装成幕墙。其优点是运输方便，运输费用低，缺点是要在现场逐件安装，安装周期相对较长。

2）单元式幕墙：幕墙是在工厂中预制并拼装成单元组件，运到工地后，以单元的形式连接组合成幕墙。

3）半单元式幕墙：半单元式幕墙又称元件单元式幕墙，这种幕墙综合了以上两种幕墙的特点，在现场安装立梃，把在工厂组装好的组件安装到立梃上。

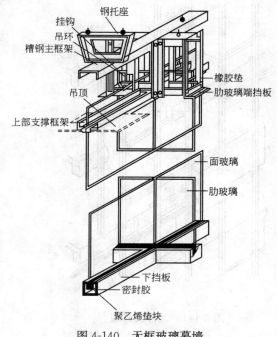

图4-140 无框玻璃幕墙

7.1.2 玻璃幕墙的构造组成

（1）框式玻璃幕墙

玻璃幕墙一般由结构框架、填衬材料和幕墙玻璃所组成。

1）明框式玻璃幕墙

明框式玻璃幕墙框架结构外露，立面造型主要由外露的横竖骨架决定，依据其施工方法的不同又可分为元件式和单元式两种。

（a）元件式幕墙如图4-141所示，幕墙用一根根元件（立梃、横档）安装在建筑物主框架上形成框格体系，再镶嵌玻璃，组装成幕墙。对以竖向受力为主的框格，先将立梃固定在建筑物每层的楼板（梁）上，再将横档固定在立梃上；对以横向受力为主的框格，则先安装横档，立梃固定在横档上，再镶嵌玻璃。所有工作均在施工现场完成。

（b）单元式幕墙如图4-142所示，幕墙在工厂中预制并拼装成单元组件。这种单元组件一般为一个楼层高度，也可以2～3层楼高，一个单元组件就是一个受力单元。安装时将单元组件固定在楼层楼板（梁）上，组件的竖边对扣连接，下一层组件的顶部与上一层组件的底部横框对齐连接。这种形式的幕墙安装周期短，能使建筑物很快封闭，但要求制造厂有较大的装配车间，运输体积大、运费高，要求工厂制作质量高，对建筑物的尺寸偏差要求严格，因而要注意安装程序，否则到最后阶段封闭困难。

① 单元式玻璃幕墙构造

单元式玻璃幕墙是由一个个幕墙单元组合而成的整幅幕墙。一个单元的高度至少是一个楼层高度，以便将其固定在楼层楼板（梁）上，并以楼层楼板（梁）为支点。单元式玻璃幕墙和元件式玻璃幕墙的不同之处在于两个单元间的连接方式不同。元件式玻璃幕墙相邻两框格使用一根共用杆件，这根杆件两侧有镶嵌槽，将玻璃装配在镶嵌槽中形成幕墙；而单元式玻璃幕墙每一个单元组件是用独立的杆件制成框格并形成单元组件，两个单元之间没有共用杆件，而是将相邻组件连接部分设计成插接组合，如图4-143所示。

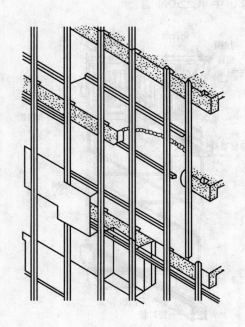

图 4-141 元件式幕墙

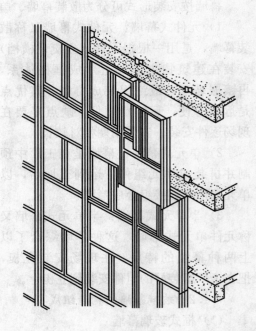

图 4-142 单元式幕墙

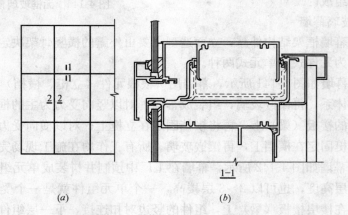

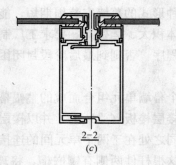

图 4-143 单元式玻璃幕墙构造
(a) 组合示意图；(b) 两单元组横向连接构造；(c) 两单元组竖向连接构造

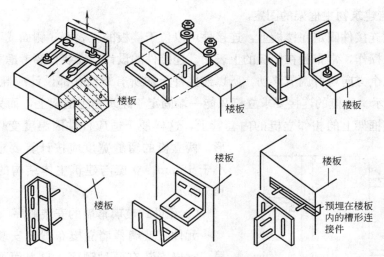

图 4-144　玻璃幕墙连接件示意

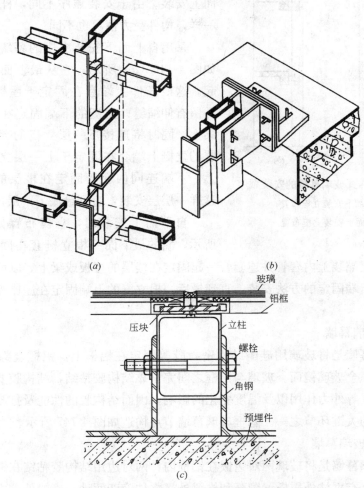

图 4-145　立梃与建筑主体结构的固定
(a) 竖框与横梁的连接；(b) 竖框与楼板的连接；(c) 节点连接

② 立梃与建筑物主框架的固定。

立梃通过连接件固定在楼板上,连接件可以位于楼板的上表面、侧面或下表面。一般为了便于施工操作,常布置在楼板的上表面。连接件的设计与安装,要考虑立梃能在上下左右、前后三个方向均可调节移动,所以连接件上的所有螺栓孔都设计成椭圆形的长孔,如图 4-144 所示。立梃的连接要求立梃只能一端固定于建筑物主框架上,而另一端套在固定于建筑物主框架上的相邻立梃的内套管上,这样便于适应杆件因温度变化而产生的变形。两立梃的留缝宽度应按计算要求确定,且不小于 15mm。立梃与建筑主体结构的固定如图 4-145 所示。

③ 元件式玻璃幕墙的安装顺序

元件式玻璃幕墙立梃布置随安装次序不同而异。立梃安装有两种顺序:自上而下安装和自下而上安装。由于安装顺序不同,杆件接头位置不一样,构件受力情况也不同。

采用自上而下安装次序的幕墙,其立梃布置如图 4-146(a)所示,它从最上面一根杆件安装起。这根杆件上端套在固定于屋檐下的套管上,并留有伸缩缝;立梃的下端固定在楼层的楼板或梁上,同时将连接下一层立梃的套管固定,下一层的立梃上端套在固定于上一层立梃内的内套管上,下端连同内套管固定在楼层的楼板或梁上,这样一层层安装,直到最底下一层。

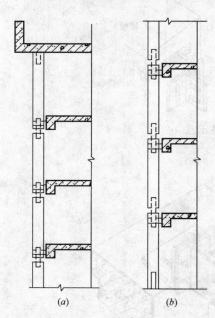

图 4-146 元件式玻璃幕墙的安装顺序
(a) 自上而下安装立梃布置;
(b) 自下而上安装立梃布置

自下而上安装时,立梃布置如图 4-146(b)所示,它的最下面一根立梃套在固定于地面或楼板的套管上,上端装上内套管并连套管一起固定在楼层的楼板或梁上。以后每根立梃依次采用下端套、上端固定的方法安装,直到最后一根立梃的上端固定在屋檐板内(梁)或女儿墙上。

2) 隐框玻璃幕墙

隐框玻璃幕墙是将玻璃用硅酮结构密封胶等固定在铝框上,铝框全部隐蔽在玻璃后面,形成大面积全玻璃镜面。玻璃与铝框之间完全靠结构胶粘结,结构胶要承受玻璃自重和风荷载、地震等外力作用以及温度变化的影响,因而结构胶的性能及打胶质量是隐框玻璃幕墙安全性的关键环节之一。隐框玻璃幕墙节点构造如图 4-147 所示。

3) 半隐框玻璃幕墙

半隐框玻璃幕墙是将玻璃两对边嵌在铝框内,两对边用结构胶粘结在铝框上,形成半隐框玻璃幕墙。有立柱外露横梁隐蔽和横梁外露立柱隐蔽两种,横梁外露立柱隐蔽构造如图 4-148 所示。

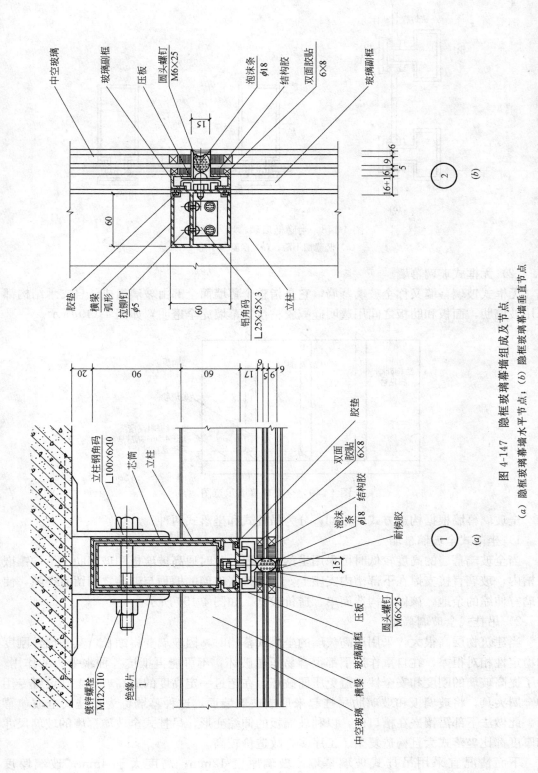

图 4-147 隐框玻璃幕墙组成及节点
(a) 隐框玻璃幕墙水平节点；(b) 隐框玻璃幕墙垂直节点

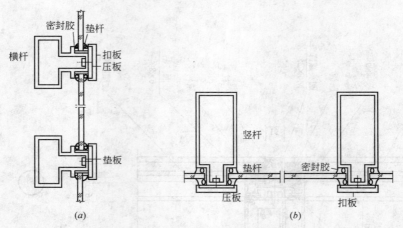

图 4-148 半隐框玻璃幕墙示意图
(a) 竖隐横不隐；(b) 横隐竖不隐

(2) 无框式玻璃幕墙

无框式玻璃幕墙又称全玻璃幕墙，它是指整个幕墙面全部由玻璃组成，且支承结构都采用玻璃肋，面板和肋板之间用透明硅酮胶粘接，幕墙完全透明，如图 4-149 所示。

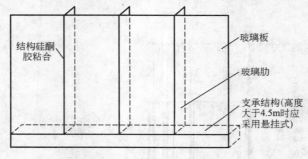

图 4-149 全玻璃幕墙示意图

全玻璃幕墙根据构造方式的不同，分为吊挂式和坐落式两种。

1) 坐落式全玻璃幕墙

当全玻璃幕墙的高度较低时可采用坐落式安装，此时通高玻璃板和玻璃肋上下均镶嵌在槽内，玻璃直接支撑在下部槽内支座上，上部镶嵌玻璃的槽顶与玻璃之间留有空隙，使玻璃有伸缩的余地。该做法构造简单、造价较低。如图 4-150 所示。

2) 吊挂式全玻璃幕墙

当建筑物层高很大，采用通高玻璃的坐落式幕墙时，因玻璃变得细长，其平面外刚度和稳定性相对很差，在自重作用下都很容易压屈破坏，不可能再抵抗各种水平力的作用。为了提高玻璃的刚度和安全性，避免压屈破坏，在超过一定高度的通高玻璃上部设置专用的金属夹具，将玻璃板和玻璃肋吊挂起来形成玻璃墙面，这种幕墙称为吊挂式全玻璃幕墙。此做法下部需镶嵌在槽口内，以利玻璃板的伸缩变形，吊挂式全玻璃幕墙的玻璃尺寸和厚度都比坐落式大且构造复杂、工序多，故造价较高。

下面情况宜采用吊挂式玻璃幕墙：玻璃厚度 12mm；高度大于 4mm；玻璃厚度 15mm，高度大于 5mm；玻璃厚度 19mm，高度大于 6mm。

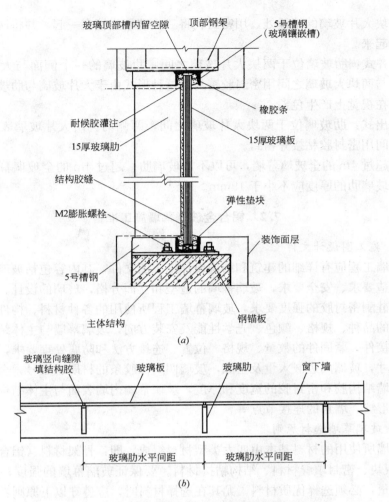

图 4-150 坐落式全玻璃幕墙构造示意图
(a) 剖面构造图示；(b) 平面示意图

全玻璃幕墙所使用的玻璃，多为钢化玻璃和夹层钢化玻璃。但玻璃无论钢化与否，边缘都应磨边处理。

为了减小玻璃的厚度和增强玻璃墙面的刚度，一般每隔一定的距离用条形玻璃作为加劲肋，固定在楼层楼板（梁）上，作为大片玻璃的支点。这种条形玻璃称为肋玻璃。肋玻璃的布置方式有后置式、骑缝式、平齐式、突出式四种，如图 4-151 所示。

（a）后置式：肋玻璃置于大片玻璃的后部，用密封胶与大片玻璃粘结成一个整体。

（b）骑缝式：肋玻璃位于大片玻

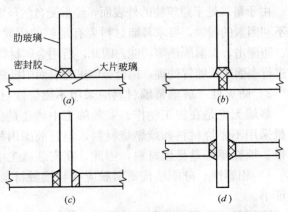

图 4-151 肋玻璃与大片玻璃的支承形式
(a) 后置式；(b) 骑缝式；(c) 平齐式；(d) 突出式

璃后部的两块大片玻璃的接缝处，用密封胶将三块玻璃连接在一起，并将两块大玻璃之间的缝隙密封起来。

（c）平齐式：肋玻璃位于两块大片玻璃之间，肋玻璃的一个侧面与大片玻璃表面平齐，肋玻璃与两块大玻璃之间用密封胶密封。这种形式由于大片玻璃与肋玻璃侧面透光度不一样，会在视觉上产生色差。

（d）突出式：肋玻璃位于两块大片玻璃之间，两侧均突出大片玻璃表面，肋玻璃与大片玻璃之间用密封胶粘接并密封。

高度不超过4m的全玻璃幕墙，可以不加玻璃肋；超过4m的全玻璃幕墙，应用玻璃肋来加强，玻璃肋的厚度应不小于19mm。

7.2 铝合金玻璃幕墙施工准备

7.2.1 施工图设计文件

玻璃幕墙工程应有详细的建筑和结构设计施工图文件，其内容包括玻璃幕墙的性能要求、建筑构造要求、安全要求，玻璃幕墙的造型和立面分格，玻璃的设计、横梁和立柱的设计、结构硅酮密封胶的强度要求，玻璃幕墙工程所使用的各种材料、构件和组件的质量要求，玻璃的品种、规格、颜色、光学性能及安装方向，玻璃幕墙与主体结构连接的各种预埋件、连接件、紧固件的数量、规格、位置、连接方法和防腐处理要求，玻璃槽口与玻璃的配合尺寸，玻璃两边嵌入量及空隙，玻璃四周橡胶条的材质、型号，全玻璃幕墙吊夹具，玻璃幕墙结构胶和密封胶的宽度和厚度，玻璃幕墙内墙表面与主体结构之间的连接节点、各种变形缝、墙角的连接节点等。

7.2.2 玻璃幕墙选材原则

玻璃幕墙所使用的材料基本由四大类型材料组成。即：骨架材料（铝合金型材及钢型材）、玻璃板块、密封填缝材料、结构粘接材料。要保证玻璃幕墙的强度、刚度和稳定性以及工程质量，必须选择优质材料。尤其在选择材料时，应遵守以下原则：

1）玻璃幕墙材料应符合国家现行产品标准的有关规定及设计要求。尚无相应标准的材料应符合设计要求，并应有出厂合格证和性能检测报告。

2）耐候性：玻璃幕墙材料应选用耐气候性的材料，并进行表面防腐蚀处理。

由于幕墙处于建筑物的外表面，经常受自然环境不利因素的影响，如：日晒、雨淋、风沙等不利因素的侵蚀，要求幕墙材料要有足够的耐候性和耐久性，要具备防风雨、防日晒、防盗、防撞击、保温隔热等功能。因此，所用金属材料和零附件除不锈钢和轻金属材料外，钢材应进行表面热浸镀锌处理，铝合金应进行表面阳极氧化处理。以保证幕墙的耐久性和安全性。

3）防火性：玻璃幕墙材料应采用不燃烧性材料或难燃烧性材料。

幕墙无论是在加工制作、安装施工中，还是交付使用后的防火都十分重要。因此，应尽量采用不燃烧材料和难燃烧材料，但目前国内外都有少量材料仍是不防火的，如：双面胶带、填充棒等是易燃材料，因此，在安装施工中应倍加注意，并要有防火措施。

4）相容性：硅酮结构密封胶应有与接触材料相容性试验报告，并应有保险年限的质量证书。

隐框和半隐框玻璃幕墙使用的硅酮结构密封胶，必须有性能和与接触材料相容性试验合格报告，接触材料包括铝合金型材、玻璃、双面胶带和耐候硅酮密封胶。所谓相容性是指硅酮结构密封胶与这些材料接触时，只起粘结作用，不发生影响粘结性能的任何化学变化。目前，因国内生产的硅酮结构密封胶质量还不稳定，数量也有限，这方面的试验工作也刚刚开展，硅酮结构密封胶大多是依赖进口。无论进口还是国产的硅酮结构密封胶，都必须持有国家认定证书和标牌，并经过国家商检局商检通过，方可使用。硅酮结构密封胶供应商，在提供产品的同时必须出具产品质量保险年限的质量证书，安装施工单位在竣工时提交质量保证书，一方面可加强硅酮结构密封胶的生产者和隐框幕墙制作者、安装施工者的质量意识，保证产品和安装施工的质量，如在保险期间内出了质量问题，也可据此确定赔偿。另一方面，半隐框和隐框幕墙在竣工后的前几年，应经常检查，以便及时发现问题。

7.2.3 材料质量及技术要求

（1）骨架材料

1）铝合金型材

铝合金框架多系经特殊挤压成型的幕墙型材，也可以采用型钢、不锈钢、青铜等材料制作，其截面有空腹和实腹两种。框材的规格按受力大小和有关设计要求而定。铝合金框材为主要受力构件时，其截面宽度为 40～70mm，截面高度为 100～210mm，壁厚为 3～5mm；框材为次要受力构件时，其截面宽度为 40～60mm，截面高度为 40～150mm，壁厚 1～3mm。其他应满足以下质量要求：

（a）铝合金型材有普通级、高精级和超高精级之分，玻璃幕墙采用的铝合金型材应符合现行国家标准《铝合金建筑型材》GB/T 5237 中规定的高精级和《铝及铝合金阳极氧化—阳极氧化膜的总规范》GB 8013 的规定。同时，其化学成分应符合现行国家《铝及铝合金加工产品的化学成分》GB/T 3190 的规定。

（b）铝合金型材采用阳极氧化、电泳涂漆、粉末喷涂、氟碳漆喷涂进行表面处理时，应符合国家标准 GB/T 5237—93《铝合金建筑型材》规定的质量要求，表面处理应满足表 4-80 的要求。

铝合金型材表面处理层的厚度 表 4-80

表面处理方法		膜厚级别 （涂层种类）	厚度 $t(\mu m)$	
			平均膜厚	局部膜厚
阳极氧化		不低于 AA15	$t \geqslant 15$	$t \geqslant 12$
电泳涂漆	阳极氧化膜	B	$t \geqslant 10$	$t \geqslant 8$
	漆膜	B	—	$t \geqslant 7$
	复合膜	B	—	$t \geqslant 16$
粉末喷涂		—	—	$40 \leqslant t \leqslant 120$
氟碳喷涂		—	$t \geqslant 40$	$t \geqslant 34$

（c）与玻璃幕墙配套用的铝合金门窗应符合现行国家标准的有关规定。

2）型钢钢材

（a）玻璃幕墙采用的钢材应符合下列现行国家标准的规定：《碳素结构钢》GB 700、《优质碳素结构钢技术条件》GB 699、《合金结构钢技术条件》GB 3077、《低合金高强度结构钢》GB 1597、《碳素结构钢和低合金结构钢热轧薄钢板及钢带》GB 912、《碳素结构钢和低合金结构钢热轧厚钢板及钢带》GB 3274。

（b）采用钢绞线作点支承玻璃幕墙拉杆时，钢绞线应进行镀锌处理；钢管应为无缝钢管并应镀锌。

3) 不锈钢材料

玻璃幕墙采用的不锈钢材应符合下列现行国家标准的规定:《不锈钢棒》GB 1220、《不锈钢冷加工钢棒》GB 4226、《不锈钢冷轧钢板》GB 3280、《不锈钢热轧钢板》GB 4237、《冷顶锻不锈钢丝》GB 42320。

(2) 玻璃

用于玻璃幕墙的单块玻璃厚度一般不小于 6mm 厚。玻璃材料的品种主要采用热反射浮法镀膜玻璃(镜面玻璃),中空玻璃、钢化玻璃、夹层玻璃、夹丝玻璃、吸热玻璃等,也用得比较多。

1) 一般规定

(a) 玻璃幕墙采用玻璃的外观质量和性能应符合国家现行标准的有关规定。

(b) 所有幕墙玻璃应进行边缘处理。玻璃在裁割时,玻璃的被切割部位会产生很多大小不等的锯齿边缘,从而引起边缘应力分布不均,玻璃在运输、安装过程中以及安装完成后,由于受各种力的影响,容易产生应力集中,导致玻璃破碎;另一方面半隐框幕墙的两个玻璃边缘和隐框幕墙的四个玻璃边缘都是显露在外表面,如不进行倒棱、倒角处理,还会直接影响幕墙的美观整齐。因此,玻璃裁割后必须倒棱、倒角,钢化和半钢化玻璃必须在钢化和半钢化处理前进行倒棱、倒角处理。

(c) 玻璃厚度允许偏差应符合表 4-81 的规定。

单片玻璃边长允许偏差应符合表 4-82 的规定。

钢化、半钢化玻璃外观质量应符合表 4-83 的规定,表面应力应符合表 4-84 规定。

玻璃厚度允许偏差 (mm) 表 4-81

玻璃厚度	允许偏差		
	单片玻璃	中空玻璃	夹层玻璃
5	±0.2	$\delta<17$ 时±1.0 $\delta=17\sim22$ 时±1.5 $\delta>22$ 时±2.0	厚度偏差不大于玻璃原片允许偏差和中间层允许偏差之和。中间层总厚度小于 2mm 时,允许偏差±0.0mm;中间层总厚度大于或等于 2mm 时,允许偏差±0.2mm
6	±0.2		
8	±0.3		
10	±0.3		
12	±0.4		
15	±0.6		
19	±1.0		

注:δ 是中空玻璃的公称厚度,表示两片玻璃厚度与间隔框厚度之和。

单片玻璃边长允许偏差 (mm) 表 4-82

玻璃厚度	允许偏差		
	$L\leqslant1000$	$1000<L\leqslant2000$	$2000<L\leqslant3000$
5,6	±1	+1,-2	+1,-3
8,10,12	+1,-2	+1,-3	+2,-4

钢化、半钢化玻璃外观质量 表 4-83

缺陷名称	检验要求
爆边	不允许存在
划伤	每平方米允许 6 条 $a\leqslant100mm,b\leqslant0.1mm$ 每平方米允许 3 条 $a\leqslant100mm,0.1mm<b\leqslant0.5mm$
裂纹、缺角	不允许存在

注:a—玻璃划伤长度;b—玻璃划伤宽度。

钢化、半钢化玻璃表面应力 (MPa)　　　　表 4-84

钢 化 玻 璃	半 钢 化 玻 璃
$\sigma \geqslant 95$	$24 < \sigma \leqslant 69$

2) 热反射镀膜玻璃

热反射镀膜玻璃也称为阳光控制镀膜玻璃，是指具有反射太阳能作用的镀膜玻璃。一般是通过在玻璃表面镀覆金属或金属氧化物薄膜，以达到大量反射太阳辐射热和光的目的。热反射镀膜玻璃具有良好的遮光性能和隔热性能。

热反射镀膜玻璃是典型的半透明玻璃，具有单向透视特性。通常单面镀膜的热反射镀膜玻璃迎光的一面具有镜子特性，背面则可以透视。当膜层安装在室内一侧时，白天室外看不见室内，晚上则是室内看不见室外。

当玻璃幕墙采用热反射镀膜玻璃时，应采用真空磁控阴极溅射镀膜玻璃或在线热喷涂镀膜玻璃。用于热反射镀膜玻璃的浮法玻璃的外观质量和技术指标，应符合现行国家标准《浮法玻璃》GB 11614 中的优等品或一等品规定。热反射镀膜玻璃尺寸的允许偏差应符合表 4-85 的规定。

热反射镀膜玻璃尺寸的允许偏差 (mm)　　　　表 4-85

玻 璃 厚 度	玻璃尺寸及允许偏差	
	$<2000 \times 2000$	$\geqslant 2440 \times 3300$
4、5、6	±3	±4
8、10、12	±4	±5

(a) 热反射镀膜玻璃的光学性能应符合设计要求。
(b) 热反射镀膜玻璃的外观质量应符合表 4-86 的规定。

热反射镀膜玻璃的外观质量要求　　　　表 4-86

项目	外观质量	优等品	一等品	合格品
针眼	直径≤1.2mm	不允许集中	集中的每平方米允许2处	
	1.2mm<直径≤1.6mm 每平方米允许处数	中部不允许 75mm 边部 3 处	不允许集中	
	1.6mm<直径≤2.5mm 每平方米允许处数	不允许	75mm 边部 4 处 中部 2 处	75mm 边部 8 处 中部 3 处
	直径>2.5mm	不允许		
斑纹		不允许		
斑点	1.6mm<直径≤5.0mm 每平方米允许处数	不允许	4	8
划痕	0.1mm≤宽度≤0.3mm 每平方米允许处数	长度≤50mm 4	长度≤100mm 4	不限
	宽度>0.3mm 每平方米允许处数	不允许	宽度<0.4mm 长度<100mm 1	宽度<0.8mm 长度<100mm 2

注：表中针眼（孔洞）是指直径在 100mm 面积内超过 20 个针眼为集中。

3) 中空玻璃

中空玻璃是通过在两层平板玻璃中间利用间隔框架隔开，周边密封，充入干燥空气，并且填入少量干燥剂保持空气干燥而制得的。

中空玻璃具有极好的隔热性能。玻璃的热导率为 1.0W/(m·K)，而空气的热导率为 0.03W/(m·K)，这就是具有中间空气层的中空玻璃大幅度提高保温隔热性能的原因。

(a) 玻璃幕墙的中空玻璃应采用双道密封。明框幕墙的中空玻璃的密封胶应用聚硫密封胶和丁基密封腻子。

(b) 玻璃幕墙中空玻璃的干燥剂宜采用专用设备装填。

(c) 玻璃幕墙采用的中空玻璃的外观质量和性能应符合《中空玻璃》GB 11944 的规定。

4) 夹层玻璃

夹层玻璃是在两片或多片平板玻璃之间夹有机塑料透明膜，经过加热、加压黏合而成的玻璃复合制品。夹层玻璃的原片可以采用浮法玻璃、钢化玻璃、镀膜玻璃、着色玻璃、彩色玻璃等。

夹层玻璃具有良好隔音特性。PVB胶片具有对声波的阻尼功能，使建筑用夹层玻璃能有效地控制声音的传播，起到良好的隔声效果，是机场候机室的首选玻璃。

PVB胶片厚度为 0.38～1.52mm，一般为 0.38mm 或 0.76mm。国内用作夹层玻璃的玻璃原片有多种厚度。常见的有 3、4、5、6、8mm 等。夹层玻璃的厚度和面积可根据用户需要而定。

建筑用夹层玻璃具有控制阳光和防紫外线特性。能有效地减弱太阳光的透射，防止眩光，而不致造成色彩失真，能使建筑物获得良好的美学效果，并有阻挡紫外线的功能，可保护家具、陈列品或商品免受紫外光辐射而发生褪色。

玻璃幕墙采用夹层玻璃时，应采用聚乙烯醇缩丁醛配合（PVB）胶片干法加工合成的夹层玻璃。目前，国内外有两种加工夹层玻璃的方法，即干法和湿法，其中间都是使用PVB胶片。干法生产的夹层玻璃质量稳定可靠，湿法生产的夹层玻璃比较起来不如干法生产的夹层玻璃质量稳定可靠。

玻璃幕墙采用的夹层玻璃的外观质量和性能应符合《夹层玻璃》GB 9962—1999 的规定。

5) 夹丝玻璃

夹丝玻璃是一种玻璃板内嵌有金属丝网的具有特殊功能的平板玻璃。一般采用压延成型方法生产夹丝玻璃，在玻璃液进入压延辊的同时，将经过预热处理的金属丝网嵌于玻璃板内部制成。玻璃表面可以是压花的或者磨光的，颜色可以是无色透明的或者彩色的。

(a) 玻璃幕墙采用夹丝玻璃时，裁割后玻璃的边缘及时进行修理和防腐处理。

(b) 当加工成中空玻璃时，夹丝玻璃应朝室内一侧。

(c) 玻璃幕墙采用的夹丝玻璃的外观质量和性能应符合《夹丝玻璃》JC 433—1991 的规定。

6) 吸热玻璃

(a) 玻璃幕墙采用吸热玻璃时，应考虑吸热玻璃的光学性能。吸热玻璃的光学性能可用阳光透射率表示，并应符合表 4-87 的规定。

(b) 玻璃幕墙采用吸热玻璃的外观质量和性能应符合《吸热玻璃》JC/T 536 的规定。

吸热玻璃光学性能　　　　　　　　　　　表 4-87

吸热玻璃的颜色	可见光透射率	太阳光透射率	吸热玻璃的颜色	可见光透射率	太阳光透射率
茶色	≥45	≤60	蓝色	≥50	≤70
灰色	≥30	≤60	绿色	≥46	≤65

注：表中的数值均为将二者的透射率换成 5mm 标准厚度的数值。

7）低辐射玻璃

低辐射镀膜玻璃又称低辐射玻璃、"LOW-E"玻璃。低辐射玻璃不同于热反射镀膜玻璃，它对可见光的反射率很低，比普通玻璃的反射率略高，因此它的透明性很好，颜色非常淡，与普通玻璃接近。它的特性主要是节能效果非常好，与其他玻璃配片制成中空玻璃，传热系数非常低。

低辐射玻璃一般用于制造中空玻璃，不单片使用。这是因为在冷天，单层玻璃窗的内侧往往会结露，这层薄薄的水膜妨碍低辐射膜对远红外线的反射。制作中空玻璃时，要使镀有低辐射膜的那一面向着空腔。

低辐射中空玻璃具有以下优点：节省制冷和采暖能源费用；提高室内采光；提高室内居住的舒适度；减少结露。

（a）低辐射镀膜玻璃的外观质量应符合表 4-88 的规定。

（b）低辐射镀膜玻璃的弯曲度不应超过 0.2%。钢化、半钢化低辐射镀膜玻璃的弓形弯曲度不得超过 0.3%，波形弯曲度（mm/300mm）不得超过 0.2%。

（c）对角线差低辐射镀膜玻璃的对角线差应符合 GB 11614 标准的有关规定。

（d）钢化、半钢化玻璃低辐射镀膜玻璃的对角线差应符合 GB 17841—1999 标准的有关规定。

低辐射镀膜玻璃的外观质量　　　　　　　　　　　表 4-88

缺陷名称	说　明	优等品	合格品
针孔	直径≤0.8mm	不允许集中	
	0.8mm≤直径<1.2mm	中部：3.0×S 个，且任意两针孔之间的距离大于 300mm；75mm 边部：不允许集中	不允许集中
	1.2mm≤直径<1.6mm	中部：允许；75mm 边部：3.0×S 个	中部：20×S 个；75mm 边部：5.0×S 个
	1.6mm≤直径<2.5mm	不允许	中部：2.0×S 个；75mm 边部：5.0×S 个
	直径>2.5mm	不允许	不允许
斑点	1.0mm≤直径<2.5mm	中部：不允许；75mm 边部：2.0×S 个	中部：5.0×S 个；75mm 边部：6.0×S 个
	2.5mm≤直径 5.0mm	不允许	中部：1.0×S 个；75mm 边部：4.0×S 个
	直径>5.0mm	不允许	不允许
膜面划伤	0.1mm≤宽度<0.3mm，长度<60mm	不允许	不限，划伤间距不得小于 10mm
	宽度>0.3mm 或长度>60mm	不允许	不允许
玻璃面划伤	宽度≤0.5mm，长度≤60mm	不允许	不允许
	宽度>0.5mm 或长度>60mm	不允许	不允许

注：1. 针孔集中是指在 ϕ100mm 面积内超过 20 个。
　　2. S 是以平方米为单位的玻璃板面积，保留小数点后两位。
　　3. 允许个数及允许条数为各系数与 S 相乘所得的数值，按 GB/T 8170 修约至整数。
　　4. 玻璃板的中部是指距玻璃板边缘 75mm 以内的区域，其他部分为分部。

(3) 玻璃幕墙密封填缝防水材料

密封填缝防水材料，用于玻璃幕墙的玻璃装配及块与块之间缝隙处理。一般多由三种材料组成。

填充材料：填充材料主要用于凹槽两侧间隙内的底部，起到填充的作用，以避免玻璃与金属之间的硬性接触，起缓冲作用。其上部多用橡胶密封材料和硅酮系列的防水密封胶覆盖。

填充材料目前用得比较多的是聚乙烯泡沫胶系列，有片状、圆柱条等多种规格，也有用橡胶压条，或将橡胶压条剪断，然后在玻璃两侧挤紧，起到防止玻璃移动的作用。

密封材料：在玻璃装配中，密封材料不仅起到密封作用，同时也起到缓冲、粘结的作用，使脆性的玻璃与硬质的金属之间形成柔性缓冲接触。

防水材料：防水密封材料，目前用得较多的是硅酮系列密封胶。

1) 橡胶密封条

玻璃幕墙采用的橡胶制品宜采用三元乙丙橡胶、氯丁橡胶；密封胶条应挤出成形，橡胶块宜模压成形。当前国内明框幕墙玻璃的密封，主要采用橡胶密封条，依靠胶条自身的弹性在槽内起密封作用，要求胶条具有耐紫外线、耐老化、永久变形小、耐污染等特性。如果在材质方面控制不严，有的橡胶接口在1~2年内就会出现质量问题，如发生老化开裂甚至脱落，使幕墙产生漏水、透气等严重质量问题，甚至玻璃也有脱落的危险，给幕墙带来不安全隐患。因此，不合格密封胶条绝对不允许在幕墙中使用。

2) 密封橡胶条的质量应符合国家现行标准的规定要求

3) 建筑密封胶

(a) 幕墙玻璃幕墙采用的聚硫密封胶应具有耐水、耐溶剂和耐大气老化，并应有低温弹性、并应具有低温弹性、低透气率等特点。其性能应符合表4-89的规定。

(b) 玻璃幕墙采用的氯丁密封胶性能应符合表4-90的规定。

聚硫密封胶的技术性能 表4-89

项　　目	技术指标	项　　目	技术指标
密度(g/cm³) A组分 B组分	 1.62±0.05 1.50±0.05	邵氏硬度	45~50
		下垂度(20mm槽)(mm)	≤2
		粘结拉伸强度过(N/mm²)	0.8~1
黏度(Pa·s) A组分 B组分	 350~500 180~300	粘结拉伸断裂伸长率(%)	70~80
		热空气-水循环后定伸粘结性能(定伸110%)	不破坏
		紫外线辐射-水浸后定伸粘结性能(定伸110%)	不破坏
适用期(min)	60~90	低温柔性(-40℃、棒φ10mm)	无裂纹
表干时间(h)	1~1.5	水蒸气渗透性能　g/(m²·d)	≤15

氯丁密封胶性能 表4-90

项　　目	指　　标	项　　目	指　　标
稠度	不流淌,不塌陷	低温柔性(-40℃,棒φ10mm)	无裂纹
含固量	≥75%	剪切强度	0.1N/mm²
表干时间	≤15min	施工温变	-5~50℃
固化时间	≤12h	施工性	采用手工注胶机不流淌
耐寒性(-40℃)	不龟裂	有效期	12月
耐热性(90℃)	不龟裂		

（c）耐候硅酮密封胶应采用中性胶，其性能符合表 4-91 规定，并不得使用过期的耐候硅酮密封胶。

耐候硅酮密封胶的性能 表 4-91

项 目	指 标	项 目	指 标
表干时间	1～1.5h	极限拉伸强度	0.11～0.14N/mm^2
流淌性	无流淌	撕裂强度	3.8N/mm^2
初步固化时间(25℃)	3d	固化后的变位承受能力	25%≤δ≤50%
完全固化时间	7～14d	有效期	9～12 月
邵氏硬度	20～30 度	施工温度	5～48℃

4）玻璃幕墙硅酮结构密封胶

硅酮结构密封胶是影响玻璃幕墙安全的重要因素，国家标准规定了硅酮结构密封胶的基本要求。

（a）幕墙用中性硅酮结构密封胶及酸性硅酮结构密封胶的性能，应符合现行国家标准《建筑用硅酮结构密封胶》GB 16776—2002 的规定。

（b）硅酮结构密封胶使用前，应经国家认可的检测机构进行与其相接触材料的相容性和剥离粘结性试验，并应对邵氏硬度、标准状态拉伸粘结性能进行复验。检验不合格的产品不得使用。进口硅酮结构密封胶应具有商检报告。

（c）硅酮结构密封胶生产商应提供其结构胶的变位承受能力数据和质量保证书。

（d）硅酮结构密封胶生产企业，必须是国家科技技术部、经贸部、技监局、环保局、税务总局生产认定验证企业。

（e）硅酮结构密封胶应采用高模数中性胶；结构硅酮密封胶分单组分和双组分，其性能应符合表 4-92 的规定。

（f）硅酮结构密封胶应在有效期内使用，过期的结构硅酮密封胶不得使用。

结构硅酮密封胶 表 4-92

项 目	技术指标		项 目	技术指标	
	中性双组分	中性单组分		中性双组分	中性单组分
有效期	9 个月	9～12 个月	内聚力(母材)破坏率	100%	
施工温度	10～30℃	5～48℃	剥离强度(与玻璃、铝)	5.6～8.7N/mm^2(单组分)	
使用温度	−48～88℃		撕裂强度(B 模)	4.7N/mm^2	
操作时间	≤30min		抗臭氧及紫外线拉伸强度	不变	
表干时间	≤3h		污染和变色	无污染、无变色	
初步固化时间(25℃)	7d		耐热性	150℃	
完全固化时间	14～21d		热失重	≤10%	
邵氏硬度	35～45 度		流淌性	≤2.5mm	
粘结拉伸强度(H 型试件)	≥0.7N/mm^2		冷变形(蠕变)	不明显	
延伸率(哑铃型)	≥100%		外观	无龟裂、无变色	
粘结破坏(H 型试件)	不允许		固化后的变位承受能力	12.5%≤δ≤50%	

5）其他材料

（a）玻璃幕墙可采用聚乙烯发泡材料作填充材料，其密度不应大于 0.037g/cm^3。

（b）聚乙烯发泡填充材料的性能应符合表 4-93 的规定。

聚乙烯发泡填充材料的性能　　　　表 4-93

项　目	直　径		
	10mm	30mm	50mm
拉伸强度(N/mm²)	0.35	0.43	0.52
延伸率(%)	46.5	52.3	64.3
压缩后变形率(纵向%)	4.0	4.1	2.5

7.3 铝合金玻璃幕墙施工工艺

7.3.1 玻璃幕墙构件加工制作

(1) 金属构件加工

1) 铝型材加工：玻璃幕墙的铝合金构件的加工，应符合以下要求

(a) 铝合金型材截料之前，应进行校直调整。横梁长度允许偏差为±0.5mm，立柱长度允许偏差为±1.0mm，端头斜度的允许偏差为—15′，如图 4-152、图 4-153 所示。

图 4-152　直角截料　　　　　　图 4-153　斜角截料

(b) 截料端头不应有加工变形，毛刺不应大于 0.2mm；

(c) 玻璃幕墙构件孔位的允许偏差为±0.5mm，孔距的允许偏差为±0.5mm，累计偏差不应大于 1mm。

(d) 玻璃槽口与玻璃或保温板的配合尺寸应符合下列要求：单层玻璃与槽口的配合尺寸应符合表 4-94 的要求；中空玻璃与槽口的配合尺寸应符合表 4-95 的要求。

单层玻璃与槽口的配合尺寸 (mm)　　　　表 4-94

简　图	玻璃厚度	a	b	c
	5～6	≥3.5	≥15	≥5
	8～10	≥4.5	≥16	≥5
	12 以上	≥5.5	≥18	≥5

中空玻璃与槽口的配合尺寸 (mm)　　　　表 4-95

简　图	a	b	c		
			下边	上边	侧边
	$6+d_a+6$	≥5	≥17	≥5	≥5
	$8+d_a+8$ 以上	≥6	≥18	≥5	≥5

注：d_a 为空气层厚度，可取 12mm。

2) 钢构件加工：幕墙工程所用钢构件的加工，应符合以下规定

(a) 平板型预埋件的加工精度：锚板边长的允许偏差为±5mm，一般锚筋长度的允许偏差为+10mm，两面为整块锚板的穿透式预埋件的锚筋长度的允许偏差为+5mm，均不允许负偏差。圆锚筋中心线允许偏差为±5mm。锚筋与锚板面的垂直度允许偏差为 $l_s/30$（l_s 为锚固钢筋长度，单位 mm）。

(b) 槽形预埋件的加工精度：槽形预埋件的表面及槽内应进行防腐处理，加工时要求其长度、宽度和厚度允许偏差分别为 10、5、3mm，不允许负偏差；槽口的允许偏差为 1.5mm，不允许负偏差；锚筋长度允许偏差为 5mm，不允许负偏差；锚筋中心线允许偏差为±1.5mm；锚筋与槽板的垂直度允许偏差为 $l_s/30$（l_s 为锚固钢筋长度，单位 mm）。

(c) 玻璃幕墙的连接件、支承件加工精度：连接件、支承件外观应平整，不得有裂纹、毛刺、凹凸、翘曲、变形等缺陷；连接件、支承件加工尺寸如图 4-154 所示；允许偏差应符合表 4-96 的要求。

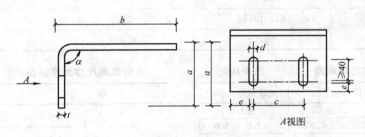

图 4-154 连接件、支承件尺寸示意

连接件、支承件尺寸允许偏差 表 4-96

项 目	允许偏差(mm)	项 目	允许偏差(mm)
连接件高 a	+5，-2	边距 e	+1
连接件 b	+5，-2	壁厚 t	0.5，-0.2
孔距 c	±1.0	弯曲角度 α	±2°
孔宽 d	+1.0，0		

3) 铝框装配

(a) 玻璃幕墙构件装配尺寸允许偏差应符合表 4-97 的规定。

构件装配尺寸允许偏差（mm） 表 4-97

项 目	构 件 长 度	允 许 偏 差
槽口尺寸	≤2000	±2.0
	>2000	±2.5
构件对边尺寸差	≤2000	≤2.0
	>2000	≤3.0
构件对角线尺寸差	≤2000	≤3.0
	>2000	≤3.5

(b) 各相邻构件装配间隙及同一平面度的允许偏差应符合表 4-98 的规定。

邻构件装配间隙及同一平面度的允许偏差 (mm)　　　　　表 4-98

项 目	允许偏差	项 目	允许偏差
装配间隙	≤0.5	同一平面度	≤0.5

4) 幕墙玻璃加工

玻璃幕墙的单片钢化玻璃、中空玻璃、夹层玻璃的加工精度要求，其尺寸允许偏差应符合表 4-99、表 4-100、表 4-101 的要求。

钢化玻璃尺寸允许偏差　　　　　表 4-99

项 目	玻璃厚度(mm)	允许偏差(mm)	
		玻璃边长 L≤2000	玻璃边长 L>2000
边长	6,8,10,12	±1.5	±2.0
	15,19	±2.0	±3.0
对角线差	6,8,10,12	≤2.0	≤3.0
	15,19	≤3.0	≤3.5

中空玻璃尺寸允许偏差　　　表 4-100

项 目		允许偏差(mm)
边长	L<1000	±2.0
	1000≤L<2000	+2.0,-3.0
	L≥2000	±3.0
对角线差	L≤2000	≤2.5
	L>2000	≤3.5
厚度	t<17	±1.0
	17≤t<22	±1.5
	t≥22	±2.0
叠差	L≤1000	±2.0
	1000≤L<2000	±3.0
	2000≤L<4000	±4.0
	L≥4000	±6.0

夹层玻璃尺寸允许偏差　　　表 4-101

项 目		允许偏差(mm)
边长	L≤2000	±2.0
	L>2000	±2.5
对角线差	L≤2000	≤2.5
	L>2000	≤3.5
叠差	L<1000	±2.0
	1000≤L<2000	±3.0
	2000≤L<4000	±4.0
	L≥4000	±6.0

7.3.2 玻璃幕墙安装施工

玻璃幕墙工序多、技术和安装精度要求高，应由专业幕墙公司设计、施工。

(1) 施工安装工艺流程

1) 元件式安装工艺流程

搭设脚手架→检验主体结构幕墙面基体→检验、分类堆放幕墙部件→测量放线→清理预埋件→安装连接紧固件→质检→安装立柱（杆）、横杆→安装玻璃→镶嵌密封条及周边收口处理→清扫→验收、交工。

2) 单元式安装工艺流程

检查预埋 T 形槽位置→固定牛腿、并找正、焊接→吊放单元幕墙并垫减震胶垫→紧固螺钉→调整幕墙平直→塞入和热压接防风带→安设室内窗台板、内扣板→填塞与梁、柱间的防火、保温材料。

3) 全玻璃幕墙安装工艺流程

测量放线→安装底框→安装顶框→玻璃就位→玻璃固定→粘结肋玻璃→粘结肋玻璃→处理幕墙玻璃之间的缝隙→处理肋玻璃端头→清洁。

(2) 元件式安装施工要点

1) 测量弹线

(a) 由专业技术人员操作，确定玻璃幕墙的位置，这是保证工程安装质量的第一道关键性工序。弹线工作是以建筑物轴线为准，依据设计要求先将骨架的位置线弹到主体结构上，以确定竖向杆件的位置。工程主体部分，以中部水平线为基准，向上下返线，每层水平线确定后，即可用水平仪抄平横向节点的标高。以上测量结果应与主体工程施工测量轴线一致，如主体结构轴线误差大于规定的允许偏差时，则在征得监理和设计人员的同意后调整装饰工程的轴线，使其符合装饰设计及构造的需要。

(b) 对高层建筑的测量应在风力不大于四级情况下进行，测量应在每天定时进行。

(c) 质量检验人员应对预埋件的偏差情况进行抽样检验，抽样量应为幕墙预埋件总数量的5%以上且不少于5件，所检测点不合格数不超过10%，可判为合格。

2) 钢连接件安装

作为外墙装饰工程施工的基础，钢连接件的预埋钢板应尽量采用原主体结构预埋钢板，无条件时可采用后置钢锚板加膨胀螺栓的方法，但要经过试验决定其承载力。目前应用化学浆锚螺栓代替普通膨胀螺栓效果较好。玻璃幕墙与主体结构连接的钢构件一般采用三维可调连接件，其特点是对预埋件埋设的精度要求不很高，安装骨架时，上下左右及幕墙平面垂直度等可自如调整。

3) 安装幕墙立柱

(a) 应将立柱先与连接件连接，然后连接件再与主体预埋件连接。调整垂直后，将连接件与表面已清理干净的结构预埋件临时点焊在一起。

(b) 立柱安装标高偏差不应大于3mm，轴线前后偏差不应大于2mm，左右偏差不应大于3mm。

(c) 相邻两根立柱安装标高偏差不应大于3mm，同层立柱的最大标高偏差不应大于5mm；相邻两根立柱的距离偏差不应大于2mm。

4) 安装幕墙横梁

(a) 将横梁两端的连接件及弹性橡胶垫安装在立柱的预定位置，并应安装牢固，其接缝应严密。

(b) 同一层的横梁安装应由下向上进行。当安装完一层高度时，应进行检查、调整、校正、固定，使其符合质量要求。

(c) 相邻两根横梁的水平标高偏差不应大于1mm。同层标高偏差：当一幅幕墙宽度小于或等于35m时，不应大于5mm；当一幅幕墙宽度大于35m时，不应大于7mm。

5) 调整、紧固幕墙立柱、横梁

(a) 玻璃幕墙立柱、横梁全部就位后，再做一次整体检查，调整立柱局部不合适的地方。使其达到设计要求。然后对临时点焊的部位进行正式焊接。紧固连接螺栓，对没有防松措施的螺栓均需点焊防松。

(b) 所有焊缝清理干净后做防锈、防腐、防火处理。玻璃幕墙中与铝合金接触的螺栓及金属配件应采用不锈钢或轻金属制品。不同金属的接触面应采用垫片做隔离处理。

6) 玻璃安装

(a) 玻璃安装前应将表面尘土和污物擦拭干净。热反射玻璃安装应将镀膜面朝向室内，非镀膜面朝向室外。

(b) 玻璃与构件不得直接接触。玻璃四周与构件凹槽底应保持一定空隙，每块玻璃下部应设不少于两块弹性定位垫块；垫块的宽度与槽口宽度应相同，长度不应小于100mm；玻璃两边嵌入量及空隙应符合设计要求。

(c) 玻璃四周橡胶条应按规定型号选用，镶嵌应平整，橡胶条长度宜比边框内槽口长1.5%~2%，其断口应留在四角；斜面断开后应拼成预定的设计角度，并应用粘结剂粘结牢固后嵌入槽内。在橡胶条隙缝中均匀注入密封胶，并及时清理缝外多余粘胶。

7) 处理幕墙与主体结构之间的缝隙

幕墙与主体结构之间的缝隙应采用防火的保温材料堵塞；内外表面应采用密封胶连续封闭，接缝应严密不漏水。

8) 处理幕墙伸缩缝

幕墙的伸缩缝必须保证达到设计要求。如果伸缩缝用密封胶填充，填胶时要注意不让密封胶接触主梃衬芯，以防幕墙伸缩活动时破坏胶缝。

9) 抗渗漏试验

幕墙施工中应分层进行抗雨水渗漏性能检查。

(3) 全玻璃幕墙安装施工要点

1) 测量放线

采用高精度的激光水准仪、经纬仪进行测量，配合用标准钢卷尺、重锤、水平尺等复核；幕墙定位轴线的测量放线必须与主体结构的主轴线平行或垂直；对高度大于7m的幕墙，要反复2次测量核对，以确保幕墙的垂直精度，上下中心线偏差小于1~2mm。

测量放线应在风力不大于4级的情况下进行，对实际放线与设计图之间的误差应进行调整、分配和消化，不能使其积累。通常可适当调节缝隙的宽度和边框的定位来解决。如果误差较大，应采取重新制作一块玻璃或其他方法合理解决。

2) 安装底框

按设计要求将全玻璃幕墙的底框焊在楼地面的预埋件上。当楼地面未埋置预埋钢件时，可用膨胀螺栓将角钢连接件与楼地面连接，再把金属底框焊于连接角钢上。清理上部边框内的灰土。在每块玻璃的下部都要放置不少于两块氯丁橡胶垫块，垫块宽度同槽口宽度，长度不应小于100mm，如图4-155所示。

3) 安装顶框

将全玻璃幕墙的顶框按设计要求焊接在结构主体的预埋钢件上。当主体结构上没有预埋钢件时，可用膨胀螺栓将连接角钢与主体连接，然后再把顶框焊于连接角钢上。

4) 玻璃就位

玻璃运到现场后，用手持玻璃吸盘由人工将其搬运到安装地点。然后用玻璃吸盘安装机在玻璃一侧将玻璃吸牢，用起重机械将吸盘连同玻璃一起提升到一定高度；再转动吸盘，将横卧的玻璃转至竖直，并先将玻璃插入顶框或吊具的上支承框内，再继续往上抬，使玻璃下口对准底框槽口，然后将玻璃放入底框内的垫块上，使其支承在设计标高位置，全玻璃幕墙的安装就位如图4-156所示。当为6m以上的全玻璃幕墙时，玻璃上端悬挂在

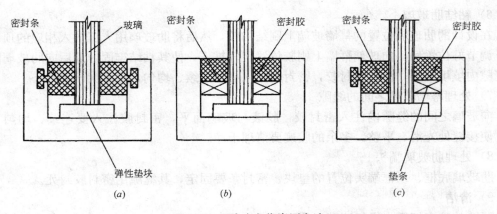

图 4-155 玻璃定位嵌固方法
(a) 干式装配；(b) 湿式装配；(c) 混合装配

吊具的上支承框内。

5) 玻璃固定

往底框、顶框内玻璃两侧缝隙内填填充料（肋玻璃位置除外）至距缝口 10mm 位置，然后往缝内用注射枪注入密封胶，密封胶必须均匀、连续、严密、上表面与玻璃或框表面成 45°角。多余的胶迹应清理干净。

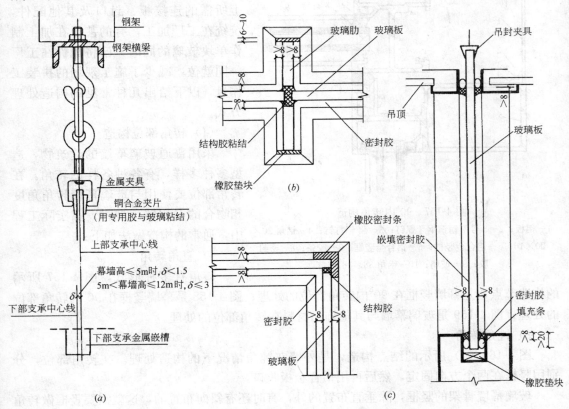

图 4-156 全玻璃幕墙的安装就位
(a) 上下中线允许偏差；(b) 玻璃肋下面嵌槽；(c) 上下部嵌固示意

6) 粘结肋玻璃

在设计的肋玻璃位置的幕墙玻璃上刷结构胶,然后将肋玻璃用人工放入相应的顶底框内,调节好位置后,向玻璃幕墙上刷胶位置轻轻推压,使其粘结牢固。最后向肋玻璃两侧的缝隙内填填充料;注入密封胶,密封胶注入必须连续、均匀,深度大于8mm。

7) 处理幕墙玻璃之间的缝隙

向玻璃之间的缝隙内注入密封胶,胶液与玻璃面平,密封胶注入要连续、均匀、饱满。使接缝处光滑、平整。多余的胶迹要清理干净。

8) 处理肋玻璃端头

肋玻璃底框、顶框端头位置的垫块、密封条要固定,其缝隙用密封胶封死。

9) 清洁

幕墙玻璃安好后应进行清洁工作、拆排架前应做最后一次检查,以保证胶缝的质量及幕墙表面的清洁。

7.3.3 玻璃幕墙节点构造处理

节点构造是玻璃幕墙设计中的重点,也是安装的一个难点,只有细部处理得完善,才能保证玻璃幕墙的使用功能。玻璃幕墙的节点构造设计得非常细致,这样做一方面是出于安全,以防因构造不妥而发生玻璃脱落,另一方面,也利于安装。将构造上所需的连接板、封口及其他配件,统统在工厂加工,有的甚至在加工制作单块玻璃的同时,已将配件在工厂一同就位,减少了施工现场的拼装工作量。以下给出几种常见的构造处理方式。

(1) 转角部位构造

采用普通玻璃幕墙的建筑物,造型多种多样,有各种各样的转角。在转角部位要使用与玻璃幕墙转角角度相吻合的专用转角型材。在实际工程中,通常的构造做法如下:

1) 直角转角

转角有多种形式,图4-157所示

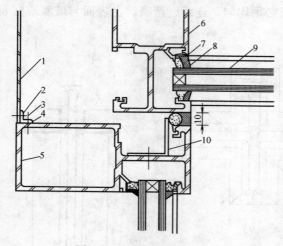

图4-157 90°内转角构造

1—铝板;2—8号不锈钢钢牙螺钉;3—φ4铝打钉;4—铝角20×20×16;5—铝合金竖框;6—铝合金竖框;7—胶条;8—密封胶;9—玻璃;10—铝角38×38×1.6

的构造节点,是幕墙竖框在90°内转角部位的处理;图4-158是幕墙竖框在90°内转角部位的处理;图4-159是玻璃幕墙与其他饰面材料在转角部位的处理。

2) 钝角转角

图4-160 (a) 所示的结点构造,是外墙在钝角情况下的构造处理。在转角部位,分别用竖框在两个方向固定,然后再用铝合金板收口。

玻璃幕墙骨架的竖框,除垂直布置的外,有时还有斜向布置的,这就需要竖框做转角处理。图4-160 (a) 所示的节点构造,是斜向竖框与竖向竖框相交部位的转角处理。竖框是特殊挤压成的铝合金幕墙型材,竖框本身兼有装配玻璃的凹槽。在横梁的选择上,使

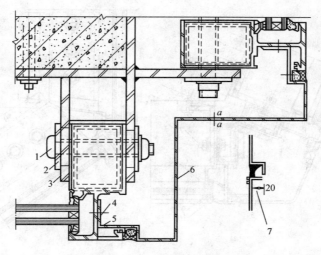

图 4-158 90°外转角构造
1—M16×12 不锈钢螺栓；2—钢垫片；3—钢板；4—φ4.2 铝拉钉；
5—铝角 φ4.2 铝拉钉；6—1.5 铝板；7—a—a 断面

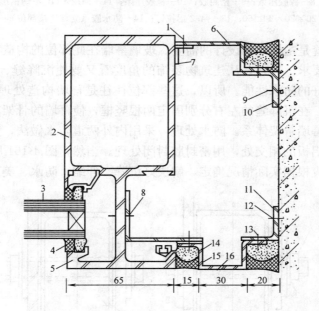

图 4-159 玻璃幕墙转角部位构造
1—不锈钢螺钉；2—幕墙竖框；3—玻璃；4—硅密封胶；5—橡胶胶条；6—1.5 厚铝板；7—铝角 12×12×2；8—铝拉钉；9—φ4 铝拉钉；10—铝角 25×25×2；11—铝角 25×25×2；12—φ4 射钉；13—不锈钢螺钉；14—泡沫胶条；15—密封硅胶；16—1.5 厚铝板

用特殊断面的横梁，将斜向安装的玻璃与竖向安装的玻璃固定牢固。

幕墙转角的角度，可根据设计图纸上的要求而有所不同，图 4-160（b）所示的横梁断面是 126°转角部位。

（2）变形缝部位处理

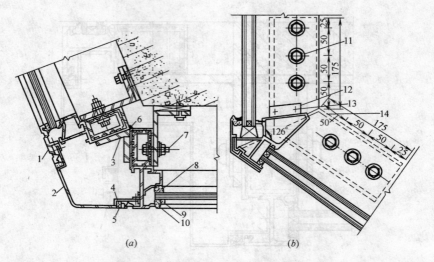

图 4-160 墙面转角钝角部位处理
(a) 转角处理；(b) 竖框转角处理

1—玻璃幕墙立柱；2—1.5厚铝片；3—电焊；4—聚乙烯发泡；5—密封胶；6—密封胶；7—不锈钢螺栓直径10；8—橡胶压条；9—密封胶；10—橡胶压条；11—M12×110不锈钢螺栓；12—铝角 20×20×2∟60；13—φ4.2铝拉钉；14—防水胶（立柱连接部位）

沉降缝、伸缩缝是主体结构设计的需要。玻璃幕墙在此部位的构造节点，应适应主体结构沉降、伸缩的要求。另外，从建筑物装饰的角度看又要使沉降缝、伸缩缝部位美观，并且，还要具有良好的防水性能。所以，这些部位往往是幕墙构造处理的重点。图 4-161 是沉降缝构造大样。在沉降缝的左右分别固定两根竖框，使幕墙的骨架在此部位分开，为此形成两个独立的幕墙骨架体系。防水处理，采用内外两道防水做法，分别用铝板固定在骨架的竖框上，在铝板的相交处，用密封胶封闭处理。当然，图 4-161 所示的并非惟一的处理办法，具体还应根据实际情况确定，解决好沉降、伸缩、防水、美观等问题。

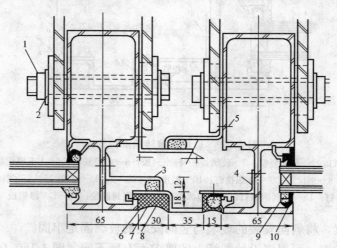

图 4-161 沉降缝构造大样

1—M16不锈钢螺母；2—60×60×6钢垫片；3—铝板；4—铝角 50×25×2；5—φ4.2铝拉钉；6—泡沫圆胶条；7—单面胶纸；8—密封胶；9—胶条；10—密封胶

（3）收口处理

所谓的收口，指幕墙本身一些部位的处理，使之能对幕墙的结构进行遮挡。有时是幕墙在建筑物的洞口、两种材料交接处的衔接处理。

1）侧面的收口

幕墙最后一根立柱的小侧面已没有幕墙与之相连需要进行封堵的问题。图4-162所示构造大样，该节点采用1.5mm厚铝合金板，将幕墙骨架全部包住。这样，从侧面看，只是一条通长的铝合金板。铝板的色彩应同幕墙骨架竖框外露部分的颜色。考虑到两种不同材料的线胀系数的不同，在饰面铝板与竖框及墙的相接处用密封胶处理。

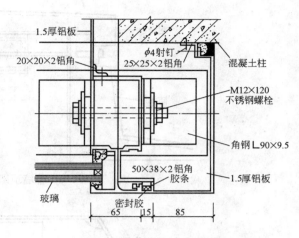

图4-162 幕墙侧端收口构造

2）底部收口节点

底部出口处理是指幕墙横梁（水平杆件）与结构相交部位收口处理方法。如图4-163、图4-164所示。

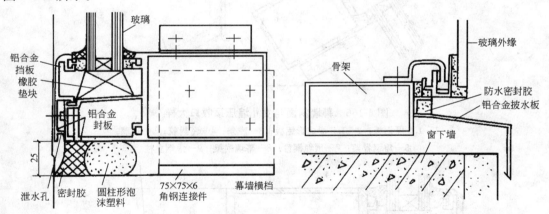

图4-163 最后一排横梁与结构相交部位处理　　图4-164 横梁与水平结构面的交接构造

3）顶部收口节点

如图4-165是幕墙顶部收口的构造示意。用通长的一条铝合金板罩在幕墙上端的收口部位，在压顶板的下面加铺一层防水层，以防压顶板接口处渗水，防水材料应具有较好的抗拉性能，目前常用的有三元乙丙橡胶防水带。铝合金压顶板可侧向固定在骨架上，也可在水平面上用螺钉固定，但螺钉头部须用密封胶密封，防止水在此部位渗透。

幕墙斜面与顶部女儿墙的收口，如图4-166所示。

（4）幕墙与主体结构之间缝隙收口

幕墙与主体结构的墙面之间，一般宜留出一段距离。这个空隙不论是从使用、还是从防火的角度出发，均应采取适当的措施。特别是防火方面，因幕墙与结构之间有空隙，而且还是上、下悬穿，一旦失火，将成为烟火的通道。因此，此部分必须做妥善处理。如图

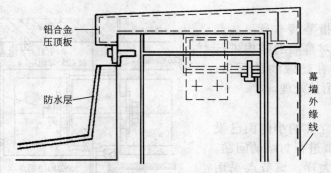

图 4-165 幕墙顶部收口

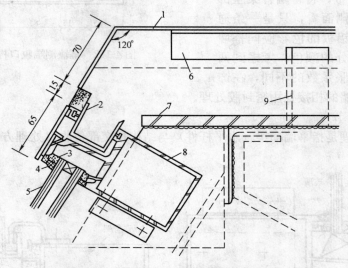

图 4-166 幕墙斜面与女儿墙压顶收口大样
1—1.5厚铝板；2—1.5厚成形铝板；3—胶条；4—密封胶；5—玻璃；
6—角钢骨架；7—预埋钢件；8—幕墙横梁；9—角钢立柱

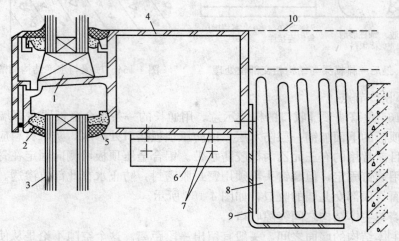

图 4-167 铺放防火材料构造大样
1—橡胶垫块；2—橡胶胶条；3—玻璃；4—铝合金横梁；5—硅密封胶；6—铝角 20×20×2∟60；7—φ4铝拉钉；8—防火材料；9—镀锌钢皮 75×60×2；10—窗台板

4-167所示的节点大样,是目前较常用的一种处理方法。先用一条L形镀锌钢皮,固定在幕墙的横梁上,然后在铁皮上铺放防火材料。目前常用的防火材料有矿棉(岩棉)、超细玻璃棉等。铺放的高度应根据建筑物的防火等级、结合防火材料的耐火性能,经过计算后确定。防火材料要铺放均匀、整齐,不得漏铺。

7.4 点支承式玻璃幕墙

点支承式玻璃幕墙(又称驳接式玻璃幕墙)是近年来国内引进发展较快的一种玻璃幕墙形式,由于幕墙上的各种荷载通过钢爪、连接件传递给玻璃肋/钢梁/桁架/张拉钢索,它具有安全可靠、视觉通透、室内外装饰性好等特点,被广泛应用于众多现代建筑物高大空间(如机场候机大厅、会堂、展览大厅、歌剧院等)的建筑外墙装饰工程项目。为确保工程质量,国家建设部发布了建筑工业行业标准《点支式玻璃幕墙支承装置》JG 138—2001于2002年1月1日实施。

支撑结构形式可分为:玻璃肋点支式玻璃幕墙、钢梁式点支式玻璃幕墙、桁架式点支式玻璃幕墙、张拉索杆点支式玻璃幕墙及以上几种混合应用等形式。

7.4.1 点支承式玻璃幕墙的组成及结构形式

(1) 点支承式玻璃幕墙的组成

点支承式玻璃幕墙或称点支式玻璃幕墙、点连接全玻幕墙等,即指玻璃面板通过支承装置及其支承结构组成的幕墙;其支承装置是指玻璃面板与支承结构之间的连接装置,由连接件和爪件组成。其连接件是指用以连接玻璃面板与爪件的组件;而爪件即是安装在结构支承座和连接件之间的组件。如图4-168、图4-169所示。

图4-168 点支承式玻璃幕墙

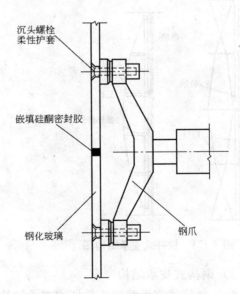

图4-169 点支承式玻璃幕墙节点构造示意图

(2) 点支承式玻璃幕墙的支承结构形式

支承结构是点式连接玻璃幕墙重要的组成部分,它能把玻璃表面承受的风荷载、温度差作用、自身重量和地震荷载传给主体结构。支承结构必须有足够的强度和刚度,它相对于主体结构有特殊的独立性，又是整体建筑不可分离的一部分。支承结构既要与主体结构有可靠的连接，又要不承担主体结构因变形对幕墙产生的复合作用。点式连接玻璃幕墙的支承结构形式可以选用钢构式，如图4-170所示；拉杆式，如图4-171所示；拉索式，如图4-172所示。

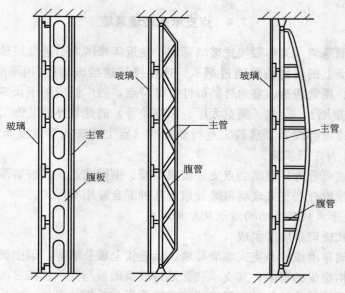

图4-170 钢构式支承结构

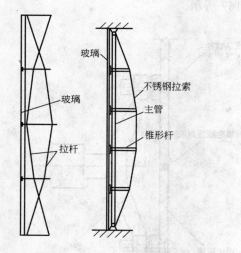

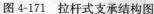

图4-171 拉杆式支承结构图

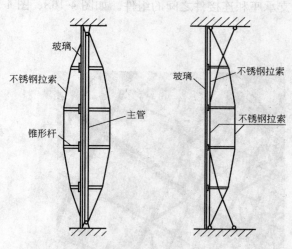

图4-172 拉杆式支承结构

1) 钢构式支承结构

（a）单杆式支承结构。单杆式支承结构是点式连接玻璃幕墙较简单的一种结构形式，用铝合金型材、玻璃肋或钢材做的立柱或横梁支撑结构承受玻璃表面的荷载，立柱或梁均为拉弯工作状态，荷载以点驳接头的集中荷载形式传给构件。

（b）格构式梁柱支承结构。点式连接玻璃幕墙跨度较大时，单根杆件已无法满足承载和刚度的要求，常采用格构式梁柱支承结构。格构式梁柱支承结构一般用钢材焊接成各种框架形式，根据设计要求，框架可制成直立式或空腹弯弓形式。钢材表面均应做防腐处理。

(c) 平面桁架支承结构。平面桁架是结构杆件按一定规律组成的平面构架体系，常用的有平行弦桁架、抛物线桁架、三角腹杆桁架等。当玻璃上的荷载作用在节点上时，各杆件只有轴向力，截面上的应力分布均匀，可以充分发挥材料的作用。较大跨度结构常用此种结构形式。

(d) 空间桁架支承结构。空间桁架结构所受的荷载是不同方向的、不在同一个平面内的荷载，因此，需由几个平面桁架按一定连接系统组成一个空间体系来承受各个方向的荷载，这样才能满足荷载的要求，保证结构安全。

(3) 拉杆式支承结构

预应力拉杆结构的受力支撑系统是由受拉杆件经合理组合并施加一定的预应力所形成的，拉杆桁架所构成的支承桁架体态简洁轻盈，尤其是用不锈钢材料作为拉杆时，更能展示出现代金属结构所具备的高雅气质，使建筑更富现代感。

(4) 拉索式支承结构

拉索式点支承式玻璃幕墙是将玻璃幕墙面板用钢爪固定在张拉索杆结构上的全玻璃幕墙。它由三个部分组成：玻璃面板、张拉索杆结构、锚定结构。张拉索杆结构是支承幕墙跨度的重要构件，张拉索杆结构悬挂在锚定结构上，它由高强度的钢索及连系杆组成。张拉索杆结构承担幕墙承受的荷载并将其传至锚定结构。

玻璃面板由安装在张拉索杆结构上的钢爪进行固定，做填缝处理后，最终形成幕墙系统。玻璃面板、张拉索杆结构、锚定结构组成幕墙系统，三者互相依存、互相制约、互相影响。张拉索杆结构要悬挂在锚定结构上进行张拉，才能形成具有固定形状和刚度的桁架。

拉索式点支承式玻璃幕墙支撑系统为预应力双层悬索体系，其承载能力强，轻盈美观，通透性好，结构简捷、形式多样，视觉效果更佳，是最有现代感、极富有生命力的一种玻璃幕墙。

7.4.2 点支承式玻璃幕墙材料规格及性质要求

(1) 玻璃

点式支承玻璃幕墙不能选用普通的浮法玻璃，应选用玻璃应采用钢化玻璃，夹胶玻璃或钢化中空玻璃（有保温、隔热要求时应采用中空玻璃），钢化玻璃必须经过热处理，消除玻璃钢化过程中产生的内应力，减少钢化玻璃上墙后"自爆"的危险。钢化玻璃厚度和玻璃的大小尺寸应根据设计计算确定，一般选择 8、12、15mm；点支玻璃幕墙采用夹层玻璃时，应采用聚乙烯醇缩丁醛（PVB）胶片干法加工合成技术，且胶片厚度不得小于 0.76mm，当固定玻璃采用沉头螺栓时，面板玻璃的厚度不得小于 10mm；夹层玻璃和钢化中空玻璃的主受力层玻璃厚度不得小于 8mm。玻璃颜色应均匀一致，其外观质量和性能应符合《钢化玻璃》GB/T 9962 及《幕墙用钢化玻璃与半钢化玻璃》GB/T 17841 的相应规定。

点式连接玻璃幕墙对玻璃的加工制作要求很严，如对切割、钻孔、挖槽均有要求，如果边缘有倒棱、倒角或磨边不光有微小棱角，均会造成应力集中，玻璃破裂。

(2) 支承装置

1) 驳接爪

点支式玻璃幕墙用的驳接爪为定型产品，一般为不锈钢件。驳接爪形式分多种，按规格分有 200、210、220、230 不锈钢系列驳接爪。按固定点数和外形可分为四点爪、三点爪、二点爪、单点爪和多点爪以及 X 形、Y 形、H 形等形状，如图 4-173 所示。

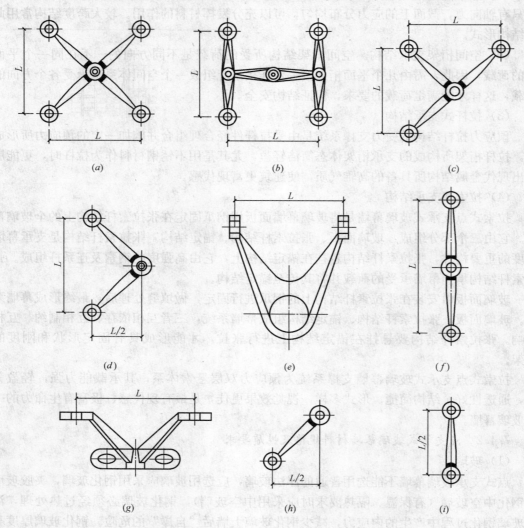

图 4-173 驳接爪的形式
(a) 四点 X 形；(b) 四点 H 形；(c) 三点 Y 形；(d) 二点 V 形；(e) 二点 U 形；(f) 二点 I 形；
(g) 二点 K 形；(h) 单点 V/2 形；(i) 单点 I/2 形

驳接爪件的尺寸偏差应满足《点支式玻璃幕墙支承装置》的规定、加工精度应符合《铸件尺寸公差》GB/T 6414 的要求；采用螺纹连接的 H 形爪件的配合精度不得低于 7H/6h，转动配合精度不得低于 E8/h7；采用机械加工并装配而成的爪件，其加工精度不得低于 IT10 级；爪件表面应无明显的机械伤痕和锈斑、裂纹；铸件表面应光滑、整洁，无毛刺、砂眼、渣眼、缩孔，不得有冷隔、缩松等缺陷；铸件内侧表面不得存在直径不小于 2.5mm、深度不小于 0.5mm 的气孔；直径小于 2.5mm 且深度小于 0.5mm 的气孔数不得多于 2 个。

2) 连接件

点支式玻璃幕墙用的连接件为定型产品,一般为不锈钢件。按构造可分为活动式和固定式;按外形可分为浮头式和沉头式。见表 4-102 和图 4-174 所示。

点支式玻璃幕墙支承装置的连接件结构形式　　　　表 4-102

结构形式	浮头式(F)	沉头式(C)
活动式(H)		
固定式(G)		

注:l 为螺杆长度;
　　w 为玻璃总厚度。

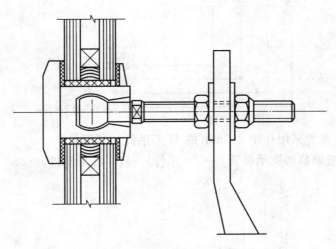

图 4-174　中空玻璃连接件形式

3) 型号与标记

(a) 型号规则:连接件和爪件的型号由名称代号(点支式玻璃幕墙支承装置、组件)、特性代号(结构形式)和主参数代号(螺杆规格或孔距)等组成:

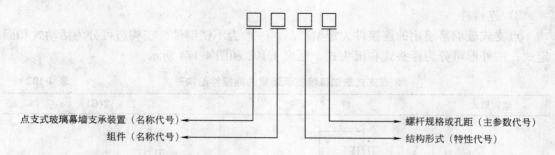

(b) 代号规定：连接件的代号见表 4-103、爪件代号规定见表 4-104。

连接代号　　　　　　　　　　　　　　　表 4-103

名称	点支承装置	组件	活动式	固定式	浮头式	沉头式
代号	DZ	1	H	G	F	C

爪件代号　　　　　　　　　　　　　　　表 4-104

名称	点支承装置	组件	H形爪	X形爪	Y形爪	U形爪	V形爪	I形爪	V/2形爪	I/2形爪
代号	DZ	2	H	X	Y	U	V	I	V/2	I/2

(c) 标记示例：

例1：点支承装置采用标准螺纹 M12、螺杆长度 40mm 的固定式、浮头式连接件，其型号：

DZ（点支式玻璃幕墙支承装置）→1（连接件）→CF（固定式、浮头式）→12×40（标准螺纹×螺杆长度）。

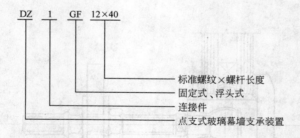

例2：点支承装置采用孔距 250mm 的 H 形爪件，其型号：

DZ（点支式玻璃幕墙支承装置）→2（爪件）→H（H形爪件）→250（孔距）。

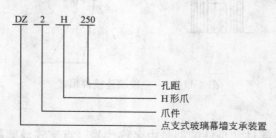

(3) 支承装置的标准要求

1) 支承装置的材料要求
(a) 爪件可采用碳素钢、不锈钢和铝合金等材料,其性能必须符合相应的国家标准。
(b) 连接件中的球铰螺杆必须采用 1Cr18Ni9、lCr18Ni9Ti、0Cr18Ni9 或性能更优的不锈钢材料;其他零件采用的材料,应符合表 4-103 的要求。
(c) 与幕墙玻璃面板接触的垫圈和垫片,应采用尼龙或纯铝等材料。
2) 支承装置的性能
(a) 活动连接件螺杆绕中心线的活动锥角 α,$5°\leqslant\alpha\leqslant10°$,如图 4-175 (a) 所示。
(b) 可调爪件的调节范围,孔距 $L\pm12$mm,$\beta\leqslant10°$,如图 4-175 (b) 所示。
(c) 沉头连接件锥头部分的几何尺寸应满足:锥角 $90°\pm0.5°$,最小厚度 5mm ±0.1mm,如图 4-175 (c)。

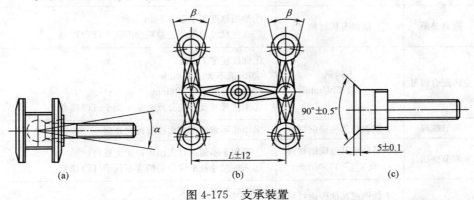

图 4-175 支承装置
(a) 活动锥角示意图;(b) 可调爪件的调节范围示意图;(c) 沉头连接件锥头的几何尺寸示意图

3) 支承装置的加工要求
(a) 加工表面粗糙度应不低于 $Ra3.2\mu m$。
(b) 连接件的机械性能应符合 GB/T 3098.1—2000《紧固件机械性能 螺栓、螺钉和螺柱》、GB/T 3098.2—2000《紧固件机械性能螺母》和 GB/T 3098.6—2000《紧固件机械性能不锈钢螺栓、螺钉、螺柱和螺母》的要求。
(c) 图 4-176 连接件中各零件的加工制作,宜满足表 4-105 的要求。

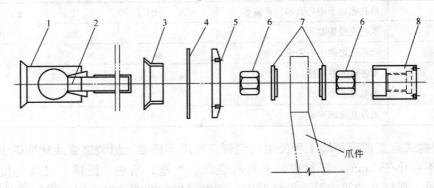

图 4-176 连接件的零件示意图
1—连接件主体;2—球铰螺杆;3—隔离衬套;4—隔离垫圈;5—主体配合螺母;
6—调节螺母;7—调节垫圈;8—压盖螺母

连接件的加工制作要求　　　　　　　　　表 4-105

序号	名称	材料	加工精度要求
1	连接件主体	不锈钢 $\sigma_{0.2} \geq 175 N/mm^2$	①与玻璃平齐,外露面 Ra 值不大于 $1.6\mu m$ ②其余 Ra 值不大于 $3.2\mu m$ ③螺纹精度不低于 6g 级 ④未注尺寸及形位公差精度不低于(IT)12 级
2	球铰螺杆	不锈钢 $\sigma_{0.2} \geq 205 N/mm^2$	①螺纹精度不低于 6g 级; ②球铰配合 E8/h7 ③Ra 值不大于 $3.2\mu m$ ④未注尺寸及形位公差精度不低于(IT)12 级
3	隔离衬套	纯铝或耐候有机材料	未注尺寸及形位公差精度不低于(IT)12 级
4	隔离垫圈	耐候有机材料	①垫圈厚度不小于 $1.5\mu m$ ②未注尺寸及形位公差精度不低于(IT)12 级
5	主体配合螺母	不锈钢 $\sigma_{0.2} \geq 175 N/mm^2$	①螺纹精度 7H 级 ②Ra 值不大于 $1.6\mu m$ ③螺母厚度不小于 6mm ④未注尺寸及形位公差精度不低于(IT)12 级
6	调节螺母	不锈钢或其他碳钢材料	采用非不锈钢时表面镀锌钝化处理
7	调节垫圈	不锈钢或其他碳钢材料 σ_5 或 $\sigma_{0.2} \geq 175 N/mm^2$	①采用非不锈钢时表面镀锌钝化处理; ②未注尺寸及形位公差精度不低于(IT)12 级
8	压盖螺母	不锈钢或其他碳钢材料 σ_5 或 $\sigma_{0.2} \geq 175 N/mm^2$	①螺纹精度 7H 级; ②采用非不锈钢时表面镀锌钝化处理; ③未注尺寸及形位公差精度不低于(IT)12 级

(d) 爪件基底面与理想平面不平行度的允许偏差为 2.0mm。

4) 爪件主要几何尺寸的偏差,应满足表 4-106 的要求

爪件几何尺寸允许偏差　　　　　　　　表 4-106

序号	项目	允许偏差(mm)	
		孔距≤224	224＜孔距≤250
1	爪孔相对于中心孔的位置偏差	±1.0	±1.5
2	爪孔孔径偏差	±0.5	±0.6
3	两爪孔之间中心距偏差	±1.0	±1.5
4	爪各点的平面度	2.0	2.5
5	单爪平面度	0.5	1
6	爪件基底面平面度	0.5	1

5) 钢构式点支玻璃幕墙工程使用的钢管宜选用不锈钢无缝装饰管或优质碳钢无缝管。钢管壁厚不宜小于 5mm,管材表面不得有裂纹、气泡、结疤、泛锈、夹渣起皮等现象,材料的材质、规格及壁厚应符合设计要求;型钢材料的性能应符合国家现行相关规定。

(4) 拉杆(拉索)

拉索式点支式玻璃幕墙工程使用的拉杆(拉索)应选用不锈钢材质。拉杆应选用装饰

抛光不锈钢材料，材料的材质、规格及直径应符合设计要求。点支玻璃幕墙用的钢拉杆（钢拉索）为定型产品，钢拉杆的制作质量应符合表4-107的规定；钢拉索的性能应符合《钢丝绳》GB/T 8918的规定。钢丝绳从索具中的拔出力不得小于钢丝绳90％的破坏力，应由生产厂提交测试合格的质量保证书；钢拉索所采用的钢丝绳应进行预张拉处理；钢拉索的制作应符合表4-108的规定。

拉杆制作要求　　　　　　　　　　　　　　　　　　　　　　　　　表4-107

项目	内容		
长度偏差	不低于IT12精度等级		
螺纹精度	不低于6g级精度		
外观	表面应无锈斑、裂纹及明显机械损伤		
	不锈钢	抛光处理	Ra3.2μm
		喷丸处理	表面均匀、整洁
	碳钢	经除锈后，涂装、镀铬、镀锌纯化处理	涂层牢靠、光滑、整洁、无明显色差

钢拉索制作要求　　　　　　　　　　　　　　　　　　　　　　　　表4-108

项目	长度 L		
	$L \leq 10m$	$10m < L \leq 20m$	$L > 20m$
长度公差	50mm	8mm	12mm
螺纹偏差	不低于6g级精度		
外观	表面光亮，无锈斑，钢丝不允许有断裂及其他明显的机械损伤，钢拉索的接头粗糙度不大于Ra3.2μm		

（5）密封材料

点支幕墙的密封材料应采用耐候硅酮密封胶，应根据设计要求选用并与玻璃相近的颜色，注胶要饱满密实，表面要光滑平整，不能存在气泡、断裂等现象。胶缝的宽度、厚度以及胶的牌号应符合设计和标准要求。

点支承幕墙采用镀膜玻璃时，不应采用酸性硅酮结构密封胶粘结。中空玻璃两层玻璃之间采用硅酮结构胶粘结，不得使用聚硫胶粘结。

7.4.3　钢架式点支承式玻璃幕墙构造与施工安装

（1）钢架式点支玻璃幕墙构造

钢架式点支玻璃幕墙构造，如图4-177～图4-181所示。

（2）安装施工工艺流程

现场复核尺寸→按设计图弹放安装施工位置线及控制线→材料加工→钢框架安装制作→玻璃安装及注胶密封→现场清理。

（3）施工工艺要求

1）现场复核尺寸

根据幕墙设计图纸中要求的尺寸对现场建筑安装洞口尺寸进行认真核对，检查幕墙预埋钢件的平整度，是否符合预埋件设计位置图及规范要求。根据现场实测尺寸填写洞口尺寸及预埋钢件位置符合情况，对存在的误差及时与有关部门沟通，作出决定，以确保施工安装正常进行。

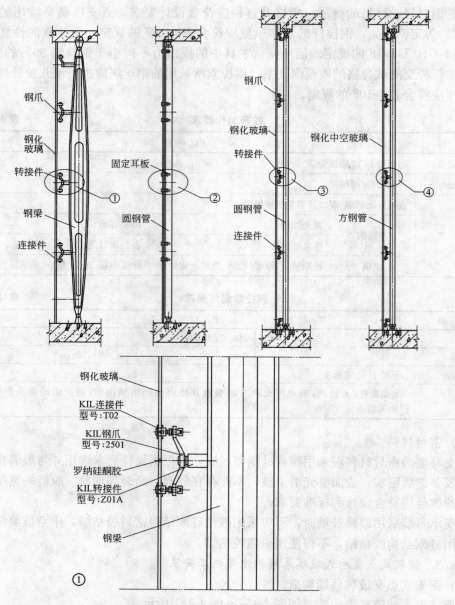

图 4-177 单杆式点支玻璃幕墙构造

2) 按设计图弹放安装位置线及控制线

（a）找出建筑轴线及土建提供的 500mm 标高位置线。

（b）按图纸要求弹放安装基准线，并在相应位置作出明显标记。

（c）按图纸要求弹放出水平分格线及幕墙高低、里外控制线，并作出标记。

（d）根据图示位置找出预埋钢件位置，并清理钢件表面，以便于安装使用。

3) 材料加工

点支式玻璃幕墙杆应选在具有相应加工设备和手段的工厂内加工完成。加工的零部件应符合有关的幕墙零部件加工图要求，立柱应按图纸要求选料加工，不允许加工时随意拼

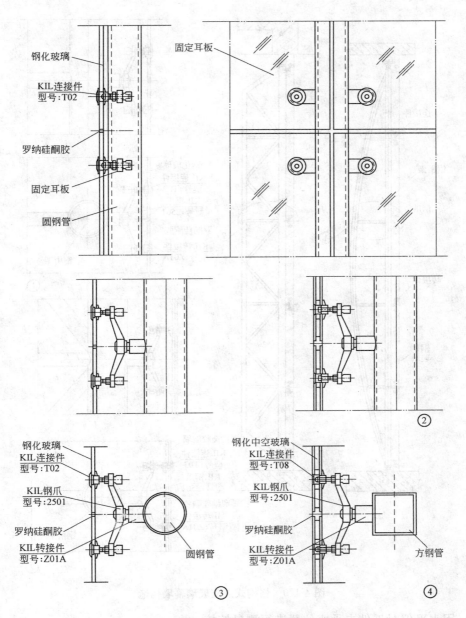

图 4-178 单杆式点支玻璃幕墙节点构造

接。加工时应保护装饰面不被破坏,加工完毕后应在相应部位标注零部件号,以便施工中对号入位。

(4) 框架(立柱)安装制作

1) 按设计图纸及幕墙材料明细表,对现场材料进行认真核对,核对无误后进行制作加工。

2) 按照弹放出安装位置线,安装焊接立柱、转接钢件和支承件,用经纬仪(水平仪)、线坠和钢卷尺复核,无误后固定焊接。焊缝应符合图纸要求,且对焊接处进行除锈、防锈处理。

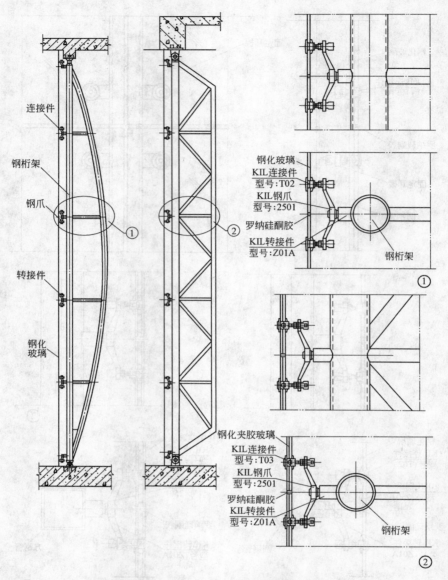

图 4-179 格构式点支玻璃幕墙构造

3) 用水平仪对爪件支承座位置进行测量校核。
4) 按图纸要求确定和安装点支承爪件（驳接爪件），并固定牢靠。
5) 柱安装完毕后，对杆件进行保护处理。
(5) 玻璃安装及打胶
1) 玻璃安装
(a) 在平台上将支点承装置（驳接头）固定在玻璃定位孔中，注意连接件不得与玻璃面板直接接触，应加装衬垫材料，衬垫材料面积不应小于点支承装置与玻璃的结合面。
(b) 专用扳手安装固定连接件装置，并使其与玻璃四周严密。
(c) 用吊具和吸盘调整玻璃前后、左右位置使四周的缝隙达到设计要求值，调整玻璃

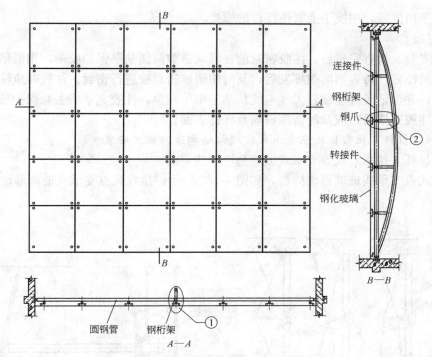

图 4-180 单杆与格构式组合式点支玻璃幕墙构造

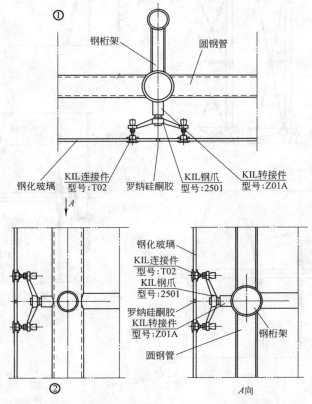

图 4-181 单杆与格构式组合式点支玻璃幕墙构造

的位置及平面度后，用扳手上紧连接件的螺栓。

2）打胶

玻璃安装、检查完毕后，注胶密封前在玻璃缝隙两侧粘贴保护胶带，用酒精等清洁溶剂清洁注胶位置，待表面溶剂挥发后，及时用耐候密封胶进行密封。注胶时应注意胶缝要平整光滑，并保证胶缝连续，无气泡或粘结不牢等现象，注胶完毕后去除保护胶带。玻璃幕墙装及注胶完毕后，应及时清理玻璃及杆件表面。

7.4.4 拉杆（拉索）式点支承式玻璃幕墙构造与施工安装

（1）拉杆（拉索）式点支承式玻璃幕墙构造

拉杆式点支承式玻璃幕墙构造，如图 4-182 所示；拉索式点支承式玻璃幕墙构造图 4-183 所示。

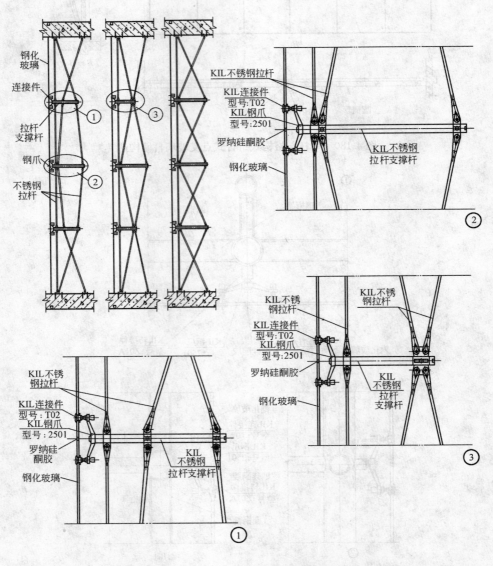

图 4-182 拉杆点支承式玻璃幕墙构造

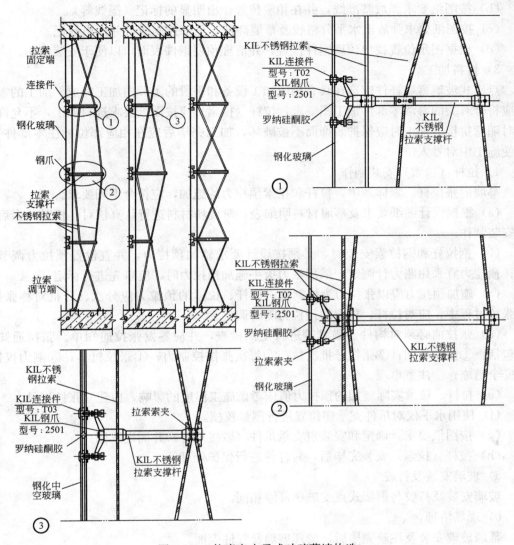

图 4-183 拉索点支承式玻璃幕墙构造

(2) 施工安装工艺流程

现场复核尺寸→按设计图弹放安装施工位置线及控制线→材料加工→拉杆（拉索）安装制作→玻璃安装及注胶密封→现场清理。

(3) 施工工艺操作要点

1) 现场复核尺寸

根据幕墙设计图纸中要求的尺寸对现场建筑安装洞口尺寸，幕墙预埋钢件的位置及预埋钢件的平整度等，检查是否符合预埋钢件设计位置图及规范要求。根据现场实测尺寸填写洞口尺寸及预埋钢件位置复核情况，及时上报有关部门，施工时如有变动需和有关部门沟通，作出决定，保证施工安装正常进行。

2) 按设计图弹放安装位置线及控制线

(a) 找出建筑轴线及土建提供的 500mm 标高位置线。

(b) 按图纸要求弹放基准线,并在相应位置作出明显的标记(墨线等)。
(c) 按图纸要求弹放出水平分格线及幕墙高低、里外控制线,并作出标记。
(d) 根据图示位置找出预埋钢件位置,并清理预埋钢件表面,以便于安装使用。
3) 材料加工

点支式玻璃幕墙杆件应选在具有相应加工设备和手段的工厂内加工完成。加工的零部件应符合有关的幕墙零部件加工图要求,拉杆(拉索)应按图纸要求选料加工,不允许加工时随意拼接。加工时应保护装饰面不被破坏,加工完毕后应在相应部位标注零部件号,以便施工中对号入位。

4) 拉杆(拉索)安装制作

幕墙的张拉杆、索体系中,拉杆和拉索预拉力的施加,应符合下列要求。

(a) 根据设计图纸要求及幕墙材料明细表,对现场材料进行认真核对,核对无误后进行安装制作。

(b) 钢拉杆和钢拉索安装时,必须按设计要求施加预拉力,并宜设置预拉力调节装置;预拉力宜采用测力计测定。采用扭力扳手施加预拉力时,应事先进行标定。

(c) 施加预拉力应以张拉力为控制量;拉杆、拉索的预拉力应分次、分批对称张拉。在张拉过程中,应对拉杆、拉索的预拉力随时调整。

(d) 张拉前必须对构件、锚具等进行全面检查,并应签发张拉通知单。张拉通知单应包括:①张拉日期;②张拉分批次数;③每次张拉控制力;④张拉机具;⑤测力仪器;⑥安全措施;⑦注意事项。

(e) 拉杆、拉索实际施加的预拉力值应考虑施工温度的影响,应建立张拉记录。

(f) 使用水平仪对爪件支承座位置进行测量校核。

(g) 按图纸要求,确定和安装点支承爪件(驳接爪件)并固定牢固。

(h) 拉杆(拉索)安装完毕后,对杆件进行保护处理。

5) 玻璃安装及打胶

玻璃安装及打胶与钢架式点支玻璃幕墙相同。

6) 现场清理:

幕墙玻璃安装及注胶完毕后,清理玻璃及杆件表面。

7.5 玻璃幕墙安装质量标准及工程验收

7.5.1 质量标准

(1) 主控项目

1) 玻璃幕墙工程所使用的各种材料、构件和组件的质量,应符合设计要求及国家现行产品标准和工程技术规范的规定。

检验方法:检查材料、构件、组件的产品合格证书、进场验收记录、性能检测报告和材料的复验报告。

2) 玻璃幕墙的造型和立面分格应符合设计要求。

检验方法:观察;尺量检查。

3) 玻璃幕墙使用的玻璃应符合下列规定:

(a) 幕墙应使用安全玻璃,玻璃的品种、规格、颜色、光学性能及安装方向应符合设计要求。

(b) 幕墙玻璃的厚度不应小于 6.0mm。全玻幕墙肋玻璃的厚度不应小于 12mm。

(c) 幕墙的中空玻璃应采用双道密封。明框幕墙的中空玻璃应采用聚硫密封胶及丁基密封胶；隐框和半隐框幕墙的中空玻璃应采用硅酮结构密封胶及丁基密封胶；镀膜面应在中空玻璃的第 2 或第 3 面上。

(d) 幕墙的夹层玻璃应采用聚乙烯醇缩丁醛（PVB）胶片干法加工合成的夹层玻璃。点支承玻璃幕墙夹层玻璃的夹层胶片（PVB）厚度不应小于 0.76mm。

(e) 钢化玻璃表面不得有损伤；8.0mm 以下的钢化玻璃应进行引爆处理。

(f) 所有幕墙玻璃均应进行边缘处理。

检验方法：观察；尺量检查；检查施工记录。

4）玻璃幕墙与主体结构连接的各种预埋件、连接件、紧固件必须安装牢固，其数量、规格、位置、连接方法和防腐处理应符合设计要求。

检验方法：观察；检查隐蔽工程验收记录和施工记录。

5）各种连接件、紧固件的螺栓应有防松动措施；焊接连接应符合设计要求和焊接规范的规定。

检验方法：观察；检查隐蔽工程验收记录和施工记录。

6）隐框或半隐框玻璃幕墙，每块玻璃下端应设置两个铝合金或不锈钢托条，其长度不应小于 100mm，厚度不应小于 2mm，托条外端应低于玻璃外表面 2mm。

检查方法：观察；检查施工记录。

7）明框玻璃幕墙的玻璃安装应符合下列规定：

(a) 玻璃槽口与玻璃的配合尺寸应符合设计要求和技术标准的规定。

(b) 玻璃与构件不得直接接触，玻璃四周与构件凹槽底部应保持一定的空隙，每块玻璃下部应至少放置两块宽度与槽口宽度相同、长度不小于 100mm 的弹性定位垫块；玻璃两边嵌入量及空隙应符合设计要求。

(c) 玻璃四周橡胶条的材质、型号应符合设计要求，镶嵌应平整，橡胶条长度应比边框内槽长 1.5%～2.0%，橡胶条在转角处应斜面断开，并应用粘结剂粘结牢固后嵌入槽内。

检验方法：观察，检查施工记录。

8）高度超过 4m 的全玻幕墙应吊挂在主体结构上，吊夹具应符合设计要求，玻璃与玻璃、玻璃与玻璃肋之间的缝隙，应采用硅酮结构密封胶填嵌严密。

检验方法：观察；检查隐蔽工程验收记录和施工记录。

9）点支承玻璃幕墙应采用带万向头的活动不锈钢爪，其钢爪间的中心距离应大于 250mm。

检验方法：观察；尺量检查。

10）玻璃幕墙四周、玻璃幕墙内表面与主体结构之间的连接节点、各种变形缝、墙角的连接节点应符合设计要求和技术标准的规定。

检验方法：观察；检查隐蔽工程验收记录和施工记录。

11）玻璃幕墙应无渗漏。

检验方法：在易渗漏部位进行淋水检查。

12) 玻璃幕墙结构胶和密封胶的打注应饱满、密实、连续、均匀、无气泡，宽度和厚度应符合设计要求和技术标准的规定。

检验方法：观察；尺量检查；检查施工记录。

13) 玻璃幕墙开启窗的配件应齐全，安装应牢固，安装位置和开启方向、角度应正确；开启应灵活，关闭应严密。

检验方法：观察；手扳检查；开启和关闭检查。

14) 玻璃幕墙的防雷装置必须与主体结构的防雷装置可靠连接。

检验方法：观察；检查隐蔽工程验收记录和施工记录。

(2) 一般项目

1) 玻璃幕墙表面应平整、洁净；整幅玻璃的色泽应均匀一致；不得有污染和镀膜损坏。

检验方法：观察。

2) 每平方米玻璃的表面质量和检验方法应符合表4-109的规定。

3) 一个分格铝合金型材的表面质量和检验方法应符合表4-110的规定。

每平方米玻璃的表面质量和检验方法　　　　表4-109

序号	项目	质量要求	检验方法
1	明显划伤和长度＞100mm的轻微划伤	不允许	观察
2	长度≤100mm的轻微划伤	≤8条	用钢尺检查
3	擦伤总面积	≤500mm²	用钢尺检查

一个分格铝合金型材的表面质量和检验方法　　　　表4-110

序号	项目	质量要求	检验方法
1	明显划伤和长度＞100mm的轻微划伤	不允许	观察
2	长≤100mm的轻微划伤	≤2条	用钢尺检查
3	擦伤总面积	≤500mm²	用钢尺检查

4) 明框玻璃幕墙的外露框或压条应横平竖直，颜色、规格应符合设计要求，压条安装应牢固。单元玻璃幕墙的单元拼缝或隐框玻璃幕墙的分格玻璃拼缝应横平竖直、均匀一致。

检验方法：观察；手扳检查；检查进场验收记录。

5) 玻璃幕墙的密封胶缝应横平竖直、深浅一致、宽窄均匀、光滑顺直。

检验方法：观察；手摸检查。

6) 防火、保温材料填充应饱满、均匀，表面应密实、平整。

检验方法：检查隐蔽工程验收记录。

7) 玻璃幕墙隐蔽节点的遮封装修应牢固、整齐、美观。

检验方法：观察；手扳检查。

8) 明框玻璃幕墙安装的允许偏差和检验方法应符合表4-111的规定。

明框玻璃幕墙安装的允许偏差和检验方法　　　　　　　表 4-111

项次	检验项目		允许偏差(mm)	检验方法
1	幕墙垂直度	幕墙高度≤30m	10	用经纬仪检查
		30m<幕墙高度≤60m	15	
		60m<幕墙高度≤90m	20	
		幕墙高度>90m	25	
2	幕墙水平度	幕墙幅宽≤35m	5	用水平仪检查
		幕墙幅宽>35m	7	
3	构件直线度		2	用2m靠尺和塞尺检查
4	构件水平度	构件长度≤2m	2	用水平仪检查
		构件长度>2m	3	
5	相邻构件错位		1	用钢直尺检查
6	分格框对角线长度差	对角线长度≤2m	3	用钢尺检查
		对角线长度>2m	4	

9）隐框、半隐框玻璃幕墙安装的允许偏差和检验方法应符合表 4-112 的规定。

隐框、半隐框玻璃幕墙安装的允许偏差和检验方法　　　　表 4-112

项次	检验项目		允许偏差(mm)	检验方法
1	幕墙垂直度	幕墙高度≤30m	10	用经纬仪检查
		30m<幕墙高度≤60m	15	
		60m<幕墙高度≤90m	20	
		幕墙高度>90m	25	
2	幕墙水平度	幕墙幅宽≤35m	3	用水平仪检查
		幕墙幅宽>35m	5	
3	幕墙表面平整度		2	用2m靠尺和塞尺检查
4	构件立面垂直度		2	用垂直检测尺检查
5	板材上沿水平度		2	用1m水平尺和钢直尺检查
6	相邻板材板角错位		1	用钢直尺检查
7	阳角方正		2	用直角检测尺检查
8	接缝直线度		3	拉5m线，不足5m拉通线，用钢直尺检查
9	接缝高低差		1	用钢直尺和塞尺检查
10	接缝宽度		1	用钢直尺检查

7.5.2　质量检验及验收

（1）材料现场检验见表 4-113、表 4-114

1）铝合金型材

铝合金型材检验　　　　　　　　　表 4-113

序号	检验要求
1	玻璃幕墙工程使用的铝合金型材,应进行壁厚、膜厚、硬度和表面质量的检验
2	用于横梁、立柱等主要受力杆件的截面受力部位的铝合金型材壁厚实测值不得小于 3mm
3	壁厚的检验,应采用分辨率为 0.05mm 的游标卡尺或分辨率为 0.1mm 的金属测厚仪在杆件同一截面的不同部位测量,测点不应少于 5 个,并取最小值
4	铝合金型材膜厚的检验指标,应符合下列规定: 1)阳极氧化膜最小平均膜厚不应小于 15μm,最小局部膜厚不应小于 12μm 2)粉末静电喷涂涂层厚度的平均值不应小于 60μm,其局部厚度不应大于 120μm 且不应小于 40μm 3)电泳涂漆复合膜局部膜厚不应小于 21μm 4)氟碳喷涂涂层平均厚度不应小于 30μm,最小局部厚度不应小于 25μm
5	检验膜厚,应采用分辨率为 0.5μm 的膜厚检测仪检测。每个杆件在装饰面不同部位的测点不应少于 5 个,同一测点应测量 5 次,取平均值,修约至整数
6	玻璃幕墙工程使用 6063T5 型材的韦氏值,不得小于 8;6063AT5 型材的韦氏硬度值,不得小于 10
7	硬度的检验,应采用韦氏硬度计测量型材表面硬度。型材表面的涂层应清除干净,测点不小于 3 个,并应以至少 3 点的测量值,取平均值,修约至 0.5 个单位值
8	铝合金型材表面应清洁、色泽应均匀,不应有皱纹、裂纹、起皮、腐蚀点、气泡、电灼伤、流痕、发粘以及膜(涂)层脱落等缺陷存在
9	表面质量的检验,应在自然散射光条件下,不使用放大镜,观察检查

钢材检验　　　　　　　　　表 4-114

序号	检验要求
1	玻璃幕墙工程使用的钢材,应进行膜厚和表面质量的检验
2	钢材表面应进行防腐处理。当采用热浸镀锌处理时,其膜厚应大于 45μm;当采用静电喷涂时,其膜厚应大于 40μm
3	膜厚的检验,应采用分辨率为 0.5μm 的膜厚检测仪检测。每个杆件在不同部位的测点不应少于 5 个。同一测点应测量 5 次,取平均值,修约至整数
4	钢材的表面不得有裂纹、气泡、结疤、泛锈、夹杂和折叠
5	钢材表面质量的检验,应在自然散射光条件下,不使用放大镜,观察检查

2) 钢材

3) 玻璃

(a) 玻璃幕墙工程使用的玻璃,应进行厚度、边长、外观质量、应力和边缘处理情况的检验。

(b) 玻璃厚度的允许偏差,应符合表 4-81 的规定。

4) 硅酮结构胶及密封材料见表 4-115

硅酮结构胶及密封材料检验 表4-115

序号	检 验 要 求
1	硅酮结构胶的检验指标，应符合下列规定： 1）硅酮结构胶必须是内聚性破坏 2）硅酮结构胶切开的截面应颜色均匀，注胶应饱满、密实 3）硅酮结构胶的注胶宽度、厚度应符合设计要求。且宽度不得小于7mm，厚度不得小于6mm
2	硅酮结构胶的检验，应采用下列方法： 1）垂直于胶条做一个切割面，由该切割面沿基材面切出两个长度约为50mm的垂直切割面，并以大于90°方向手拉硅酮结构胶块，观察剥离面破坏情况，见下图 2）观察检查打胶质量，用分度值为1mm的钢直尺测量胶的厚度和宽度 硅酮结构胶现场手拉试验
3	硅酮结构胶现场手拉试验示意 密封胶的检验指标，应符合下列规定： 1）密封胶表面应光滑，不得有裂缝现象，接口处厚度和颜色应一致 2）注胶应饱满、平整、密实、无缝隙 3）密封胶粘结形式、宽度应符合设计要求。厚度不应小于3.5mm
4	密封胶的检验，应采用观察检查、切割检查的方法，并应采用分辨率为0.05mm的游标卡尺测量密封胶的宽度和厚度
5	其他密封材料及衬垫材料的检验指标，应符合下列规定： 1）应采用有弹性、耐老化的密封材料；橡胶密封条不应有硬化龟裂现象 2）衬垫材料与硅酮结构胶、密封胶应相容 3）双面胶带的粘结性能应符合设计要求
6	其他密封材料及衬垫材料的检验，应采用观察检查的方法；密封材料的延伸性应以手工拉伸的方法进行

(2) 节点与连接检验见表4-116

1) 每幅幕墙应按各类节点总数的5％抽样检验，且每类节点不应少于3个；锚栓应按5％抽样检验，且每种锚栓不得少于5根。

2) 对已完成的幕墙金属框架，应提供隐蔽工程检查验收记录。当隐蔽工程检查记录不完整时。应对该幕墙工程的节点拆开进行检查。

3) 检验项目。

节点与连接检验项目 表4-116

序号	检 验 要 求
1	预埋件与幕墙连接的检验指标，应符合下列规定： 1）连接件、绝缘片、紧固件的规格、数量应符合设计要求 2）连接件应安装牢固。螺栓应有防松脱措施 3）连接件的可调节构造应用螺栓牢固连接，并有防滑动措施。角码调节范围应符合使用要求 4）连接件与预埋件之间的位置偏差使用钢板或型钢焊接调整时，构造形式与焊缝应符合设计要求 5）预埋件、连接件表面防腐层应完整、不破损

续表

序号	检 验 要 求
2	检验预埋件与幕墙连接,应在预埋件与幕墙连接节点处观察,手动检查,并应采用分度值为1mm的钢直尺和焊缝量规测量
3	锚栓连接的检验指标,应符合下列规定: 1)使用锚栓进行锚固连接时,锚栓的类型、规格、数量、布置位置和锚固深度必须符合设计和有关标准的规定 2)锚栓的埋设应牢固、可靠,不得露套管
4	锚栓连接的检验,应采用下列方法: 1)用精度不大于全量程的2%的锚栓拉拔仪、分辨率为0.01mm的位移计和记录仪检验锚栓的锚固性能 2)观察检查锚栓埋设的外观质量,用分辨率为0.05nm的深度尺测量锚固深度
5	幕墙顶部连接的检验指标,应符合下列规定: 1)女儿墙压顶坡度正确,罩板安装牢固,不松动、不渗漏、无空隙。女儿墙内侧罩板深度不应小于150mm,罩板与女儿墙之间的缝隙应使用密封胶密封 2)密封胶注胶应严密平顺,粘结牢固,不渗漏,不污染相邻表面
6	检验幕墙顶部的连接时,应在幕墙顶部和女儿墙压顶部位手动和观察检查,必要时也可进行淋水试验
7	幕墙底部连接的检验指标,应符合下列规定: 1)镀锌钢材的连接件不得同铝合金立柱直接接触 2)立柱、底部横梁及幕墙板块与主体结构之间应有伸缩空隙。空隙宽度不应小于15mm,并用弹性材料嵌填,不得用水泥砂浆或其他硬质材料嵌填 3)密封胶应平顺严密、粘结牢固
8	幕墙底部连接的检验,应在幕墙底部采用分度值为1mm的钢直尺测量和观察检查
9	立柱连接的检验指标,应符合下列规定: 1)芯管材质、规格应符合设计要求 2)芯管插入上下立柱的长度均不得小于200mm 3)上下两立柱间的空隙不应小于10mm 4)立柱的上端应与主体结构固定连接,下端应为可上下活动的连接
10	立柱连接的检验,应在立柱连接处观察检查。并应采用分辨率为0.05mm的游标卡尺和分度值为1mm的钢直尺测量
11	梁、柱连接节点的检验指标,应符合下列规定: 1)连接件、螺栓的规格、品种、数量应符合设计要求。螺栓应有防松脱的措施。同一连接处的连接螺栓不应少于两个,且不应采用自攻螺钉 2)梁、柱连接应牢固不松动,两端连接处应设弹性橡胶垫片,或以密封胶密封 3)与铝合金接触的螺钉及金属配件应采用不锈钢或铝制品
12	梁、柱连接节点的检验,应在梁、柱节点处观察和手动检查,并应采用分度值为1mm的钢直尺和分辨率为0.02mm的塞尺测量
13	变形缝节点连接的检验指标。应符合下列规定: 1)变形缝构造、施工处理应符合设计要求 2)罩面平整、宽窄一致,无凹瘪和变形 3)变形缝罩面与两侧幕墙结合处不得渗漏
14	变形缝节点连接的检验,应在变形缝处观察检查,并应采用淋水试验检查其渗漏情况

续表

序号	检 验 要 求
15	幕墙内排水构造的检验指标,应符合下列规定: 1)排水孔、槽应畅通不堵塞,接缝严密,设置应符合设计要求 2)排水管及附件应与水平构件预留孔连接严密,与内衬板出水孔连接处应设橡胶密封
16	幕墙内排水构造的检验,应在设置内排水的部位观察检查
17	全玻幕墙玻璃与吊夹具连接的检验指标,应符合下列规定: 1)吊夹具和衬垫材料的规格、色泽和外观应符合设计和标准要求 2)吊夹具应安装牢固,位置准确 3)夹具不得与玻璃直接接触 4)夹具衬垫材料与玻璃应平整结合、紧密牢固
18	全玻幕墙玻璃与吊夹具连接的检验,应在玻璃的吊夹具处观察检查。并应对夹具进行力学性能检验
19	拉杆(索)结构接点的检验指标。应符合下列规定: 1)所有杆(索)受力状态应符合设计要求 2)焊接节点焊缝应饱满、平整光滑 3)节点应牢固,不得松动。紧固件应有防松脱措施
20	拉杆(索)结构的检验。应在幕墙索杆部位观察检查。也可采用应力测定仪对索杆的应力进行测试
21	点支承装置的检验指标,应符合下列规定: 1)点支承装置和衬垫材料的规格、色泽和外观应符合设计和标准要求 2)点支承装置不得与玻璃直接接触,衬垫材料的面积应小于点支承装置与玻璃的结合面 3)点支承装置应安装牢固,配合严格
22	点支承装置的检验,应在点支承装置处观察检查

(3) 全玻璃幕墙及点支承玻璃幕墙安装质量检验

1) 全玻幕墙、点支承玻璃幕墙安装质量的检验指标:

(a) 幕墙玻璃与主体结构连接处应嵌入安装槽口内,玻璃与槽口的配合尺寸应符合设计和规范要求,其嵌入深度不应小于 18mm。

(b) 玻璃与槽口间的空隙应有支承垫块和定位垫块。其材质、规格、数量和位置应符合设计和规范要求。不得用硬性材料填充固定。

(c) 玻璃肋的宽度、厚度应符合设计要求。玻璃结构密封胶的宽度、厚度应符合设计要求,并应嵌填平顺、密实、无气泡、不渗漏。

(d) 单片玻璃高度大于 4m 时,应使用吊夹或采用点支承方式使玻璃悬挂。

(e) 点支承玻璃幕墙应使用钢化玻璃,不得使用普通浮法玻璃。玻璃开孔的中心位置距边缘距离应符合设计要求,并不得小于 100mm。

(f) 点支承玻璃幕墙支承装置安装的标高偏差不应大于 3mm,其中心线的水平偏差不应大于 3mm。相邻两支承装置中心线间距偏差不应大于 2mm。支承装置与玻璃连接件的结合面水平偏差应在调节范围内,并不应大于 10mm。

2) 检验全玻幕墙、点支承玻璃幕墙安装质量检验:

(a) 用表面应力检测仪检查玻璃应力。

(b) 与设计图纸核对,查质量保证资料。

(c) 用水平仪、经纬仪检查高度偏差。

(d) 用分度值为 1mm 的钢直尺或钢卷尺检查尺寸偏差。

思考题与习题

1. 内墙砖和外墙砖有哪些方面的不同?
2. 釉面砖有哪些种类?各有什么特点?釉面砖质量有哪些要求?
3. 内墙饰面施工有哪些材料?各有什么要求?
4. 内墙饰面砖的构造做法。并绘构造图。
5. 内墙砖的施工程序有哪些?有哪些施工要点?
6. 内墙砖饰面施工质量有哪些标准?其检验方法如何?
7. 外墙砖的特点?外墙砖有哪些种类?
8. 外墙砖饰面工程有哪些主要材料和施工工具?
9. 外墙砖饰面施工程序有哪些?锦砖的施工工艺如何?
10. 什么是软贴法?什么是硬贴法?什么是干缝撒灰湿润法?各自的施工程序有哪些?
11. 内外墙饰面如何进行成品保护?安全措施有哪些?
12. 内外墙饰面工程验收有哪些项目?
13. 简述金属板材饰面工程质量缺陷及预防措施。
14. 试分析施工中饰面砖空鼓、脱落的原因及解决办法?
15. 施工中怎样防止外墙面砖分格缝不匀及饰面不平整?
16. 装饰工程中,外墙面砖、釉面砖、陶瓷锦砖的施工质量标准及检查方法是什么?
17. 墙面装饰工程中使用的石材有哪些?试述其各自特点?
18. 试绘制石材传统湿作业法的构造做法图示,并说明其施工工艺过程及优缺点。
19. 石材干挂作业法的基本形式有哪两种?绘出其构造图示,并说明施工工艺流程。
20. 墙柱木质饰面板材料的种类、规格尺寸有哪些?
21. 简述木制饰面工程质量控制缺陷及处理办法。
22. 简述玻璃幕墙工程的质量缺陷及预防措施。
23. 铝合金玻璃幕墙施工工艺及质量要求有哪些?
24. 石材幕墙通常由哪些部分组成?它们是如何分类的?
25. 石材幕墙的施工方法和质量要求有哪些?
26. 石材饰面板油哪几种施工工艺?各自如何施工?
27. 对主体结构预埋件如何检查验收?不合要求时如何处理、有哪些要求?
28. 天然石材的质量缺陷有哪几种?简述处理方法。
29. 简述天然石材的施工质量标准及检查方法。
30. 在天然石材饰面工程中常见的施工缺陷有哪些?怎样预防?
31. 石材幕墙的施工有哪些注意事项?石材幕墙安装的允许偏差有什么规定?
32. 玻璃及石材幕墙施工应对哪些项目进行验收?验收内容分哪两种形式?有什么具体规定?
33. 木质饰面板细部构造处理包括哪些方面?
34. 墙柱木质饰面的施工工艺如何,说明其施工操作要点。

35. 简述金属幕墙的组成和构造要求。
36. 简述金属饰面板的施工工艺及细部构造处理。
37. 铝单板和铝塑复合板加工有什么要求？
38. 金属幕墙施工方法和质量要求有哪些？
39. 墙纸的种类有哪些？各有些什么特点？
40. 现场调制的胶粘剂有哪几种？
41. 如何防止裱糊工程产生翘边、空鼓和脱落？
42. 壁纸和墙布的施工工艺有什么不同？
43. 为什么壁纸要进行闷水处理？
44. 裱糊壁纸时在阴、阳角处应该如何处理？
45. 软包工程的施工做法有哪两种？叙述各自的施工过程。
46. 软包工程的芯材和面层材料各有哪些？
47. 绘制软包工程的一般构造示意图。
48. 浮法玻璃有何特点？其技术性能要求如何？
49. 什么叫钢化玻璃？其具有什么特点？
50. 镭射玻璃有什么特点？常用于什么地方？
51. 请说出磨砂玻璃、冰花玻璃、彩绘玻璃的加工方法。
52. 如何裁割玻璃？玻璃的表面处理方法有哪些？
53. 常用的玻璃工具有哪些？在玻璃装饰工程中该如何选用？
54. 玻璃饰面的构造方法有哪几种？请分别绘制构造图。
55. 请叙述广告钉固定法的施工工艺流程。
56. 什么是建筑幕墙？按面层分有哪些种类？建筑幕墙与传统外装饰相比有哪些特点？
57. 玻璃幕墙有哪些分类？对幕墙上的玻璃有哪些性能要求？
58. 简述玻璃幕墙的组成和构造要求。
59. 玻璃幕墙施工的主要安全措施有哪些？
60. 简述全玻璃幕墙施工工艺及质量要求。
61. 点式连接玻璃幕墙有哪些形式？点式连接玻璃幕墙的构造要点是什么？
62. 拉索式点式连接玻璃幕墙施工流程怎样？

参 考 文 献

1. 中华人民共和国国家标准. 建筑装饰装修工程质量验收规范 GB 50210—2001. 北京：中国建筑工业出版社，2002.
2. 中华人民共和国行业标准. 金属与石材幕墙工程技术规范 JGJ/T 133—2001. 北京：中国建筑工业出版社，2001.
3. 中华人民共和国行业标准. 玻璃幕墙工程质量检验标准 JGJ/T 139—2001. 北京：中国建筑工业出版社，2001.
4. 王朝熙. 建筑装饰装修施工工艺标准手册. 北京：中国建筑工业出版社，2004.
5. 杨天佑. 简明装饰装修施工与质量验收手册. 北京：中国建筑工业出版社，2004.
6. 中国建筑装饰协会工程委员会. 实用建筑装饰施工手册. 北京：中国建筑工业出版社，2004.
7. 薛建. 装修设计与施工手册. 北京：中国建筑工业出版社，2004.
8. 雍本主编. 幕墙工程施工手册. 北京：中国计划出版社，2004.
9. 图集组. 建筑工程设计施工系列图集. 建筑装饰装修工程（上、下）. 北京：中国建材出版社，2003.
10. 马有占主编. 建筑装饰施工技术. 北京：机械工业出版社，2004.
11. 冯美宇主编. 建筑装饰装修构造. 北京：机械工业出版社，2004.
12. 李向阳. 建筑装饰装修工程质量监控与通病防治图标对照手册. 北京：中国电力出版社
13. 李爱新. 建筑装饰装修工程施工质量问答. 北京：中国建筑工业出版社，2004.
14. 罗艺，刘忠伟. 建筑玻璃生产与应用. 北京：化学工业出版社，2005.
15. 建筑装饰装修工程施工工艺标准. 北京：中国建筑工业出版社，2003.
16. 建筑装饰构造资料集编委会. 建筑装饰构造资料集. 北京：中国建筑工业出版社，1999.
17. 陈卫华主编. 建筑装饰构造. 北京：中国建筑工业出版社，2005.
18. 侯君伟主编. 建筑装饰工程施工手册. 北京：机械工业出版社，2005.
19. 王之昕主编. 建筑装饰工长手册. 北京：中国建筑工业出版社，2005.
20. 韩建新主编. 建筑装饰构造. 第 8 版. 北京：中国建筑工业出版社，2001.